西北人影研究

（第四辑）

主　编　王黎俊
副主编　林春英　王启花

气象出版社
China Meteorological Press

内容简介

本书收录了 2018—2019 年西北区域人工影响天气相关研究成果、2019 年在青海召开的"西北区域人工影响天气工作经验交流及学术研讨会"上交流的部分论文,涵盖了云降水物理、人工影响天气相关技术及应用、人工影响天气作业效果评估、人工影响天气装备应用及人工影响天气管理工作经验和方法等五部分内容,旨在提高西北地区人工影响天气科研水平,为各地有关部门更好地开展人工影响天气工作提供参考。

本书可供从事人工影响天气管理、业务技术和科学研究工作者参考。

图书在版编目(CIP)数据

西北人影研究．第四辑/王黎俊主编．—北京:
气象出版社,2020.9
ISBN 978-7-5029-7250-9

Ⅰ.①西…　Ⅱ.①王…　Ⅲ.①人工影响天气－研究－
西北地区　Ⅳ.①P48

中国版本图书馆 CIP 数据核字(2020)第 156142 号

Xibei Renying Yanjiu(Di-siji)

西北人影研究(第四辑)

王黎俊　主编

出版发行:气象出版社
地　　址:北京市海淀区中关村南大街 46 号　　　　**邮政编码**:100081
电　　话:010-68407112(总编室)　010-68408042(发行部)
网　　址:http://www.qxcbs.com　　**E-mail**:　qxcbs@cma.gov.cn
责任编辑:林雨晨　　　　　　　　　　　　　　**终　审**:吴晓鹏
责任校对:张硕杰　　　　　　　　　　　　　　**责任技编**:赵相宁
封面设计:博雅思企划
印　　刷:北京中石油彩色印刷有限责任公司
开　　本:787 mm×1092 mm　1/16　　　　　　**印　张**:15.5
字　　数:400 千字
版　　次:2020 年 9 月第 1 版　　　　　　　　　**印　次**:2020 年 9 月第 1 次印刷
定　　价:86.00 元

序

  人工影响天气是指为避免或减轻气象灾害,合理利用气候资源,在适当条件下通过科研手段对局部大气的物理过程进行人工影响,实现增雨雪、防雹等目的的活动。在全球气候变化的背景下,干旱、冰雹等气象灾害对我国经济、社会、生态安全的影响越来越大,迫切需要增强人工影响天气的业务能力和科技水平,为全面建成小康社会和美丽中国提供更好的服务。

  2018年是我国开展人工影响天气60周年,60年来,我国人工影响天气业务技术和科技水平都有了很大的提高,取得了显著的经济、社会和生态效益,人工影响天气已经成为我国防灾减灾、生态文明建设的有力手段。但是,面对新形势和未来发展对人工影响天气工作的新需求,人工影响天气工作仍存在着诸多不足,其中科技支撑薄弱是一个突出问题。强化科技对核心业务的支撑,依靠科技进步,全面提升人工影响天气工作的水平和效益是全体人影工作者面临的重要任务。

  西北地区是我国水资源最少的地区,生态修复、脱贫攻坚对人工影响天气的需求十分迫切。2017年,国家启动了西北区域人工影响天气能力建设工程,同时也正式成立了中国气象局西北区域人工影响天气中心,通过飞机、地面、基地等能力建设和区域统筹协调机制建设,提升西北区域人工影响天气的业务能力和服务效益。此外,根据西北区域地形和云降水特点,设立了西北地形云研究实验项目,联合国内外云降水和人工影响天气科技人员,开展空地协同外场试验,攻克关键技术,形成业务模型,提高西北人影的科技水平。为进一步聚焦人影关键技术,加强区域内各省(区)人影业务科技人员学术交流,西北区域人影中心组织开展了常态化的学术交流活动,总结交流人工影响天气发展以及需要解决的关键科技问题,提出可供西北区域科学开展人工影响天气作业的参考结论。每年学术研讨会后出版一本论文集《西北人影研究》,相信这套专集能为西北人影事业的科学发展起到积极的推动作用。

中国气象局人工影响天气中心主任 李集明

2018 年 10 月

前　言

西北区域是我国极其重要的生态环境屏障,自然生态环境十分脆弱,在全球变暖的气候背景下,西北区域气象灾害呈明显上升趋势,干旱、冰雹、霜冻、高温等极端气候事件频繁发生,严重威胁着粮食安全和生态安全,制约着社会经济发展。随着气象科技进步,人工影响天气(全书简称"人影")作业日益成为防灾减灾和改善生态环境的重要措施,国家"十三五"规划纲要明确提出"科学开展人工影响天气工作"。

为进一步提高西北区域人工影响天气的作业能力、管理水平和服务效益,全面推进人工影响天气科学、协调、安全发展,提高人工影响天气的科学性和有效性,开展人工增雨抗旱、防雹、森林灭火、防霜冻等研究,是近年来西北地区人工影响天气工作面临的紧迫性问题。西北区域人工影响天气中心从1996年开始,组织每年轮流召开一次学术研讨会,汇集西北地区相关科技工作者和科技管理工作者人工影响天气业务技术的分析和总结,形成了比较丰富的研讨成果。为提高西北人工影响天气科研水平,为各地有关部门更好地开展人工影响天气工作提供参考,利用研究论文,每年编辑出版《西北人影研究》。

本书收集整理了2018—2019年西北区域人工影响天气相关研究成果、西北区域人工影响天气中心2019年在青海召开的"西北区域人工影响天气工作经验交流及学术研讨会"上的部分交流论文,涵盖了云降水物理、人影相关技术及应用、人影作业效果评估、人影装备应用、人影管理工作经验和方法等五部分内容。

本书由青海省人工影响天气办公室整理汇编。在整理编写过程中,得到中国气象局人工影响天气中心、西北区域人工影响天气中心、甘肃省人工影响天气办公室、陕西省人工影响天气办公室、新疆维吾尔自治区人工影响天气办公室、内蒙古自治区人影中心、宁夏回族自治区人工影响天气中心等相关领导、专家、同行给予的大力支持和帮助,在此一并致以衷心的感谢。

由于时间仓促,编者水平有限,难免会存在不少错漏之处,敬请各位读者批评指正。

《西北人影研究》编撰组

2020 年 3 月

目　录

第三部分　人工影响天气作业效果评估

第四部分　人工影响天气装备应用

第五部分　人工影响天气管理工作经验和方法

第一部分　云降水物理

甘肃省大气水资源储量演变研究

尹宪志[1]　王毅荣[1]　任余龙[2]　罗　汉[1]　王研峰[1]

(1. 甘肃省人工影响天气办公室，兰州 730020；2. 中国气象局兰州干旱气象研究所，兰州 730020)

摘　要　利用 1961—2015 年水汽压资料和 2013—2015 年逐 6 h 的 ECMWF 再分析资料，分析了甘肃省空中水汽储量及演变特征。结果表明：(1)甘肃省水汽年际变化幅度较小，大气云水资源量相对稳定，河东是水汽变化敏感区；1980—1990 年代间出现 8～10 a 振荡周期，水汽转向偏丰；(2)年内逐日水汽输入与输出变化几乎完全一致，水汽年内逐日输送强度呈明显的单峰形式，单日最大输送与最小之间相差 10 倍以上；高输送阶段集中在 6—9 月，输送量占全年 55.4%，期间准周期振荡显著；(3)全省年空中总水汽量约 4 万亿 t，水凝物 0.4 万亿 t，云含水 0.3 万亿 t，雨量 0.15万亿 t；水汽和水凝物输送西多东少，祁连山区较丰富，水凝物瞬时存量明显小于水汽输送量；水汽净输入在祁连山和西秦岭山区为正，其余大部地方以负为主，水凝物全省除祁连山区外以净输出为主；(4)水汽和水凝物更新周期由河西向东递减，河西西部水汽循环最慢(可达 50 d)，东部及南部水汽循环较快(约 8 d)；水凝物的更新速度明显快于水汽(最快约 4 h)，空间变化趋势和水汽非常相似；(5)甘肃区域水汽时空演变一致性、年际演变稳定性和年内短周期振荡等演变特征，为开发利用大气水资源提供了可行性。

关键词　甘肃省　大气水资源　储量　演变

1　引言

甘肃省深居内陆，降雨稀少，蒸发量大，水资源严重匮乏[1-3]，干旱是甘肃省最主要的气象灾害[4-6]，特别是 20 世纪 90 年代以来，受全球气候变化的影响，甘肃干旱发生更加频繁，水资源短缺更趋严重，生态环境进一步恶化，严重制约着当地经济的发展，尤其是农业生产的发展[7-9]。因此，迫切需要予以深入的研究来掌握大气可降水量、降水效率以及水汽和水凝物输送时空特征，为开展人工增雨提供科学支撑。同时，对于水资源安全和可持续发展也具有重要科学价值和战略意义[10-13]。

探空资料分析是研究水汽输送特征的重要手段之一，国外从 20 世纪中期就开始利用探空资料等对大气中的水汽资源进行分析研究[14-17]，20 世纪末以来，国内利用探空对区域尺度的水汽输送的研究越来越丰富[18-21]。但探空资料间隔时间长，时空分辨率低，计算结果的误差较大。欧洲中期天气预报中心(ECMWF)全球再分析资料融合了地面站点资料、探空资料、卫星资料等，并经过了模式同化，可提供时空连续的相对湿度、温度和风场等要素格点场，其时空分辨率高，为水汽资源的精细化分析提供了数据基础[22-24]。王凯等[25]利用 ECMWF 再分析资料研究表明：甘肃省水汽源主要位于河西走廊中西部，水汽汇位于甘肃省南部；周长艳等[26]利用ECMWF 再分析资料分析了高原东部及邻近地区空中水汽资源的气候变化特征，发现 1958—2001 年以来，青藏高原东部大气中年均可降水量和总水汽收入均呈减少趋势；巩宁刚等[27]利用 ECMWF 再分析资料，分析了祁连山地区大气水汽含量时空分布特征和降水转化率的空间变化,发现祁连山地区的大气水汽含量呈东南多、西北少的空间分布,且降水转化率从空间上表现出由东向西递减的趋势。这些研究对于利用 ECMWF 再分析资料分析地区水汽提供了很好的参考作用,但对于甘肃全省的水汽研究还较少,尤其是对水汽、水凝物的时空分布、输送和更新周期等的研究。鉴于此,本文利用 0.5°×0.5°分辨率的 ECMWF 再分析资料,结合国家气象信息中心下发的 0.1°×0.1°气象卫星与地面降水观测的融合产品等数据,对甘肃省的水汽资源储量、水汽时空分布和水汽、水凝物输送等进行了精细化分析,旨在为人工增雨提供有力支撑。

2 资料与方法

2.1 资料

甘肃区域内分布比较均匀的 45 个气象站的 1961—2015 年 55 a 逐月实测水汽压资料(单位:hPa,单位空气柱中所含水汽的质量,描述大气水汽的绝对含量物理量)、2013—2015 年 ECMWF 0.5°×0.5°再分析资料(时间分辨率为 6 h,分别为世界时 00 时、06 时、12 时和 18 时,垂直方向从 1000 hPa 到 1 hPa,分为 31 层)和国家气象信息中心下发的 0.1°×0.1°气象卫星与地面降水观测的融合产品(CMPA-Hourly,V1.0,时间分辨率为 1 h)等资料。

2.2 方法

为选取能代表水汽变化的时空函数,采用了 EOF(经验正交分解函数)[28]分解方法;分析水汽的气候序列的演变特征采用了小波分析技术,本文采用 Morlet 小波[29];水汽评估计算中采用 CWR-MEM 方案(Cloud water resource – monitoring and evaluation method,中国气象局人工影响天气中心在此基础上建立云水资源监测评估方法[30-31]),其计算方法如下。

根据大气水平衡理论,归纳得到(0—T)时段内,任意区域内的水汽和水凝物的平衡方程:

$$Q_{Vt} - Q_{V0} = Q_{Vr} - Q_{Vc} + E_t - P_t + E_{td} \tag{1}$$

$$Q_{Ht} - Q_{H0} = Q_{Hr} - Q_{Hc} - E_t + P_t - G \tag{2}$$

式中,Q_{Vt} 为水汽终值,Q_{V0} 为水汽初值,Q_{Vr} 水汽输入,Q_{Vc} 水汽输出,E_t 为蒸发,P_t 为凝结,E_{td} 为地面蒸发,Q_{Ht} 为水凝物终值,Q_{H0} 为水凝物初值,Q_{Hr} 水凝物输入,Q_{Hc} 水凝物输出,G 为降水,单位均为 kg。

水汽总量 GQ_v:T 时段内,评估区域内参与大气水循环过程的水汽总量,单位为 kg。

$$GQ_v = Q_{V0} + Q_{Vr} + E_t + + E_{td} \tag{3}$$

或

$$GQ_v = Q_{Vt} + Q_{Vc} + P_t \tag{4}$$

水凝物总量 GQ_h:T 时段内,评估区域内参与大气水循环过程的所有水凝物的收入量,应等于所有支出量,包括降水量和云水资源量两部分,单位为 kg。

$$GQ_h = Q_{H0} + Q_{Hr} + P_t \tag{5}$$

或

$$GQ_h = Q_{Ht} + Q_{Hc} + GR + E_t \tag{6}$$

降水量 GR:T 时段内,分析区域的降水总量,即 GR 为 T 时段内区域雨量累加,单位为 kg。

云水资源量 $GCWR$:一定范围,一段时间中,水凝物总量中没有降到地面的那部分,单位为 kg。

$$GCWR = GQ_h - GR \tag{7}$$

水汽更新周期 T_v：0—T 时段，评估区域内水汽瞬时总量和平均降水强度的比值。

$$T_v = \frac{Q_{ST}}{\dfrac{GR}{T}} \tag{8}$$

水凝物更新周期 T_h：0—T 时段，评估区域内水凝物瞬时总量和平均降水强度的比值。

$$T_h = \frac{Q_{HT}}{\dfrac{GR}{T}} \tag{9}$$

式中，Q_{ST} 为水汽瞬时总量，Q_{HT} 为水凝物瞬时总量，单位为 kg。

3 甘肃省空中水汽气候演变特征

3.1 空间变化一致性

对甘肃区域 45 站 55 a 年均水汽压场标准化序列进行 EOF 分解，第一空间型解释了 61.1% 方差，已概括了该区域大气水汽年际变化主要信息；年水汽压 EOF 空间分布（图略）最主要的特征是场内数值符号一致，数值从西北到东南递增，大值区（>0.80）在黄河附近偏东地带，表明这里水汽年际变幅大。可见，甘肃水汽年际变化中全区一致是空间分布的主要特点，即水汽变化是全区一致的上升（或下降），河东是水汽变化敏感区。

3.2 时间演变稳定性

图 1 给出 45 站 55 a 年均水汽压变化曲线（含 3 阶拟合函数曲线）及其小波分析。水汽变化曲线与其拟合函数间相关系数为 0.448，在 $\alpha = 0.01$ 显著性水平上两者相关显著，表明 3 阶拟合函数具有较好的代表性。从其 3 阶拟合函数曲线和小波（图 1）看到，在年代际尺度上，1990 年代以前水汽处于偏枯阶段，之后处于偏盈时段；1990 年代前风速不断下降，线形下降率为 0.45(m/s)/10 a，即 10 年减小 0.45 m/s。1985—2004 年间线性变化率为 0.06(m/s)/10 a，风速变化的升降趋势不明显；近 20 a 年代际波动比较明显，1990 年代中期为波峰阶段，2003 年附近有波峰的迹象。

在 1961—2015 年间，水汽演变（图 1b）3 a 准周期贯穿 55 a，经检验其信度在 95% 水平上显著；1986 年之后，1980—1990 年代间出现 8～10 a 振荡周期，水汽转向偏丰。

55 a 间甘肃年水汽距平百分率变为 −10.3%～7.9%，61.8% 的年份变化小于 1 个标准差（$\sigma = 3.88$），只有 2 a（占比 3.6%）大于 2σ。表明甘肃区域大气水汽年际变化幅度较小，大气云水资源量相对稳定，为空中云水开发利用提供一定的保证。

4 甘肃省大气水资源特征

4.1 大气水资源储量

依据甘肃区域大气水汽年际变化幅度较小、云水资源量相对稳定主要性质，选取基态附近年（2013—2015 年）为代表作进一步分析。

2013—2015 年 3 a 间甘肃地区瞬时大气水汽总量约为 38363.1 亿 t，水凝物为 4445.4 亿 t，

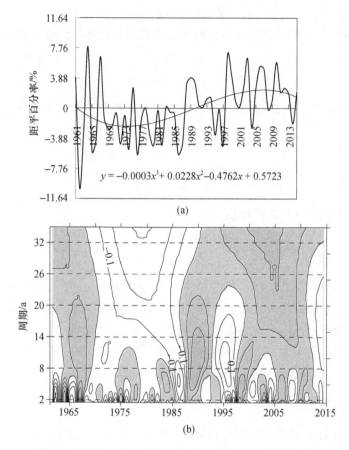

图 1 甘肃年均水汽压变化曲线(a)及其小波分析图(b)

空中云水资源为 2904.2 亿 t。年度总降水量为 1541.2 亿 t,水汽凝结效率为 11.6%,总水物质降水效率为 4.0%,水汽降水效率为 4.0%,水凝物降水效率为 34.6%。年度水汽输入为 37438.0 亿 t,输出为 38362.3 亿 t,净输出 924.3 亿 t;水凝物输入为 1244.0 亿 t,输出为 1396.2 亿 t,净输出 152.2 亿 t。

4.2 水资源时空分布

4.2.1 水资源基本态(瞬时值)

2013—2015 年,甘肃年度降水量空间分布总体上是东多西少,空间差异大。大致以 36°N 为分界线,西北部除祁连山区域(相对降水量较多,年降水量为 350～500 mm)外,大部地方不足 300 mm,36°N 以南大部在 300 mm 以上,其中甘南、陇南等降水量最多(在 450 mm 以上)局部地方高达 700 mm 以上。

2013—2015 年,全省水汽输送特点是:西多东少,祁连山区较丰富;水汽输送最大的区域在甘肃东南部,最大达到 15 mm 以上,祁连山区约 11 mm;水凝物总的分布趋势与水汽输送特征类似。与水汽相比,水凝物的瞬时存量明显小于水汽输送。

4.2.2 水凝物基本态

2013—2015 年,年降水总量分布主要特征是东多西少,由河西走廊向东递增。从降水量的空间分布分析,全省降水量东西差距仍然较大:大约以 36°N 为分界线,以北大部分区域年降水量不足 300 mm;以南大部分区域在 300 mm 以上,其中甘南、陇南降水量最多,普遍在 450 mm 以上,个别区域可以达到 700 mm 左右;祁连山区是相对降水量较多区域,年降水量为 350~500 mm。

甘肃每年空中云水资源总量与年降水量空间分布特征极其相似,在祁连山区、陇东及甘肃东南部较为丰沛,甘肃河西西部最少。

4.2.3 水资源更新周期

2013—2015 水汽年平均更新周期为 24.9 d,水凝物年平均更新周期为 17.3 h。全省水汽和水凝物更新周期由河西向东递减,河西西部水汽循环最慢,可达 50 d。甘肃东部及南部水汽循环较快,约为 8 d。水凝物的更新速度明显快于水汽,空间变化趋势和水汽非常相似,都是河西地区循环慢而甘肃南部及东部循环快,最慢河西西部达到约 50 h,甘肃南部及东部最快在约 4 h。

4.3 水资源输送特征

4.3.1 水资源输送基本特征

2013 年到 2015 年间,甘肃全省水汽输送特点是:西多东少,祁连山区较丰富,水汽输送最大的区域在东南部,最大达到 15 mm 以上,祁连山区约 11 mm。水凝物总分布特点与水汽输送类似。在净输送方面,全省水汽净输送为正的区域主要在河西西部、祁连山区、甘南高原及甘肃东南部,输出最大的区域在陇东黄土高原一带,整体上全省净输送值大部区域为负值,表明输出大于输入;水凝物净输送除祁连山区有弱正值外,甘肃其他区域都为负值。

4.3.2 逐日水汽输送特征

2013 年到 2015 年间年内逐日平均输送,由图 2 给出输入输出变化曲线(含 6 阶拟合函数曲线)及其小波分析。

年内逐日水汽输入与输出变化几乎完全一致(序列长度 365 d,其相关系数 0.9997),其 6 阶拟合函数与逐日实际变化十分逼近(其相关系数为 0.962,在 $\alpha=0.001$ 显著性水平上二者相关显著)。由 6 阶拟合函数曲线(图 2a)和小波(图 2b)看到,甘肃水汽年内逐日输送强度呈明显的单峰形式,单日最大输送与最小之间相差 10 倍以上;高输送阶段集中在 6—9 月间,输送量占全年 55.4%,期间准周期振荡显著;极高峰值在 6 月中下旬 7 月上旬,输送量占全年 16.6%,期间 8 d 准周期振荡突出;次峰值在 9 月中下旬,输送量占全年 9.9%,期间 4 d 准周期振荡突出。12 月至翌年 2 月中旬时段输送最弱,输送量不及全年 9%,振荡周期不明显;年内其余过度时段存在约 15 d 准周期振动。

5 结论和讨论

(1)甘肃省水汽年际变化中全区一致是空间分布的主要特点,即水汽变化是全区一致的上升(或下降),河东是水汽变化敏感区。甘肃省区域大气水汽年际变化幅度较小,大气云水资源量相对稳定。

(2)甘肃全省年总降水量为 1541.2 亿 t;水汽、水凝物更新周期分别为 24.9 d 和 17.3 h;水汽和水凝物降水效率分别为 4.0% 和 34.6%;空中云水资源为 2904.2 亿 t。

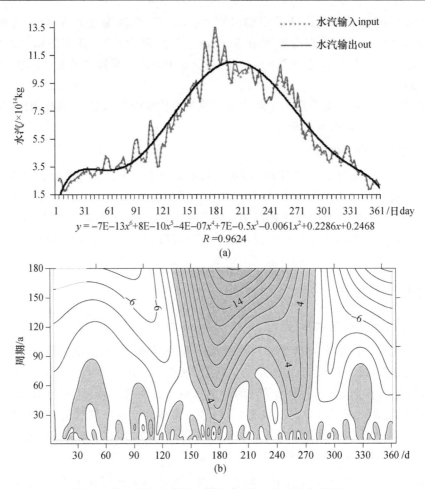

$$y = -7E-13x^6+8E-10x^5-4E-07x^4+7E-0.5x^3-0.0061x^2+0.2286x+0.2468$$
$$R=0.9624$$

(a)

(b)

图2　甘肃年均水汽压变化曲线(a)及其小波分析(b)

(3)水汽和水凝物存量年平均分布特征为西多东少,祁连山区较丰富;水汽输送最大的区域在甘肃东南部,最大达到15 mm以上,祁连山区约11 mm;水凝物总的分布趋势与水汽输送特征类似。

(4)年内逐日水汽输入与输出变化几乎完全一致,甘肃水汽年内逐日输送强度呈明显的单峰形式,单日最大输送与最小之间相差10倍以上。

甘肃区域水汽时空演变的一致性、年际演变的稳定性和年内短周期振荡等演变特征等都为开发利用大气水资源提供了可行性。

参考文献

[1] 彭素琴,杨兴国.甘肃河东地区降雨特征分析研究[J].水科学进展,1996,7(1):73-78.

[2] 谢金南,李栋梁,董安祥,等.甘肃省干旱气候变化及其对西部大开发的影响[J].气候与环境研究,2002,7(3):359-369.

[3] 陈兴鹏,康尔泗.甘肃干旱与半干旱地区水资源可持续开发利用对比分析[J].冰川冻土,2001,23(1):74-79.

[4] 杨小利,刘庚山,杨兴国,等.甘肃黄土高原帕尔默旱度模式的修订[J].干旱气象,2005,23(2):8-12.

[5] 程瑛,李维京,王润元,等.近40a甘肃省气象灾害对社会经济的影响[J].干旱区地理,2006,29(6):

844-849.

[6] 王燕,王润元,张凯,等. 干旱气候灾害及甘肃省干旱气候灾害研究综述[J]. 灾害学,2009,24(1): 117-121.

[7] 刘德祥,白虎志,宁惠芳,等. 气候变暖对甘肃干旱气象灾害的影响[J]. 冰川冻土,2006,28(5):707-712.

[8] 陈昌毓. 甘肃干旱半干旱地区降水特征及其对农业生产的影响[J]. 干旱区资源与环境,1995(1):25-33.

[9] 白虎志,张存杰,王宝灵. 青藏高原季风变化与甘肃省干旱[J]. 干旱气象,1998(1):29-32.

[10] 丁文广,牛贺文,仙昀让,等. 甘肃干旱区土地利用历史研究[J]. 干旱区资源与环境,2012,26(2): 89-93.

[11] 姚晓军,张明军,孙美平. 甘肃省土地利用程度地域分异规律研究[J]. 干旱区研究,2007,24(3): 312-315.

[12] 王毅荣,林纾,李耀辉,等. 甘肃空中水汽含量对全球气候变化响应[J]. 干旱区地理,2006,29(1): 47-51.

[13] 王毅荣,吕世华. 黄土高原降水对气候变暖响应的敏感性研究[J]. 冰川冻土,2008(1):43-51.

[14] Bradbury D L. Moisture analysis and water budget in three different types of storms[J]. Journal of Meteorology,1957,14(6): 559-565.

[15] Newton C W,Fankhauser J C. On the movements of convective storms,with emphasis on size discrimination in relation to water-budget requirements[J]. Journal of Applied Meteorology,1964,3(6): 651-668.

[16] Karam H N,Bras R L. Climatological basin-scale Amazonian evapotranspiration estimated through a water budget analysis[J]. Journal of Hydrometeorology,2008,9(5): 1048-1060.

[17] Wong S,Fetzer E J,Kahn B H,et al. Closing the global water vapor budget with AIRS water vapor, MERRA reanalysis,TRMM and GPCP precipitation,and GSSTF surface evaporation[J]. Journal of Climate,2011,24(24): 6307-6321.

[18] 丁守国,石广玉,赵春生. 利用ISCCPD2资料分析近20年全球不同云类云量的变化及其对气候可能的影响[J]. 科学通报,2004,49(11):1105-1111.

[19] 赵瑞霞,吴国雄. 长江流域水分收支以及再分析资料可用性分析[J]. 气象学报,2007,65(3):416-427.

[20] 马涛,张万诚,付睿. 云南空中水资源的季节变化研究[J]. 成都信息工程学院学报,2011,26(5): 486-493.

[21] 刘晓冉,杨茜,王若瑜,等. 1980—2009年三峡库区空中水资源变化特征[J]. 自然资源学报,2012,27 (9):1550-1560.

[22] 乔云亭,罗会邦,简茂球. 亚澳季风区水汽收支时空分布特征[J]. 热带气象学报,2002,18(3):203-210.

[23] 卓东奇,郑益群,李炜,等. 江淮流域夏季典型旱涝年大气中的水汽输送和收支[J]. 气象科学,2006,26 (3):244-251.

[24] 赵瑞霞,吴国雄. 长江流域水分收支以及再分析资料可用性分析[J]. 气象学报,2007,65(3):416-427.

[25] 王凯,孙美平,巩宁刚. 西北地区大气水汽含量时空分布及其输送研究[J]. 干旱区地理,2018,41(2): 73-80.

[26] 周长艳,蒋兴文,李跃清,等. 高原东部及邻近地区空中水汽资源的气候变化特征[J]. 高原气象,2009, 28(1):55-63.

[27] 巩宁刚,孙美平,闫露霞,等. 1979—2016年祁连山地区大气水汽含量时空特征及其与降水的关系[J]. 干旱区地理,2017,40(4):762-771.

[28] 张邦林,丑纪范. 经验正交函数在气候数值模拟中的应用[J]. 中国科学B辑,1991(4):442-448.

[29] 魏凤英. 现代气候统计诊断与预测技术[M]. 北京:气象出版社,1999.

[30] 蔡淼,欧建军,周毓荃,等. L波段探空判别云区方法的研究[J]. 大气科学,2014,38(2):213-222.

[31] 蔡淼,周毓荃,欧建军,等. 三维云场分布诊断方法的研究[J]. 高原气象,2015,34(5):1330-1334.

2017 年六盘山区夏秋季大气水汽、液态水特征初步分析

田　磊[1,2]　桑建人[1,2]　姚展予[3]　常倬林[1,2]　穆建华[1,2]　孙艳桥[1,2]　曹　宁[1,2]

(1. 中国气象局旱区特色农业气象灾害监测预警与风险管理重点实验室,银川 750002;
2. 宁夏气象防灾减灾重点实验室,银川 750002;3. 中国气象科学研究院,北京 100081)

摘　要　本文利用 2017 年 6—11 月宁夏隆德气象站地基多通道微波辐射计资料,结合同期甘肃平凉探空站及隆德地面降水等观测资料,分析了六盘山区夏秋季大气水汽、液态水变化特征。结果显示:六盘山区夏秋季在降水天气背景下,大气水汽含量和液态水含量均较高,平均分别是无降水天气背景下的 1.4 倍和 7 倍;降水天气背景下水汽在 5000 m 以下有明显的增加,且在此高度范围内的水汽密度随高度的递减率比无降水天气背景下明显偏小;各高度层的液态水相比无降水天气背景下均有明显增大,除 6 月外,主峰值均出现在 0 ℃层高度层以下。六盘山区夏秋季各月中,6—9 月,大气水汽含量高值区均出现在正午到傍晚时段,低值区均出现在日出前后;液态水含量在日出前、午后及傍晚分别出现峰值,最明显的峰值出现在午后。对一次对流性降水天气过程分析后发现,降水发生前 40 分钟内大气水汽含量和液态水含量出现两次明显的跃增,水汽向上输送不断加强,2500—7500 m 高度的相对湿度明显增大。

关键词　微波辐射计　大气水汽　液态水　日变化　六盘山

1　引言

水汽在大气中所占的比例很小,仅为 0.1% ～ 3%,但却是全球水循环过程中最为活跃的成分,是天气和地球系统中的关键因子之一[1-2];水汽还是一种很重要的温室气体,以多种形式影响地球的能量收支[3],研究者已把大气水汽研究作为全球变化研究的主要内容[4]。同时,空中水汽是降水的基础[5],其作为云降水物理过程的重要介质对云和降水的预报及提高人工影响天气效率有着不可忽视的作用[6-9]。云液态水是云模式的微物理过程及气候积云模式的重要参数,也是人工增雨潜力区判断的重要依据[10]。

地基微波辐射计高时空分辨率、高探测精度、可无人值守并能全天候连续工作的优点使其逐渐成为监测大气水汽和云液态水的有力工具[11-12]。随着探测设备及探测技术的发展,微波辐射计从双通道发展到了多通道,反演方法也从最初的回归算法发展到神经网络算法,并在不断地改进[13-19],反演精度的提高使其越来越广泛的应用于气象科研和业务当中。

在双通道微波辐射计观测研究方面,魏重等[20]针对双通道微波辐射计天线着水做了订正,通过分析北京雨天观测实例得出,在雨强小于 20 mm/h 范围内,双通道微波辐射计可以定量得到大气水汽含量和云液态水含量。雷恒池等[21]在西安观测发现,降雨开始前,大气水汽和云液态水含量的数值均有跃增现象,并提出在降水云系前方(周围)存在丰水区的假设。李铁林等[22]在河南新乡观测发现,不同天气背景时对应不同的大气水汽含量及云液态水含量分布,云液态水含量的变化与云量的增减有关,也发现了降水开始之前大气水汽和云液态水含量有明显跃增的现象。黄彦彬等[23]分析了西宁市不同月份晴天少云、阴天及降水天气条件下大

气总含水量和云中液态水含量的分布规律。陈添宇等[24]观测发现张掖甘州降水发生的前提是大气水汽含量需超过某一阈值,且雨强与大气水汽含量在时间上同步。王黎俊等[25]分析了黄河上游河曲地区的云水特征,并探讨了利用微波辐射计预测降水及制定人工增雨作业指标的可能。田磊等[26]分析了银川地区不同季节大气水汽和云液态水的日变化特征及各个时次的降水分布。

近年来,多通道微波辐射计逐渐替代了双通道微波辐射计,越来越受到研究者的关注。刘红燕等[27]对比了地基微波辐射计、探空、GPS 三种探测水汽方法之间的差异,并分析了北京地区水汽的日变化特征及水汽与温度的相关性。黄建平等[28]分析了黄土高原半干旱区大气水汽和云液态水的变化特征。张志红等[29]对北京一次积层混合云降水过程观测发现,雷达回波垂直分布趋势与微波辐射计液态水的垂直分布趋势有较好的对应关系,底层液态水的分布与地面降水的产生有直接的关系。李军霞等[30]在山西观测发现,初夏季节降水前大气水汽和液态水含量的迅速增大预示着测站上空水汽的迅速聚集,可作为降水可能发生的指示因子。张文刚等[31]发现武汉地区降水发生时,水汽在垂直方向上有明显的变化特征。汪小康等[32]通过分析武汉地区不同强度降水发生前的水汽、液态水及相对湿度等微波辐射计反演参数的差异,探讨了这些参量在降水预报中的参考意义。黄治勇等[33]对湖北两次冰雹过程观测发现,这两次冰雹都发生在 2~3 km 层增温过程中,降雹约前 20 分钟,0℃以下液态水含量急剧增长,在降雹开始前快速减小。众多研究成果表明,多通道微波辐射计在监测分析降水条件方面有很好的应用前景。

六盘山区地处青藏高原与黄土高原的交汇地带,是我国典型的农牧交错带和生态脆弱带,也是黄土高原重要的水源涵养地、生态保护区及国家级扶贫开发区。该地区降水季节分布不均,夏秋季(6—11 月)降水约占全年总降水量的 70% 以上,水资源短缺是制约当地农业发展的关键因素之一,通过人工增雨的方式增加地面降水对缓解该地区水资源短缺、促进生态环境建设、保障社会经济发展具有重要意义。

目前,针对六盘山区大气水汽、液态水特征的观测研究很少。本文利用六盘山区隆德气象站的地基多通道微波辐射计资料,结合地面降水等观测资料,深入分析了该地区夏秋季大气水汽含量、云液态水含量及水汽、液态水垂直廓线等参量的变化特征。

2 资料与方法

2.1 观测站点

宁夏回族自治区隆德气象站位于六盘山脉西侧,地理坐标为 106°07′E,35°37′N,海拔 2079 m;甘肃平凉探空站位于六盘山脉东侧,海拔 1468 m,距隆德气象站直线距离约 42 km,是离隆德气象站距离最近的探空站;具体位置见图 1。据隆德气象站近 30 年降水资料统计,该站年平均降水量为 492 mm,其中夏秋季平均降水量为 393 mm,占年降水量的 79%。

2.2 仪器介绍

RPG-HATPRO-G4 型多通道微波辐射计布设在隆德气象站内空旷地带,其采用并行 42 通道设计,其中 K 频段(22.24~31.9 GHz)21 个通道主要用于测量及反演大气水汽廓线、水汽含量及液态水含量,V 频段(51.26~58.0 GHz)21 个通道主要用于测量及反演大气温度廓线。微波辐射计基本性能参数见表 1。

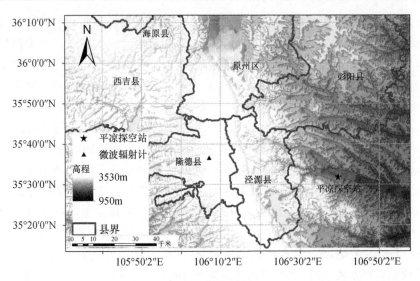

图 1　观测站位置

表 1　微波辐射计性能参数

性能参数	参数值
垂直分辨率(共 93 层)	25 m(0～100 m);30 m(100～500 m);40 m(500～1200 m);60 m(1200～1800 m);90 m(1800～2500 m);120 m(2500～3500 m);160 m(3500～4500 m);200 m(4500～6000 m);300 m(6000～10000 m)
温度廓线精度	0.25 K RMS(0～500 m);0.50 K RMS(500～1200 m)0.75 K RMS(1200～4000 m);1.00 K RMS(4000～10000 m)
湿度廓线精度	0.1 g/m³ RMS (绝对湿度);5% RMS (相对湿度)
液态水路径 LWP	精度:±10 g/m²;噪声:2 g/m² RMS
综合水汽含量 IWV	精度:±0.12 kg/m² RMS;噪声: 0.05 kg/m² RMS
系统噪声温度	22.2～31.4 GHz;<400 K;51.4～58.0 GHz;<600 K
辐射分辨率	K 波段:0.10 K RMS;V 波段:0.15 K RMS(1 s 积分时间)
绝对亮温精度(定标后)	0.2 K
辐射测量范围	0～800 K
长期亮温漂移	0.2 K /a
工作温度范围	−60～60℃
工作相对湿度范围	0～100 %

　　探空数据来源于甘肃平凉探空站 2017 年 6—11 月 L 波段探空雷达监测秒数据。气象资料包括地面温、压、湿、风、降水等来源于隆德县气象站。

2.3　数据处理方法

　　在数据分析和处理当中,将隆德气象站出现有效降水(日降水量大于 0.1 mm)的一天记为降水日,反之,记为非降水日。为了避免降水对微波辐射计测量大气水汽、液态水等参量的误差,在对资料统计分析之前,参照隆德气象站的降水资料,剔除了降水时段的资料,以保证资料的可靠性。

3 结果分析

3.1 微波辐射计和探空的对比

本文选取 2017 年 6—11 月平凉探空站每天两次(08 时和 20 时)的探空资料,因平凉探空站和隆德气象站的海拔高度不同,首先进行高度订正,将平凉探空得到的平均温度、水汽密度及相对湿度数据线性插值到隆德气象站微波辐射计 93 层数据的高度(海拔高度)上,然后根据每天平凉探空开始观测至气球上升至微波辐射计探测最高高度(海拔高度)时刻提取出对应时间段的微波辐射计温度、水汽密度及相对湿度廓线数据,并将每次平凉探空观测时段的微波辐射计分钟数据做平均,视为此次平凉探空观测时次对应的微波辐射计观测值,利用由此得到的354 个观测时次的平凉探空和微波辐射计数据,对两个探测设备获得的温度、水汽密度及相对湿度廓线进行对比分析(图 2)。

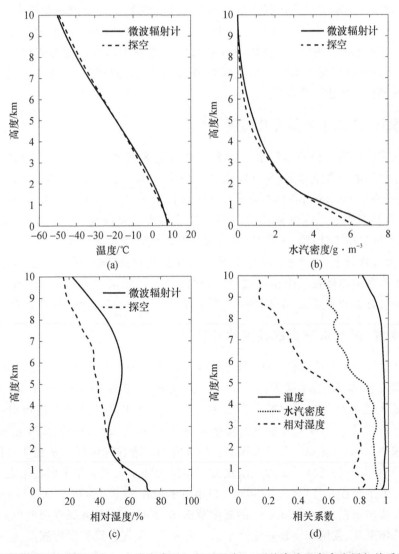

图 2　微波辐射计和探空的温度(a)、水汽密度(b)、相对湿度(c)平均廓线及各高度层相关系数(d)的对比

计算了两个探测设备的 3 个特征参量在观测期内的平均廓线及其相关系数和均方根误差,统计了 354 组数据在各高度层的相关系数,统计的相关系数均通过了 $\alpha=0.01$ 的显著性水平检验,如图 2。整体来看,两个仪器在观测期内的平均温度廓线、水汽密度廓线及相对湿度廓线的相关系数分别为 0.99、0.99 及 0.85,均方根误差分别为 0.86 ℃、0.46 g/m³ 及 10.32%。从三个特征参量在各高度层的对比来看,两个设备观测的温度在各高度层均有较好的相关性,整层相关系数均超过 0.8,9000 m(离隆德气象站地面的高度,下同)以下相关系数均超过 0.9,和探空相比,微波辐射计观测的温度在 4500 m 以下略大,4500 m 以上略小;水汽密度在 5000 m 以下有较好的相关性,相关系数均超过 0.83,5000 m 以上相关系数随高度逐渐递减,从 0.83 递减至 0.54,和探空相比,微波辐射计观测的水汽密度在各高度层均偏大,其中 1000 m 以下和 4000—6000 m 之间偏差较大;相对湿度在 4000 m 以下相关性较好,相关系数均超过 0.75,4000—5500 m 之间相关系数随高度迅速递减,从 0.75 递减至 0.47,5500 m 以上相关系数随高度逐渐变差,和探空相比,微波辐射计观测的相对湿度除 1200~2300 m 范围内比探空略小外,其他高度层均比探空明显偏大。两个观测设备观测的廓线存在差别的可能原因主要有:(1)采样方式有一定差异。由于平凉探空的采样时间一般为 30~45 min,且采样地点相对探空站有水平位移,而微波辐射计的采样时间为 1 s,在固定位置以天顶模式观测。(2)微波辐射计观测地点与平凉探空站直线距离约 42 km,海拔相差近 600 m,且两地观测期天空状况的不同也会造成一定误差。

3.2 大气水汽、液态水含量变化特征

统计夏秋季各月降水日和非降水日的大气水汽及液态水含量的平均值和标准差,表略。从夏秋季各月大气水汽含量来看,8 月降水日平均大气水汽含量最大,为 30.12 mm,降水量也为各月最多,为 167.1 mm;各月非降水日大气水汽含量 7 月最大,为 21.8 mm,11 月最小,为 2.9 mm。从各月液态水含量来看,8 月月平均液态水含量最大,为 0.48 mm,11 月液态水含量很小,几乎可忽略不计;除 11 月外,各月降水日的液态水含量均在 0.2 mm 以上。从整体来看,在降水天气背景下,大气水汽含量和液态水含量均较高,大气水汽含量和无降水天气背景下的大气水汽含量总体在一个相同数量级,比无降水的情况平均高 5.72 mm,液态水含量相比无降水天气背景相差较大,基本差一个数量级,平均是无降水天气背景下的 7 倍。

3.3 水汽密度、液态水垂直廓线变化特征

六盘山区夏秋季各月中,在 7—11 月无论降水还是非降水天气背景下,大气水汽密度都呈逐渐减小趋势。降水天气背景下,7—11 月,大气水汽密度平均值从 5.45 g/m³ 减小至 1.00 g/m³,最大值从 10.92 g/m³ 减小至 2.34 g/m³,大气水汽密度最大值均出现在近地层。无降水天气背景下,7—11 月大气水汽密度平均值从 4.58 g/m³ 减小至 0.70 g/m³,最大值从 10.34 g/m³ 减小至 2.00 g/m³,大气水汽密度最大值均出现在近地层。从图 3 可以看出,在夏秋季,降水天气背景下各高度层的大气水汽密度均比无降水天气背景下明显增大,两者各高度层差值的最大值出现在 8 月,为 2.02 g/m³,最小值出现在 11 月,为 0.48 g/m³;6—9 月各高度层差值的最大值出现在 1000~2500 m 的高度范围内,10 月、11 月各高度层差值的最大值出现在近地层。整体来看,无论降水还是无降水天气背景下,大气水汽密度均随高度的增加呈逐渐减小趋势,降水天气背景相比无降水天气背景,水汽在 5000 m 以下有明显的增加,并且在此高

度范围内的大气水汽密度随高度的递减率比无降水天气背景下明显减小,这对于降水的预报及人工增雨有一定的指示作用。

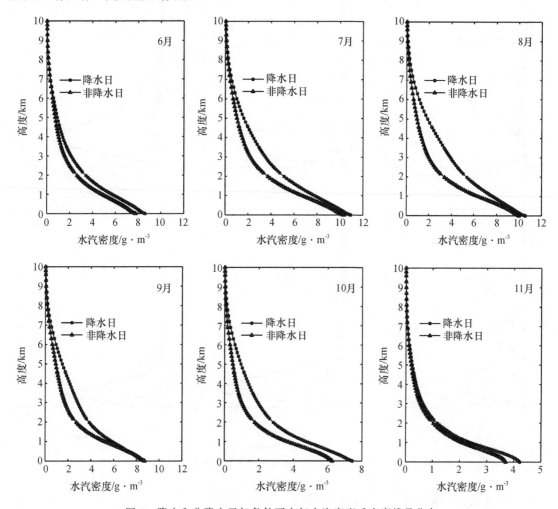

图 3　降水和非降水天气条件下大气水汽密度垂直廓线月分布

　　从图 4 可以看出,六盘山区夏秋季在降水天气条件下各个高度层的液态水均有明显增长,经统计,除 6 月外,各月主峰值均出现在 0 ℃层以下,这和洪延超等[34]的研究结果"0 ℃层到云底为液水层"一致,说明六盘山区夏秋季降水云以具有催化-供给结构的层状云降水为主,0 ℃层以下的供给云中的液态水含量较高,从而使得在该高度层出现液态水廓线的主峰值。六盘山区夏秋季各月中,6 月、7 月、8 月及 11 月降水日液态水含量主峰值出现高度比非降水日高 500~800 m,9 月、10 月降水日液态水含量主峰值出现高度和非降水日基本一致。除 6 月和 8 月外,其他各月降水天气条件下除主峰值之外,在 0 ℃层以上还存在一个次峰值,但相比主峰值,次峰值时的液态水含量明显较低。和夏季相比,秋季在无降水天气条件下峰值时的液态水含量明显较大,说明秋季六盘山区非降水性低云出现的频率高。微波辐射计探测的夏秋季降水云在 0 ℃层以上的液态水存在的位置可以作为判断人工增雨催化作业高度的参考依据。

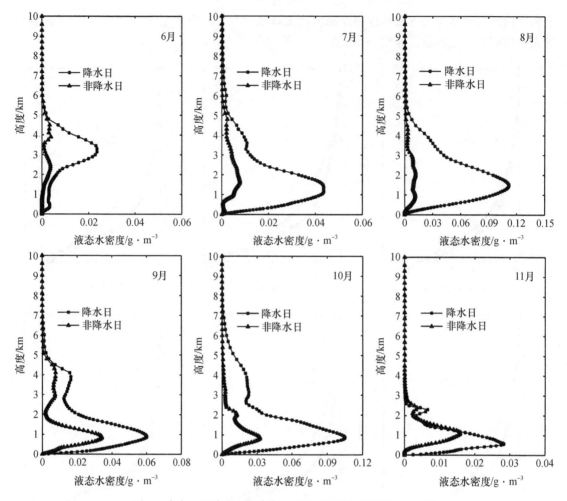

图4　降水和非降水天气条件下液态水平均垂直廓线月分布

3.4　大气水汽、液态水含量日变化特征

　　如图5所示,图中黑色圆点表示平均值,方框中的横线表示中值,方框的上下边界表示25％和75％值,垂直竖线表示5％和95％值。可以看出,六盘山区夏秋季各月中,6—9月大气水汽含量有相似的日变化特征,大气水汽含量在08:00—09:00(北京时,下同)出现日变化最小值,此后逐渐上升,15:00—16:00出现日变化的最大值,16:00以后大气水汽含量又迅速下降,夜间下降速度逐渐减小;6—9月平均日较差分别为3.1 mm、3.2 mm、2.16 mm、2.15 mm;从各月数据集的离散度变化来看,大气水汽含量离散度在夜间平均值较小的时段较大。夏秋季六盘山区大气水汽含量的日变化特征与同期银川地区[26]的观测结果相似,大气水汽含量高值区均出现在正午到傍晚时段,低值区均出现在日出前后;这与北京的观测结果[27]不太一致,北京同期的大气水汽含量的高值区都出现在凌晨,低值区则出现在正午前后。这可能与宁夏和北京地理环境及所受天气系统影响的差异有关。10月、11月大气水汽含量日变化特征不太明显,无明显的峰值,平均日较差也相对较小,10月、11月平均日较差分别为0.9 mm、0.44 mm。

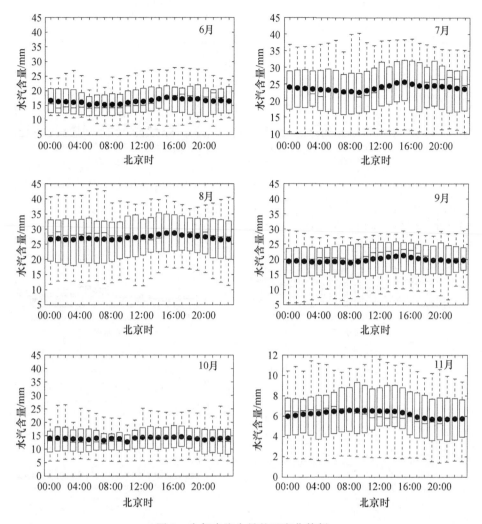

图 5　大气水汽含量的日变化特征

在分析液态水含量日变化特征时,剔除了液态水含量为 0 的值,即只统计有云情况,得到夏秋季各月液态水含量的日变化,如图 6,图中黑色圆点表示平均值,方框中的横线表示中值,方框的上下边界表示 25％ 和 75％ 值,垂直竖线表示 5％ 和 95％ 值。

从图 6 可以看出,六盘山区夏秋季各月中,6—9 月液态水含量日变化特征比较相似,在午后、傍晚及日出前分别出现峰值,最明显的峰值出现在午后。结合上述分析发现,日出前后,大气水汽含量出现低值区,而液态水含量却出现峰值;其中原因可能是六盘山区处在西北内陆地区,本地地表蒸发对大气水汽含量的变化的影响较大,日出前后为一天气温最低时段,地表蒸发在一天中也最弱,从而使得此时段水汽含量较低;另外,在同等条件下,气温较低也有利于云、雾的形成及发展,从而使得该时段液态水含量出现峰值。液态水含量和云的生成、发展、成熟和消亡过程及云的种类、厚度和高度密切相关,6—9 月六盘山区因处在副高边缘,水汽输送条件较好,加之该地区地形复杂,午后大气层结不稳定,易出现对流云,从而使得午后液态水含量比较高。相对而言,10 月、11 月液态水含量日变化特征不太明显,其中 11 月液态水含量很小。从各月数据集的离散度变化来看,液态水含量离散度在峰值处最大,在谷值处最小。

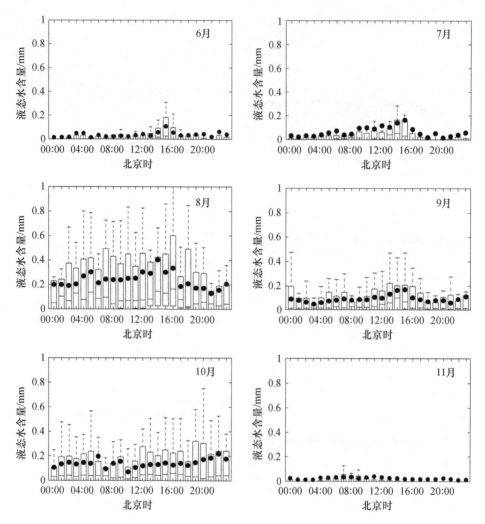

图 6　液态水含量的日变化特征

3.5　一次典型对流性降水过程云水变化特征

2017 年 7 月 20 日,隆德气象站微波辐射计观测到一次对流性降水天气过程,本次过程降水持续时间为 1 h,过程降水量为 16.8 mm。为了方便对比,本文在处理数据时把微波辐射计及地面降水资料均处理为 5 分钟 1 次,取降水前 2 h 至降水结束后 2 h 的数据对此次降水过程中微波辐射计各参量演变特征进行分析。

此次降水过程大气水汽含量平均值为 38.18 mm,高于 7 月降水天气背景下日平均大气水汽含量(28.48 mm);如图 7 所示,降水开始前 2 小时(11:00)至降水开始前 40 分钟(12:20),这段时间内大气水汽含量开始缓慢增长,地面至 5000 m 高度内的水汽明显增多,此高度层中高度越高水汽增加越明显;各高度层相对湿度没有明显变化,基本维持在 70% 左右;温度层结变化不明显;液态水含量很小,接近 0。

如图 7 所示,降水开始前 40 分钟(12:20)至开始出现降水(13:00)这段时间内,大气水汽含量增长速度加快,同时水汽向上输送也加强,大气水汽含量和液态水含量几乎同时出现两次

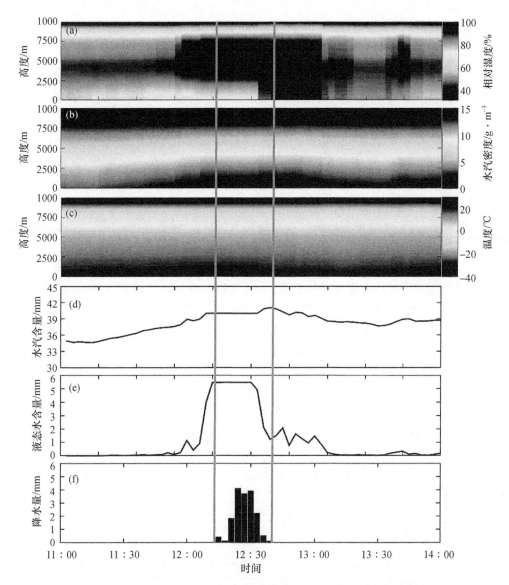

图 7　2017 年 7 月 20 日一次对流性降水过程各参量演变特征

(a)相对湿度廓线;(b)水汽密度廓线;(c)温度廓线;(d)大气水汽含量;(e)液态水含量;(f)地面降水量

明显跃增,液态水含量跃增幅度较大气水汽含量更为明显,第 2 次跃增中液态水含量 15 min 内增长近 10 倍,此次跃增后降水开始;此阶段 2500 m 以下高度的相对湿度没有明显变化,基本维持在 70% 左右,2500—7500 m 高度的相对湿度开始逐渐增大,其中 3000—6000 m 高度的相对湿度在降水前已接近 100%。出现降水时大气水汽含量为 40 mm,液态水含量为 5.47 mm。

如图 7 所示,降水结束后(14:00)大气水汽含量和液态水含量均波动下降,各高度层的相对湿度也逐渐下降。受降水蒸发的影响,降水后两小时内的大气水汽含量、5000 m 以下各高度层的水汽密度及 3000 m 以下的相对湿度明显比降水前 2 h 大。

4 结论与讨论

通过以上分析，得出如下主要结论：

（1）隆德气象站微波辐射计和平凉探空的平均温度廓线、水汽密度廓线及相对湿度廓线的相关系数分别为 0.99、0.99 及 0.85，均方根误差分别为 0.86 ℃、0.46 g/m³ 及 10.32%，各高度层的相关系数随高度逐渐递减。

（2）六盘山区夏秋季在降水天气背景下，大气水汽含量和液态水含量均较高，平均分别是无降水天气背景下的 1.4 倍和 7 倍；大气水汽在 5000 m 以下有明显的增加，并且在此高度范围内的大气水汽密度随高度的递减率比无降水天气背景下明显减小。

（3）六盘山区夏秋季在降水天气背景下，各高度层的液态水含量相比无降水天气背景下均有明显增长，除 6 月外，主峰值均出现在 0 ℃层高度层以下；除 6 月和 8 月外，其他各月除主峰值之外，在 0 ℃层高度以上存在一个次峰值，但相比主峰值，次峰值时的液态水含量明显较低。

（4）六盘山区夏秋季各月中，6—9 月大气水汽含量高值区均出现在正午到傍晚时段，低值区均出现在日出前后；液态水含量在日出前、午后及傍晚分别出现峰值，最明显的峰值出现在午后。10 月、11 月大气水汽、液态水含量日变化特征不太明显。

（5）对微波辐射计观测到的一次对流性降水天气过程分析后发现，降水发生前 40 min 内大气水汽含量和云液态水含量出现两次明显的跃增，水汽向上输送不断加强，2500—7500 m 高度的相对湿度明显增大。

参考文献

[1] 盛裴轩,毛节泰,李建国,等. 大气物理学[M]. 北京:北京大学出版社,2003:17-19.

[2] 陆桂华,何海. 全球水循环研究进展[J]. 水科学进展,2006,17(3):419-424.

[3] 毕研盟,杨忠东,李元. 应用全球定位系统、太阳光度计和探空仪探测大气水汽总量的对比[J]. 气象学报,2011,693(3):528-533.

[4] 姚俊强,杨青. 近 10a 我国大气水汽研究趋势及进展[J]. 干旱气象,2011,29(2):151-155.

[5] 韩军彩,周顺武,刘伟,等. 华北地区夏季水汽含量变化特征及影响因子分析[J]. 气象与环境学报,2012,28(6):32-37.

[6] 张强,赵映东,张存杰,等. 西北干旱区水循环与水资源问题[J]. 干旱气象,2008,26(2):1-8.

[7] 张良,王式功. 中国人工增雨研究进展[J]. 干旱气象,2006,24(4):73-81.

[8] 黄艇,黄振,朱晶,等. 基于地基 GPS 遥感的大连地区大气水汽总量变化特征[J]. 气象与环境学报,2014,30(2):45-50.

[9] 程航,程相坤,朱晶,等. GPS 遥感大气可降水量在大连地区 3 次降水过程中的应用[J]. 气象与环境学报,2014,30(5):38-48.

[10] 王颖,李国春,高阳华,等. AMSR-E 数据参数化法反演液态云水路径研究[J]. 气象与环境学报,2016,32(2):59-65.

[11] Snider J B. Long-term observations of cloud liquid,water vapor and cloud-base temperature in the North Atlantic Ocean[J]. J Atmos Oceanic Technol,2000,17(7):928-939.

[12] Han Yong,Westwater E R. Remote sensing of tropospheric water vapor and cloud liquid water by integrated ground-based sensors[J]. J Atmos Oceanic Technol,1995,12(5):1050-1059.

[13] 王小兰,王建凯,李炬. 地基多通道微波辐射计反演大气温、湿廓线的试验研究[J]. 气象水文海洋仪器,2012,12(4):1-6.

[14] 朱磊,卢建平,雷连发,等.地基多通道微波辐射计大气廓线反演方法研究[J].火控雷达技术,2014,43 (4):21-25.

[15] 张秋晨,龚佃利,王俊,等.基于地基微波辐射计反演的济南地区水汽及云液态水特征[J].气象与环境 学报,2017,33(5):35-43.

[16] 刘亚亚,毛节泰,刘钧,等.地基微波辐射计遥感大气廓线的 BP 神经网络反演方法研究[J].高原气象, 2010,29(6):1514-1523.

[17] 李青,胡方超,楚艳丽,等.北京一地基微波辐射计的观测数据一致性分析和订正实验[J].遥感技术与 应用,2014,29(4):547-556.

[18] 张文刚,徐桂荣,颜国跑,等.微波辐射计与探空仪测值对比分析[J].气象科技,2014,42(5):737-741.

[19] 李建强,李新生,董文晓,等.RPG-HATPRO 微波辐射计反演的温度和湿度数据适用性分析[J].气象与 环境学报,2017,33(6):89-95.

[20] 魏重,雷恒池,沈志来,等.地基微波辐射计的雨天探测[J].应用气象学报,2001,12(3):65-72.

[21] 雷恒池,魏重,沈志来,等.微波辐射计探测降雨前水汽和云液水[J].应用气象学报,2001,12(3): 73-79.

[22] 李铁林,刘金华,刘艳华,等.利用双频微波辐射计测空中水汽和云液水含量的个例分析[J].气象, 2007,33(12):62-68.

[23] 黄彦彬,德力格尔,王振会.利用地基双通道微波辐射计遥感青藏高原大气云水特征[J].南京气象学院 学报,2001,24(3):391-397.

[24] 陈添宇,陈乾,丁瑞津.地基微波辐射仪监测的张掖大气水汽含量与雨强的关系[J].干旱区地理,2007, 30(4):501-506.

[25] 王黎俊,孙安平,刘彩红,等.地基微波辐射计探测在黄河上游人工增雨中的应用[J].气象,2007,33 (11),28-33.

[26] 田磊,孙艳桥,胡文东,等.银川地区大气水汽、云液态水含量特性的初步分析[J].高原气象,2013,32 (6):1774-1779.

[27] 刘红燕,王迎春,王京丽,等.由地基微波辐射计测量得到的北京地区水汽特性的初步分析[J].大气科 学,2009,33(2):389-396.

[28] 黄建平,何敏,阁虹如,等.利用地基微波辐射计反演兰州地区液态云水路径和可降水量的初步研究 [J].大气科学,2010,34(3):548-558.

[29] 张志红,周毓荃.一次降水过程云液态水和降水演变特征的综合观测分析[J].气象,2010,36(3): 83-89.

[30] 李军霞,李培仁,晋立军,等.地基微波辐射计在遥测大气水汽特征及降水分析中的应用[J].干旱气象, 2017,35(5):767-775.

[31] 黄治勇,徐桂荣,王晓芳,等.基于地基微波辐射计资料对咸宁两次冰雹天气的观测分析[J].气象, 2014,40(2):216-222.

[32] 张文刚,徐桂荣,万蓉,等.基于地基微波辐射计的大气液态水及水汽特征分析[J].暴雨灾害,2015,34 (4):367-374.

[33] 汪小康,徐桂荣,院琨.不同强度降水发生前微波辐射计反演参数的差异分析[J].暴雨灾害,2016,35 (3):227-233.

[34] 洪延超,周非非."催化-供给"云降水形成机制的数值模拟研究[J].大气科学,2005,29(6):885-896.

一次地形作用下的短时强降水雨滴谱特征分析

张丰伟[1,2] 张逸轩[3] 韩树浦[4] 王毅荣[1]

（1. 甘肃省人工影响天气办公室，兰州 730020；

2. 中国气象局大气探测重点开放实验室，成都 610000；

3. 重庆市人工影响天气办公室，重庆 400000；4. 甘肃省张掖市气象局，张掖 734000）

摘 要 利用激光雨滴谱仪对 2016 年 5 月 6 日四川盆地东南部与云贵高原交界处的重庆万盛地区一次由地形强迫抬升形成的短时强降水过程进行观测，分析了雨滴谱相关特征值变化情况。结果表明：雨滴谱能够较好地反映本次过程雨量的细节，谱型能够较好地反映对流的生消过程；雨滴的数浓度并不是影响雨强的决定性因素，粒子大小对雨强的贡献同样很重要；大粒子虽然很少，但对雨强的贡献远大于小粒子（如大于 3mm 的粒子在雷达反射率因子中起主要贡献，达到 97%）；强烈的对流使大粒子在下落过程中破碎形成小粒子；三参数 Gamma 分布能够较好地拟合本次降水过程雨滴谱分布；小粒子的速度谱大于实验典型值，与大粒子在下落过程中破碎形成小粒子有关。

关键词 万盛地区 地形作用 短时强降水 雨滴谱 Gamma 分布

夏季青藏高原地区的湿度要比周边高很多，尤其在高原东南部形成一个巨大的高湿中心[1]。受特殊的地理环境影响，四川盆地降水多为对流性降水，且多在夜间发生。在四川盆地边缘，由于高山丘陵地形的存在，对流性降水产生的原因多是由于地形的强迫抬升作用。对流性降水的形成不仅涉及云动力学，也涉及云微物理变化。雨滴是液态降水的最终形式，雨滴谱（raindrop size distribution）是重要的观测云和降水物理的手段之一，其中含有雨滴形成过程的丰富信息，能够深入解析云内成雨机制、降水的微物理结构和演变特征，对人工增雨效果检验、雷达定量测量降水、人影作业方案制定等具有重大的实用价值。

我国雨滴谱的研究工作从 20 世纪 60 年代开始[2]，特别是 90 年代以来，随着人工影响天气工作的需求逐渐增加，先后在辽宁、黑龙江和河南等地开展了系统的雨滴谱观测和研究，取得了一些成果[3-13]，主要针对雨滴谱的谱型、峰值、雨强等特征参量和影响因子进行了较深入的研究。上述研究，多数为锋面云系、切变线降水或者是台风降水。江新安等[14]取得了河谷地区短时暴雨天气过程雨滴谱特征的一些成果。虽然西北地区祁连山地形云、天山地形云曾有过系统的观测[15-16]，但是对于南方山区研究很少。我国早期采用的色斑法可以直观地得到雨滴大小、形状，但有着采样和读数不变、无法解决雨滴重叠的问题，并且无法长时间连续观测。随着电子科学的进步，已逐渐发展出利用新型光电、声电[17-18]的雨滴谱测量仪器。本文利用布设在重庆市万盛地区测站的雨滴谱仪器的数据，对 2016 年 5 月 6 日短时强降水天气过程分析，揭示此次过程的雨滴谱特征及降水机制。

1 资料与方法

1.1 资料来源

本次数据采集所用的德国 OTT[2] 激光雨滴谱仪具有长时间连续自动观测、采样时间精确、可同时测量粒子的尺度与速度的优点。它可以全面且可靠地测量各种类型的降水。液态降水类型粒径的测量范围为 0.2～5 mm,固态降水类型粒径测量范围为 0.2～25 mm。它可对速度为 0.2～20 m/s 降水粒子进行测量。重庆市万盛测站于 2014 年 12 月建立 OTT^2 激光雨滴谱仪,开展全天候观测,采样时间间隔为 1 min。本文主要针对该站 2016 年 5 月 6 日 18:00—21:00 出现的短时强降水天气过程中的雨滴谱数据进行研究分析。

1.2 计算方法

雨滴谱仪器资料异常数据判别及处理。观测本次强对流天气过程中雨滴谱仪器采集的粒子谱数据,发现有一些直径超过 4 mm 的大粒子其速度为 0～1 m/s,远远低于理论实验值[19](速度-直径经验公式 $V_i = 9.65-10.3\exp(-0.6D_i)$),对于此类异常数据值,采用王可法[20]在 Parsivel 激光雨滴谱仪观测降水中异常数据的判别及处理中的 3σ 准则进行判定处理,在数据处理中发现,此方法可以剔除部分粗大误差,并以此为基础计算雨滴谱仪器各物理参量值。

雨滴谱各微物理参量含义及表达式。在此次观测中,雨滴谱仪器采样时间间隔为 1 min,测得的原始数据为不同直径及不同速度下的雨滴个数。通过测得的直径、速度和粒子个数,可以计算得到反映降水过程的相应微物理参量,其主要物理量计算公式见表 1。

表 1 雨滴谱物理量计算公式及含义

物理量	符号	含义	公式
粒子数密度	N	表征单位空间的雨滴总数量	$N = \int_0^\infty N(D)\mathrm{d}D$
液态水含量	W	单位空间雨滴总质量	$R = \dfrac{\pi}{6000}\int_0^\infty D^3 N(D)\mathrm{d}(D)$
雷达反射率因子	Z	降水回波强度	$Z = \int_0^\infty D^6 N(D)\mathrm{d}D$
降水强度	R	单位时间的降水量	$R = \dfrac{\pi}{6}\int_0^\infty D^3 N(D)U_\infty(D)\mathrm{d}(D)$

1.3 数据质量控制

以雨滴谱仪观测资料来划分降水阶段,以连续 30 min 未观测到雨滴数据来作为降水结束的判据。图 1 给出了本次短时强降水天气过程中的重庆市万盛自动站测量的雨强以及通过雨滴谱仪器计算的雨强。雨滴谱观测到的累积雨量为 59.3 mm,最大雨强为 153.4 mm/h,自动站观测的累积降水为 81.6 mm,最大雨强为 192 mm/h。可以看出,雨滴谱计算的雨强与自动站观测数据存在明显的正相关,变化趋势基本一致,计算相关系数为 0.879,SSE 为 23430,RMSE 为 11.95,说明具有较好的相关关系,数据可信。下面以雨滴谱仪观测数据分析此次短时强降水过程雨滴谱变化特征。

2 天气背景

万盛地处四川盆地向云贵高原过渡带,地形复杂、高程落差大,并有喇叭口地形特点,对流降水集中。初夏季节该地区受西南季风控制,水汽输送条件较好,配合高原季风系统共同作用,2016 年 5 月 6 日在四川盆地出现了降水天气,并在东移后增强,出现了万盛地区的短时强降水,累计降水量达到了 81.6 mm。

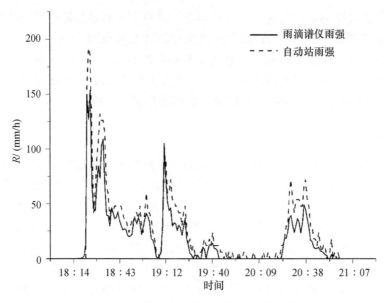

图 1 雨滴谱与自动站每分钟观测雨强

利用中尺度天气分析方法分析(图 2)可以得出,盆地至云贵高原中低层水汽接近饱和(700 hPa 温度露点差小于 3 ℃,700 hPa 以下比湿均大于 8 g/kg,850 hPa 比湿最大 16 g/kg),具有很好的水汽条件。700 hPa 的 K 指数大于 35,沙坪坝站 K 指数达 41,盆地东南部对流有效位能超过了 1000 J/kg,具备了强对流天气发生所需的不稳定能量条件。0 ℃层与-20 ℃层高度差在 3000 m 左右,易出现对流天气,并可能出现冰雹。700 hPa 的切变线和地面复合线的位置,反映出盆地中部地区的中低层在风场上都是辐合的。万盛所处西北低、东南高的地形,使得西向与北向气流在此强迫抬升,该地区左侧喇叭口状地形结构,对风场有收缩的动力作用,强迫抬升与地形辐合加强了此次强降水所需的抬升条件。

通过对雷达回波的回放,发现万盛雨滴谱仪布设位置正处于此次过程雷达强回波中心,随着对流云团从南向北方向的移动,雨滴谱仪处于云团移动路径上,较为完整的观测到了此次对流过程的生长和消亡。

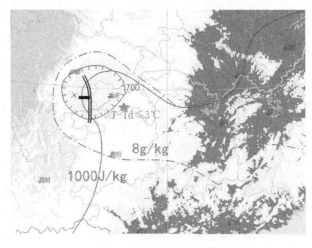

图 2 天气图与地形叠加

3 雨滴谱特征分析

3.1 雨强和雷达反射率

从图 3 中可以看出,整个降水过程雨强变化呈现多峰型,起伏较为明显,在对流开始阶段 (18:15—18:35),雨强迅速增加,在 18:25 达到最大雨强 153 mm/h,随后减小到 46 mm/h,随后 18:33 达到次高峰 109 mm/h,然后逐渐降低,在 19:10 有所增强,然后再逐渐平稳,经过 30 min 左右后再次产生降水。雷达回波强度与雨强有较好的对应关系,整个过程雷达回波强度大于 40 dBZ,在 18:24 达到最大峰值 72 dBZ。

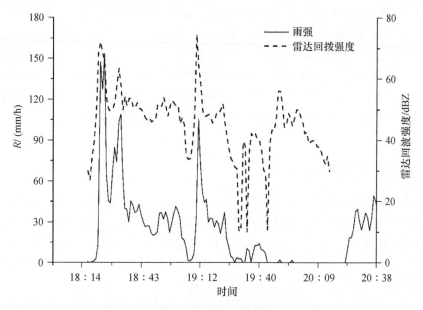

图 3　雨强和雷达回波强度随时间变化

在现有雷达系统估测降水中,一般采用关系式

$$Z = aR^b$$

来推测降水强度 R,常数 a 和 b 的典型值为 300 和 1.4,而雷达反射率因子 Z 是由降水的粒子谱分布决定的,研究表明,常数 a 和 b 的值并不是一成不变的,会因时空的不同而不同[21-22],即不同的地区、不同降水类型会有各不相同的 a 和 b,因此寻求一个合适的 Z-R 关系对当地雷达估测降水具有重要的指导意义。在本次过程中,Z-R 关系拟合公式为 $Z = 404.2R^{1.611}$。

3.2 粒子谱时间变化

从万盛雨滴谱粒子直径档数浓度随时间演变来看,整个过程中,小于 1 mm 的粒子数浓度变化较为剧烈,其变化趋势与雨强变化趋势较为一致,在雨强较大时,其粒子数浓度增加。1~2 mm 的粒子数浓度变化不大,为 100~500 个/m³,在对流较为旺盛时可以达到 1000~2000 个/m³,大于 3mm 的粒子相对较少,粒子浓度为 10~100 个/m³;随着对流的加强,速度谱变化剧烈,明显变宽,尤其是在 20:25—20:45 这个阶段的粒子速度谱变化更为明显,在这个时间段粒子直径档数浓度变化相对平稳,而速度档反映出绝大部分粒子在 20:35—20:45 这个阶段具有较大的速度。

在对流开始阶段,通过对每分钟粒子谱的变化分析发现,粒子谱变化非常剧烈,在 18:22 粒子速度谱和直径谱迅速拓宽,各档降水粒子数迅速增加。

从雨强变化可以判断,18:23—18:25 是本次天气过程中对流的旺盛发展阶段,此时,小粒子端速度谱迅速拓宽,大粒子端速度谱有所下压;而到了对流削弱阶段 18:25—18:27,尤其是大雨滴的速度回升明显,考虑到地形作用的存在,发展旺盛阶段气流被强迫抬升,强烈的辐合上升气流对雨滴产生托举作用而将雨滴下落速度减小,到了削弱阶段上升气流减弱,托举作用减小,雨滴下落速度回升。而小雨滴的增加应该是因为大雨滴在剧烈的对流发展中由于风的作用和自身下落导致破碎形成,这一点在李艳伟[15]的研究中有所发现。张祖熠等[23]的研究中也发现,天山山区地形限制了云中降水粒子的发展,呈现出山区降水尺度小、小滴浓度高的特点。但是本文的特征,与平原地区上空[24]大小雨滴数密度都很大的典型积云雨滴谱特征有所不同,平原积云降水中,往往大雨滴和小雨滴的数密度都很大,并且雨滴谱在大滴端起伏激烈呈现多峰型,而在本次山区对流降水过程中,小雨滴数密度明显高于大雨滴,大雨滴数密度变化平缓,起伏不大,这在后面的雨滴谱型研究中也有发现,说明山区降水雨滴谱与平原地区有明显差别。

3.3 雨滴谱参量平均特征

将仪器采集资料按直径分为 4 档($\leqslant 1$ mm、$1 \sim 2$ mm、$2 \sim 3$ mm、> 3 mm)来考察本次天气过程中(降雹时间共计 5 min)各档粒子对含水量、粒子浓度、雷达反射率和雨强的贡献。表 2 给出的数据可以看出,粒子数浓度随直径增大而迅速减少,小于 1 mm 的粒子占绝大多数,达 79.18%;从雷达反射率因子来看,大于 3 mm 的粒子起主要贡献,达到 97%,其主要原因是 Z 与粒子直径 D 的 6 次方成正比,更依赖于粒子的直径;液态水含量来看,小于 1 mm 的粒子贡献较小,$1 \sim 2$ mm 和 $2 \sim 3$ mm 粒子贡献相当,大于 3 mm 粒子贡献最大,几乎占到了液态水含量的一半;从雨强分档来看,分布规律与液态水相似,大于 3 mm 的粒子起主要作用。另外,本文还分析了单独降雹阶段和单独降雨阶段,其规律一致。从整个过程来看,虽然小粒子数浓度占比较高,但对液态水含量和雨强贡献都较小。大于 3 mm 的雨滴虽然浓度小,但是对雨强的贡献最大,这是因为大雨滴虽然数量小,但是尺度很大,故不能忽略其对降水的贡献。

表 2　各档粒子对各物理参量的贡献率(降雨降雹混合计算)　　　　　(单位:%)

粒子分档	液态水含量	雷达反射率	粒子浓度	雨强
$\leqslant 1$ mm	7.88	0.03	79.18	4.78
$1 \sim 2$ mm	22.66	0.53	18.55	22.08
$2 \sim 3$ mm	21.07	2.06	1.88	27.02
> 3 mm	48.39	97.39	0.39	46.12

3.4 平均粒子谱及 Gamma 拟合特征

从分时段粒子平均谱(图 4)来看,整个过程粒子谱变化经历了 3 个阶段,第一阶段为 18:15—19:00,此阶段为降雹阶段,粒子直径谱最大达 15 mm,降雹后粒子谱开始收窄,阶段末尾粒子谱宽为 7.5 mm;第二阶段为 19:01—20:00,随着降水加强雨滴谱再次拓宽,但粒子谱明显比第一阶段窄,粒子谱最大达 13 mm,在本阶段末尾,谱宽下降到 3.25 mm,粒子数浓度下降一个数量级,微小粒子下降明显;第三阶段为 20:16—21:00,在降水短暂停歇后,粒子谱再次发展,此阶段粒子谱再次收窄,最大粒子达到 9.5 mm,阶段末尾下降到 3.25 mm。从整个过程粒子谱变化来看,此次过程经历了粒子谱迅速拓宽—收窄—再次拓宽—收窄—再次拓宽—收窄的过程,结合前文的天气学分析,这表征了整个天气过程的能量聚集与释放的发展过程,不断补充的盆地气流辐合,随着系统的东移南压,地形的强迫抬升和对风场的收缩作用明显加强,使得对流发展剧烈,然后随着能量释放,逐渐趋于平稳到再次能量聚集释放。

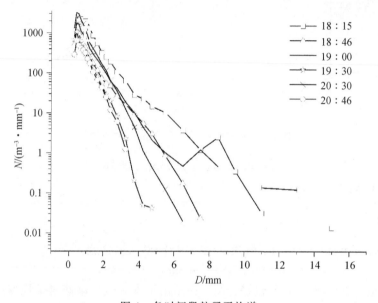

图 4　各时间段粒子平均谱

　　从整个过程平均谱来(图 5)看,此次过程粒子谱较宽达 15 mm,主要原因可能为观测粒子中含有固态粒子,从实测粒子谱来看,在 1 mm 以下的粒子存在一个数密度增大的现象,最大数密度出现在 0.562 直径档,其小粒子数量级达到 10^3;在大于 5.5 mm 以上的粒子直径上,粒子数密度较小,说明自然界降水过程中基本不存在大于 5.5 mm 的粒子,而此次过程存在大量的小粒子说明由于动力学的不稳定导致雨滴破碎,而且越大的大雨滴破碎后产生的小雨滴就越多,从而导致微小雨滴数量增多,部分较大粒子更可能跟粒子在下落过程中的碰并有关。从粒子在 1～5 mm 段谱来看,整个谱型为下弯曲形态,说明部分大粒子可能存在碰并破碎的情况。

　　陈宝君[25-26]等人研究了不同降水云雨滴谱分布模式,分析了几种常用的拟合方法,认为 Gamma 参数拟合能较好地拟合对流云降水雨滴谱,因此采用三参数 Gamma 来进行拟合,从图 5 可以看出在 0.562～5.5 区间都能较好的拟合,在小雨滴端未拟合出小粒子的增长,在大于 5.5 mm 段,由于实测粒子个数较少,变化较为明显,存在一定的偏差,从整体来看,拟合效果较好。整个降水过程 Gamma 拟合参数 μ 和 λ 起伏变化趋势基本一致,且整体趋势较为平稳,在 19:27 和 20:23 存在两个峰值,从雨强随时间演变可以看出,这两个时段分别为降水趋于结束和降水开始阶段。对参数 μ 和 λ 进行二项式拟合,得到拟合公式为

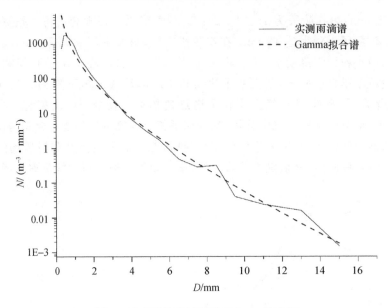

图 5　过程平均粒子谱及 Gamma 拟合谱

$$\lambda = 0.1076\mu^2 + 1.06\mu + 1.831$$

两者相关系数为 0.9522。

3.5　速度谱分析

对本次过程粒子直径与平均下落速度进行拟合,得到拟合公式

$$y = 11.56 - 10.99\exp(-0.3049x)$$

相关系数达 0.998,拟合效果较好。图 6 中给出了本次过程雨滴谱平均速度的拟合曲线,与实验室经验曲线相比较呈现三个不同的阶段,小于 1 mm 的粒子下落末速度明显大于经验曲线,在 1～5 mm 段,粒子下落末速度小于经验曲线,在大于 5 mm 段,粒子相对经验曲线具有更大的速度。主要原因应该为本次过程为一次短时强降水天气过程,伴有冰雹粒子,对流发展强烈,在雨强较大及冰雹粒子下落阶段,大粒子具有更大的动能,携裹效应及粒子破损明显,因此更多的小粒子具有较大的速度;在 1～5 mm 段的粒子,对流发展强烈,环境气流可能具有较大的上升运动;在大于 5 mm 段,本次最大粒子尺度达 13 mm,测量的粒子中有冰雹粒子,受重力作用影响,粒子具有更大的加速度,因此此段粒子速度大于经验曲线。同时,经验曲线为实验室环境,大气环境与实验环境不太一致,而且经验公式的使用需要根据环境进行空气密度订正,因此也出现差异。

4　结论

通过对此次重庆万盛站雨滴谱仪观测资料分析,对进一步认识该区域降水雨强有意义,分析地形强迫抬升作用的短时强降水天气过程中雨滴谱特征,得到以下结论:

(1)雨滴谱仪器能够较好地反应本次过程雨量细节,与自动站观测雨量相关性较好,在本次过程中,$Z\text{-}R$ 关系拟合公式为 $Z = 404.2R^{1.611}$。

(2)此次过程中,小于 1 mm 的粒子占比达 79.18%,但对雨强的贡献仅为 4.78%,而大于 3 mm 粒子占比为 0.39%,却贡献了 46.12% 的雨强,说明在降水过程中,雨滴的数浓度并不是

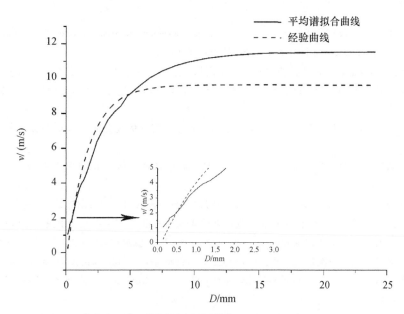

图 6　粒子直径 D 与下落末速度 v 的关系拟合

影响雨强的决定性因素,粒子大小对雨强的贡献同样很重要;并且在山区对流性降水系统中,大雨滴的数浓度非常小,小雨滴的数浓度相当大,强烈的对流导致较大粒子在下落过程中更容易破碎成大量的小粒子。

(3)大于 3 mm 的粒子在雷达反射率因子中起主要贡献,达到 97%,其主要原因是 Z 与粒子直径 D 的 6 次方成正比,Z 的大小对粒子的直径大小更敏感。

(4)本次过程中的平均粒子谱变化较好地反映了对流的生消过程,随着对流的加强谱宽随着拓宽,对流减弱谱宽收窄;Gamma 参数能较好地拟合短时强降水天气过程的粒子谱。

(5)与实验室测得的雨滴-速度关系相比较来看,本次过程小粒子的平均下落速度较高,且大粒子的速度也大于实验室速度,可能跟本次过程为对流天气过程,大粒子中含有少量冰雹粒子,以及大粒子在下落过程中破碎形成小粒子但仍保持较大速度有关。

参考文献

[1] 齐冬梅,李跃清,周长艳,等 . 夏季青藏高原湿池变化特征及其与降水的关系[J]. 沙漠与绿洲气象,2016, 10(5):29-36.

[2] 宫福久,何友江,王吉宏,等 . 东北冷涡天气系统的雨滴谱特征[J]. 气象科学,2007,27(4):365-373.

[3] 陈德林,谷淑芳 . 大暴雨雨滴平均谱的研究[J]. 气象学报,1989,47(1):124-127.

[4] Sauvageot H, Lacaux J P. The shape of averaged drop size distributions[J]. J Atmos Sci, 1995, 52: 1070-1083.

[5] Willis P T. Functional fits to some observed drop size distributions and parameterization of rain[J]. J Atmos Sci,1984,41:1648-1661.

[6] Srivastava R C. Parameterization of raindrop size Distributions[J]. J Atmos Sci,1978,35:108-117.

[7] 张鸿发,蔡启铭 . 高原山地降水的微结构特征[J]. 高原气象,1988,7(4):321-329.

[8] 李仑格,德力格尔 . 高原东部春季降水云层的微物理特征分析[J]. 高原气象,2001,20(2):191-196.

[9] 冯建民,徐阳春,李凤霞,等 . 宁夏川区强对流天气雷达判别及预报指标检验[J]. 高原气象,2001,20(4):

447-452.

[10] Saumageot H，Mesnard F，Tenorio R S. The relation between the area-average rain rate and the rain cell size distribution parameters[J]. J Atmos Sci,1999,56:57-70.

[11] 张鸿发,徐宝祥,蔡启铭. 由雨滴谱型订正雷达测量降水的一种方法[J]. 高原气象,1989,8(1):75-79.

[12] Lavergnat J，Gole P. A stochastic raindrop time distribution model[J]. J Applied Meteor,1998,37:805 – 818.

[13] 牛生杰,安夏兰. 不同天气系统宁夏夏季降雨谱分布参量特征的观测研究[J]. 高原气象,2002,21(2): 37-44.

[14] 江新安,王敏仲. 伊犁河谷汛期一次短时强降水雨滴谱特征分析[J]. 沙漠与绿洲气象,2015,9(5): 56-61.

[15] 李艳伟,杜秉玉,周晓兰. 新疆天山山区雨滴谱特性及分布模式[J]. 2003,26(4):465-472.

[16] 史晋森,张武,陈添宇,等. 2006年夏季祁连山北坡雨滴谱特征[J]. 兰州大学学报,2008,44(4):55-61.

[17] 朱亚乔,刘元波. 地面雨滴谱观测技术及特征研究进展[J]. 地球科学进展,2013,28(6):685-694.

[18] 李德俊,熊守权. 武汉一次短时暴雪过程的地面雨滴谱特征分析[J]. 暴雨灾害,2013,32(2):188-192.

[19] Gunn R. Kinzer G D. The terminal velocity of fall for water drop-lets in stagnant air[J]. J Meteorology, 1949,6(4):243-248.

[20] 王可法,张卉慧,等. Parsivel 激光雨滴谱仪观测降水中异常数据的判别及处理[J]. 气象科学,2011,31 (6):732-736.

[21] 冯雷,陈宝君. 利用 PMS 的 GBPP-100 型雨滴谱仪观测资料确定 Z-R 关系[J]. 气象科学,2009,29(2): 192-198.

[22] CHEN Baojun. Statistical Characteristics of Raindrop Size Distribution in the Meiyu Season Observed in Eastern China[J]. Journal of the Meteorological Society of Japan,2013,91(2):215-227.

[23] 张祖熠,杨莲梅. 伊宁春季层状云和混合云降水的雨滴谱统计特征分析[J]. 沙漠与绿洲气象,2018,12 (5):16-22.

[24] 宫福久,刘吉成,李子华. 三类降水云雨滴谱特征研究[J]. 大气科学,21(5):607-614.

[25] 陈宝君,李子华. 三类降水云雨滴谱分布模式[J]. 气象学报,1998,56(4):506-512.

[26] 郑娇恒,陈宝君. 雨滴谱分布函数的选择 M-P 和 Gamma 分布的对比研究[J]. 气象科学,2007,27(1): 17-25.

大涡模式水平分辨率对边界层夹卷过程
及示踪物垂直传输的影响

王　蓉[1]　黄　倩[2]　岳　平[3]

（1. 甘肃省人工影响天气办公室，兰州 730020；

2. 兰州大学大气科学学院半干旱气候变化教育部重点实验室，兰州 730000；

3. 中国气象局兰州干旱气象研究所，甘肃省干旱气候变化与减灾重点实验室，兰州 730020）

摘　要　利用敦煌干旱区野外加密观测资料，结合大涡模式模拟研究了模式水平分辨率对边界层对流、夹卷过程及示踪物垂直传输的影响。结果表明：模式水平分辨率越高，模拟的边界层对流泡个数越多，尺度越小，且对流强度越强；提高模式水平分辨率，夹卷层位温方差增大，水平速度方差减小，垂直速度方差增大，且上升冷气流对夹卷层热通量的贡献最大。模式水平分辨率越高，垂直速度、位温及示踪物浓度概率密度函数分布变化范围相对越广，细微变化特征被模拟地越清晰。另外，提高模式水平分辨率，示踪物的空间分布特征被模拟得更加细致，示踪物被传输的高度也较高。综合考虑到分辨率越高在模拟过程中产生的噪音越大且计算时间越久等问题，认为采用200 m 的水平分辨率时，模式既能较好地模拟出边界层对流的平均结构，又能模拟出边界层湍流的较细微分布特征，是较为理想的选择。

关键词　大涡模拟　水平分辨率　边界层　夹卷　示踪物　垂直传输

1　引言

对流边界层也就是通常所说的混合层，是指边界层中受地面影响最强烈的那部分大气。尽管，地表热通量和风切变是影响边界层对流发展的重要机制[1-3]，然而，除了地面加热向上传输热量使得大气边界层发展以外，对流边界层以上自由大气中浮力较强的暖空气向下混合进入边界层，以及来自边界层的上冲热泡形成的夹卷过程对边界层对流发展的贡献也不能忽视[4]。

夹卷过程的本质是对流边界层湍流与自由大气在夹卷层进行的混合作用，其不仅直接影响边界层对流的发展，还对污染物的扩散、低云中降水的形成、气溶胶间接效应的评估、低云和气候之间的反馈以及雷达遥感云水含量的准确度有着十分重要的影响[5-8]。1968 年，Lilly[9]最先提出了边界层的零阶模型，认为夹卷层的厚度为零，在边界层顶部存在一个温度的不连续面。随后，Betts[10]提出的一阶模型中认为边界层顶部不是温度的突然跃变，而是比自由大气更强的逆温层。之后在此基础上，相继开展了一些研究工作，并取得了很大的进展[11-16]。尽管如此，以往对夹卷层及夹卷过程的研究仍大多集中于对其结构特征和特征量参数化等方面[17-18]，对夹卷层湍流分布规律的研究依然相对较少。另外，由于夹卷层位于边界层顶，且湍涡尺度较小，使用观测手段获取其信息比较困难，因此，大涡模拟技术以其能够全面捕捉湍流特征的优势，成为目前研究湍流的重要手段之一[19-20]。

我国西北地区特别是极端干旱的敦煌沙漠地区，不仅是我国沙尘暴的多发区，而且其夏季晴天边界层超过 4 km 的高度[21-22]，深厚的边界层对流可以将沙尘传输到较高的高度，因此对该地区边界层对流及边界层顶夹卷过程的研究对进一步深入研究沙尘暴发生和发展的机理具有重要的理论价值[23-24]。鉴于此，本文以敦煌干旱区为研究区域，利用高分辨率的大涡模式模拟研究边界层及夹卷层湍流较细微的结构特征，并通过改变模式水平分辨率的敏感性数值试验模拟研究模式水平分辨率对边界层对流发展、夹卷过程及示踪物垂直传输的影响。该研究结果，可为今后干旱区气候模式中边界层湍流的参数化提供一定的依据。

2 模式及方法介绍

所利用的英国气象局大涡模式 LEM（large eddy model）Version 2.4[25]是一个高分辨率、非静力平衡的三维数值模式，可用来模拟范围广泛的湍流尺度和云尺度的问题。该模式利用滤波方法对 Navier-Stokes 方程组求网格体积平均，准确计算大湍流涡旋的运动，而对小尺度湍流通量和能量采用一阶湍流闭合的次网格模式模拟，对模式计算方程组的具体描述见文献[4]。在该研究模拟中采用了 0.23 倍的模式水平网格距作为大涡模式次网格模型的基本长度尺度。

研究使用"西北干旱区陆-气相互作用野外观测实验"加密观测期间 2000 年 6 月 3 日 12：00 敦煌站的风速、位温、比湿、气压探空资料作为模式的初始场，利用不随时间变化的固定地表热通量 200 W/m²（这里需要说明的是，200 W/m² 的地表热通量是根据实测地表热通量的平均值选择的）驱动模式发展。模拟时水平区域取 10 km×10 km，垂直高度取 6 km，水平 X 和 Y 方向采用等距网格，垂直 Z 方向采用随高度变化的张弛网格（共 85 层）。模式采用周期侧边界条件和刚性上下边界条件，并在模式高度约 4 km（约为模式高度 2/3 处）以上应用牛顿阻尼吸收层来减少模式上界反射引起的重力波影响。模式中使用的地表地转风由 NCEP/NACR 的 2.5°×2.5° 再分析资料计算得到，地转风切变是用小球探空资料 1 km 高度的风速和地表地转风资料求得。模式在计算时采用有限差分方法，模拟时长为 5 h，模式平衡时间约 1 h，每隔 1800 s 输出一次数据。并且，为了方便研究，在模式近地面 100 m 高度加入绝对浓度为 100 的被动示踪物。另外，还做了模式水平分辨率为 200 m，其他初始化资料不变，而地表热通量为随时间变化的实测值驱动的标准试验，发现模拟结果与实测资料基本一致（图略），说明该模式具有较好的模拟能力。表 1 是改变模式水平分辨率的各敏感性试验中水平网格距的大小。

表 1 各敏感性数值试验中模式水平分辨率

数值试验	水平分辨率/m
E1	50
E2	200
E3	500
E4	1000

3 模拟结果与分析

3.1 模式水平分辨率对边界层对流的影响

图 1 是改变模式水平分辨率的各试验模拟的不同时次边界层平均位温廓线。13：00—

15:00,随着时间的进程,对流边界层(CBL)不断增暖,其厚度也在逐渐增大。对比同一时次,随着模式水平分辨率的提高,模拟的 CBL 平均位温增大,且边界层厚度也较大,14:00,试验 E1 模拟的 CBL 平均位温约为 313.4 K,厚度约 550 m,而试验 E4 模拟的 CBL 平均位温约为 312.8 K,厚度约 480 m。另外还注意到,试验 E4 模拟的各时次位温在整个 CBL 中随高度增加而减小,即整个 CBL 是超绝热层。一般,如果不考虑边界层大气及气溶胶的辐射过程,CBL 的热源有两个:一个是地面向上输送热量加热 CBL,另一个是边界层顶的夹卷过程将逆温层中的暖空气卷入混合层从而加热 CBL。这两个加热过程,使 CBL 中位温的垂直梯度为零。然而,当模式水平分辨率太低为 1000 m(试验 E4)时,模式不能较准确地模拟出对流边界层的位温变化及边界层顶的夹卷过程。

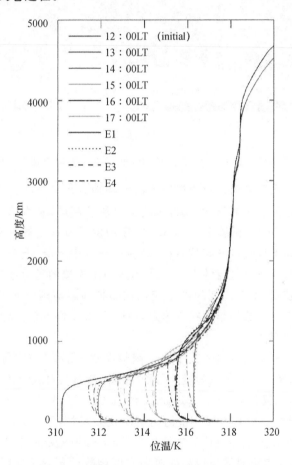

图 1　各试验模拟的不同时次边界层平均位温廓线

(实线,点线,虚线和点划线分别代表 E1,E2,E3 和 E4)

为了分析模式水平分辨率对边界层对流泡发展变化的影响,图 2 给出了各敏感性试验模拟的不同时次垂直速度垂直剖面图。由图 2 可以看出,13:00—15:00,各试验模拟的对流泡向上发展的高度越高,边界层的厚度逐渐增大。另外,模式水平分辨率越高,边界层对流泡的细微结构被模拟得越清晰,模拟的对流泡的个数越多而尺度越小。15:00,试验 E1、E2、E3 和 E4 模拟的 CBL 气流的最大上升速度分别为 4.2 m/s,3.2 m/s,2.0 m/s 和 0.06 m/s,说明模式水平分辨率越高的试验模拟的边界层对流的强度越强。

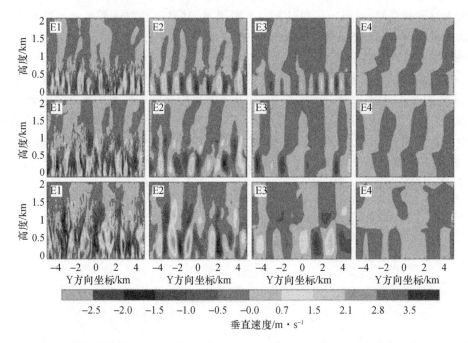

图2 各试验模拟的边界层 13:00(上)、14:00(中)和 15:00(下)垂直速度(单位:m/s)垂直剖面

为进一步理解模式水平分辨率对边界层各高度物理量水平分布特征的影响,图3给出了各敏感性试验模拟的边界层不同高度(Z_i为对流边界层顶高度)垂直速度、位温及示踪物绝对浓度的概率密度函数(PDF)。试验 E1、E2 和 E3 模拟的垂直速度概率密度函数较相似,即在边界层低层上升气流和下沉气流分布较对称,而在边界层中上层,上升气流少而下沉气流多,但是上升气流的强度却比下沉气流的大。另外,试验 E1 模拟的垂直速度变化范围较广,这是因为模式水平分辨率越高,垂直速度的微小变化被模拟地越清晰。而试验 E4 模拟的边界层各高度垂直速度概率密度函数均集中在 0 附近,说明模式水平分辨率太低时,模式只能模拟出CBL 中湍流的平均运动状态。

试验 E1、E2 和 E3 模拟的位温的概率密度函数在 $0.3Z_i$ 和 $0.7Z_i$ 高度处都表现出正倾斜特征(峰值在左侧),也就是上升气流为暖空气而下沉气流是相对较冷的空气,并且越往上到对流边界层顶附近的 $1.0Z_i$ 高度处,试验 E1 和 E2 模拟的位温的概率密度函数分布相对较平缓,而试验 E3 模拟的位温概率密度函数分布仍显示出正倾斜特征,这是由于模式水平分辨率较高的试验能够较好地模拟出边界层顶的夹卷过程,而上部逆温层的暖空气被夹卷进入边界层能够加热边界层大气,使得边界层顶位温的概率密度函数分布趋于平缓。模式水平分辨率越高,模拟的边界层平均位温越大,这与高分辨率的试验能够模拟出较小热泡有关。而模式水平分辨率较低的 E4 试验,只能模拟出边界层平均位温。从 $0.3Z_i$ 到 $0.7Z_i$,示踪物浓度的概率密度函数分布为负倾斜,即上升气流对应的示踪物浓度较小;在 $1.0Z_i$ 处,由于上部不含示踪物空气的向下卷入,使得其分布变得较平缓。另外,模式水平分辨率越高,模拟的示踪物绝对浓度的变化范围越大,而水平分辨率较低的试验 E4,不仅不能模拟出示踪物浓度的细微分布特征,且模拟的示踪物平均浓度偏大。

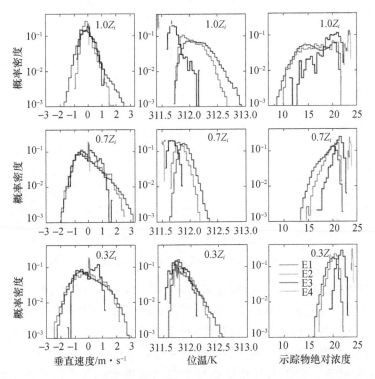

图 3　各试验模拟的 13:00 边界层不同高度垂直速度(左)、位温(中)和示踪物绝对质量浓度(右)的概率密度

3.2　模式水平分辨率对夹卷过程的影响

图 4 是改变模式水平分辨率的各敏感性试验模拟的 13:00 湍流统计量随高度的变化。总体上,位温方差先随高度增加而减小,在边界层中部达到最小值,之后又随着高度增加而增大,在夹卷层出现极大值后又随高度减小。夹卷层中位温方差增大是由于冷的上冲热泡与上层向下卷入的较暖空气温度差异造成的。随着模式水平分辨率的提高,模拟的夹卷层位温方差的极大值逐渐增大,也说明模式水平分辨率越大,模拟的夹卷作用越强。水平速度方差在近地面有最大值,随着高度的增加逐渐减小;到边界层中部,随高度的变化较小;到边界层顶部又略有增大,之后又很快减小到某一值。水平速度方差除在近地面有最大值外,在边界层顶部又出现一峰值,这一方面是由于地表摩擦作用使得近地面风切变较大造成的;另一方面,在边界层顶附近,由于上部逆温层的覆盖,热泡的上升运动受到限制转化为水平速度分量,使得其在边界层顶附近增加。垂直速度方差廓线显示,随着高度的增加垂直速度方差增大,在某一高度达到最大值,之后又随高度增加而减小。这是由于边界层中的湍流是各向异性的,即垂直方向以小尺度湍涡运动为主,而水平方向以大尺度湍涡贡献为主[26],因此,模式水平分辨率越高,越多小尺度的湍流运动被精确计算,因而模拟的边界层水平方向速度方差越小,而垂直方向速度方差越大。另外,试验 E4 对各湍流统计量垂直分布特征的模拟效果不好。

图 5 为各敏感性试验模拟的 13:00 分象限平均热通量和四象限总的平均热通量廓线,其中,图 5a—e 分别代表上升暖气流($w' > 0, \theta' > 0$)、上升冷气流($w' > 0, \theta' < 0$)、下沉暖气流($w' < 0, \theta' > 0$)、下沉冷气流($w' < 0, \theta' < 0$)和四象限总的平均热通量。从夹卷层平均热通量廓线可以看出,热通量随着高度的增加线性递减,到边界层顶热通量达到负的最大值。其中,试验

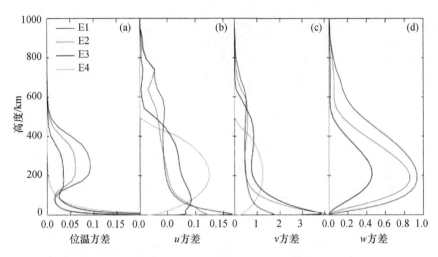

图 4　各试验模拟的 13:00 位温(a)、u(b)、v(c)和 w(d)方差廓线

E4 对夹卷热通量的模拟效果较差,提高模式水平分辨率,夹卷层各象限的热通量和平均热通量都增大,其中上升冷空气的贡献最大,这里所指的冷空气是与夹卷层周围相对较暖的空气比较而言。此外,从图 2 所示的各试验模拟的垂直速度垂直分布可知,模式水平分辨率越高,边界层对流强度越大,因此高水平分辨率的试验中夹卷层上升冷空气对热通量增大的贡献较多,即负的热通量贡献较多。由于上升热泡在稳定层里最终会改变方向而向下运动(下沉冷空气),进而贡献正的热通量,因此使得在夹卷层热泡形成的热通量在很大程度上是相互抵消的,这也与 Sullivan 等[27]和 Kim 等[28]的研究结果一致。

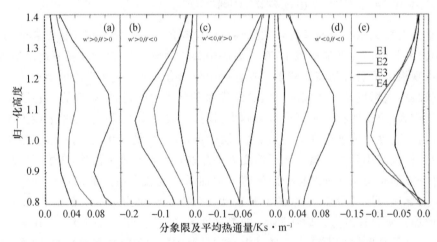

图 5　各试验模拟的 13:00 分象限平均热通量廓线及总的平均热通量廓线

为进一步分析模式水平分辨率对夹卷层各高度物理量分布的影响,图 6 给出了各敏感性试验模拟的 13:00 边界层顶以上不同高度垂直速度、位温和示踪物绝对浓度的概率密度函数(PDF)分布。从垂直速度的 PDF 分布看出,越往夹卷层上部,上升气流越少,上升气流与下沉气流的分布越对称。另外,水平分辨率越高,垂直速度的微小变化被模拟得越清晰,这是由于提高模式水平分辨率,更多的小尺度湍涡被精确计算造成的。从位温的 PDF 分布看出,在 $1.1Z_i$ 高度处,各试验模拟的位温 PDF 为正倾斜分布,即上升气流比下沉气流暖;而从 $1.2Z_i$

到 $1.3Z_i$ 高度,位温 PDF 分布呈现出负的倾斜特征,即越往夹卷层上部,下沉气流比上升气流暖,也说明越靠近上部夹卷层,向下卷入的暖气流越多。且模式水平分辨率越高,夹卷层平均位温越高,这与提高模式水平分辨率,模拟的夹卷层夹卷作用增强有关。从示踪物绝对浓度的 PDF 分布看出,从 $1.1Z_i$ 到 $1.3Z_i$,各试验模拟的示踪物浓度的 PDF 分布由负倾斜变为正倾斜,即夹卷层越往上,示踪物的高浓度值越少而低浓度值越多。此外,当模式水平分辨率为 1000 m 时,模式不能较好地模拟出各物理量在夹卷层的分布特征。

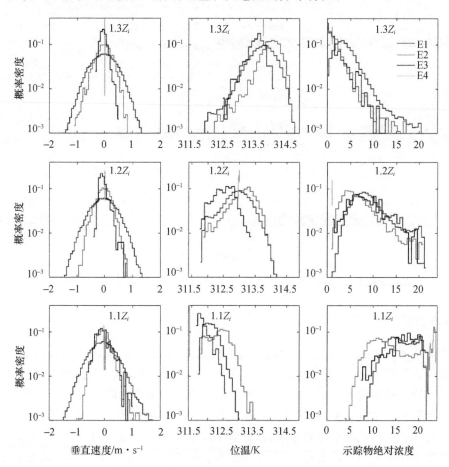

图 6   各试验模拟的 13:00 夹卷层不同高度垂直速度(左)、位温(中)和示踪物绝对质量浓度(右)的概率密度

3.3   模式水平分辨率对示踪物垂直传输的影响

沙尘及污染物的垂直传输与边界层对流的发展密切相关[29-30],因此在分析模式水平分辨率对边界层对流及边界层顶夹卷过程影响的基础上,进一步给出了改变模式水平分辨率的各敏感性试验模拟的不同时次示踪物绝对浓度的垂直分布(图 7)。提高模式水平分辨率,模拟的示踪物的空间分布特征更加细致,且示踪物被传输的高度也较高,而在模式水平分辨率较低的试验 E4 中示踪物传输高度较低,且示踪物浓度在 CBL 中的分布相对较均匀,这与图 2 中垂直速度的垂直分布有很好地对应,也说明示踪物在垂直方向随着边界层对流的发展被向上传输到一定的高度。

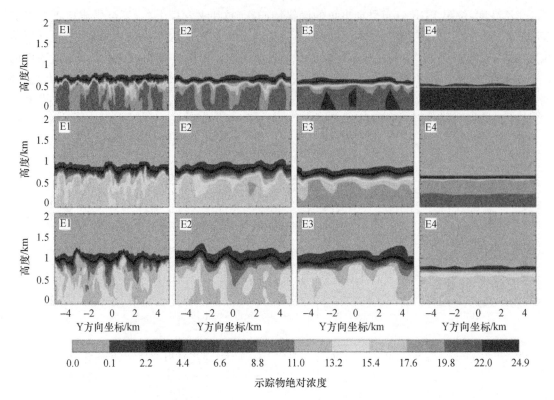

图7 各试验模拟的13:00(上)、14:00(中)和15:00(下)示踪物绝对浓度的垂直剖面图

4 结论与讨论

（1）模式水平分辨率越高，模拟的对流边界层的结构越清晰，对流泡的尺度越小，个数越多，且对流的强度增强；而降低模式水平分辨率，由于对含能湍涡湍流通量和湍流动能的参数化，影响了对边界层结构的较精细模拟，只能粗略地模拟出边界层的平均结构特征。

（2）提高模式水平分辨率，增强的夹卷作用将上层更多的暖空气向下卷入，使得夹卷层位温方差增大。同时，模式水平分辨率越高，更多小尺度湍涡运动被精确计算，使得垂直速度方差增大，水平速度方差减小。另外，提高模式水平分辨率，夹卷层各象限的热通量及平均热通量都增大，其中上升冷气流对夹卷层热通量的贡献最大。

（3）模式水平分辨率对边界层及夹卷层不同高度垂直速度、位温及示踪物绝对浓度的水平分布影响较大。模式水平分辨率越高，模拟的各物理量概率密度分函数（PDF）分布变化范围相对越广，且物理量的细微变化特征被模拟得越清晰。当模式水平分辨率较低为 1000 m 时，模式不能较好地模拟出边界层及边界层顶以上各高度物理量的水平分布特征。

（4）提高模式水平分辨率，示踪物的空间分布特征被模拟得更加细致，且示踪物被传输的高度也较高，而当模式水平分辨率较低为 1000 m 时模拟的示踪物传输高度较低，且示踪物浓度在 CBL 中的分布相对较均匀。

（5）尽管提高模式水平分辨率，边界层湍流的细微结构被模拟得越清晰，但分辨率越高在模拟过程中产生的噪声越大反而会影响对边界层平均结构的模拟，且计算时间太久。因此综上分析得出，当采用 200 m 的水平分辨率时，模式既能较好地模拟出边界层对流的平均结构，又能模拟出边界层湍流的较细微分布特征,是较为理想的选择。

本文利用高分辨率的大涡模式模拟研究了改变模式水平分辨率对边界层夹卷及示踪物垂直传输的影响,但文中敏感性试验都是对较为理想环境条件的模拟,并没有考虑复杂下垫面的作用。另外,由于计算条件的限制,对模拟结果的分析也需要更多敏感性试验结果进行补充。

参考文献

[1] TIAN W,PARKER D J,KILBURN C A D. Observations and numerical simulation of atmospheric cellular convection over mesoscale topography[J]. Mon Wea Rev,2003,131(1): 222 - 235.

[2] SHIN H H,HONG S Y. Analysis of resolved and parameterized vertical transports in convective boundary layers at gray-zone resolutions[J]. J Atmos Sci,2013,70(10): 3248 - 3261.

[3] 王蓉,黄倩,田文寿,等. 边界层对流对示踪物抬升和传输影响的大涡模拟研究[J]. 大气科学,2015,39(4):731-746.

[4] 黄倩,王蓉,田文寿,等. 风切变对边界层对流影响的大涡模拟研究[J]. 气象学报,2014,2014(1):100-115.

[5] CHOSSON F, BRENGUIER J L, SCHÜLLER L. Entrainment-mixing and radiative transfer simulation in boundary layer clouds[J]. J Atmos Sci, 2007, 64(7):2670.

[6] LEHMANN K, SIEBERT H, SHAW R A. Homogeneous and inhomogeneous mixing in cumulus clouds: dependence on local turbulence structure[J]. J Atmos Sci, 2008, 66(12):3641-3659.

[7] XUE H, FEINGOLD G. Large-eddy simulations of trade wind cumuli: investigation of aerosol indirect effects[J]. J Atmos Sci, 2006, 63(6):1605-1622.

[8] LIU Y, DAUM P H, YUM S S, et al. Use of microphysical relationships to discern growth/decay mechanisms of cloud droplets with focus on Z-LWC relationships[J]. Office of Scientific & Technical Information Technical Reports, 2008, 44(s6):59-63.

[9] LILLY D K. Models of cloud-topped mixed-layer under a strong inversion[J]. Quarterly Journal of the Royal Meteorological Society, 1968, 94(401):292-309.

[10] BETTS A K. Non-precipitating cumulus convection and its parameterization[J]. Quarterly Journal of the Royal Meteorological Society, 1973, 99(419):178-196.

[11] 周明煜,陈陟,李诗明,等. 云覆盖对流边界层顶部湍流结构参数的研究[J]. 地球物理学报,1999,42(4):444-451.

[12] 孙鉴泞,蒋维楣,李萍阳,等. 对流边界层顶部夹卷速度参数化的模拟研究[J]. 中国科学技术大学学报,2003,33(1):119-124.

[13] 袁仁民. 白天混合层顶部夹卷层厚度的特征研究[J]. 地球物理学报,2005,48(1):19-24.

[14] 徐强君,孙鉴泞,刘罡,等. 夹卷层厚度定义对其参数化的影响[J]. 南京大学学报(自然科学版),2008,44(2):219-226.

[15] 林恒,孙鉴泞,袁仁民. 对流边界层顶部夹卷层厚度特征及其参数化分析[J]. 中国科学技术大学学报,2008,38(1):50-56.

[16] 代成颖. 大气边界层顶部夹卷层特征及边界层高度研究[D]. 北京:中国科学院大学,2011.

[17] 林恒,孙鉴泞,卢伟. 有切变对流边界层夹卷厚度参数化的大涡模拟研究[J]. 南京大学学报(自然科学),2010,46(6):616-624.

[18] 万静,孙鉴泞. 对流边界层发展受覆盖逆温影响的大涡模拟研究[J]. 气象科学,2010,30(5):715-723.

[19] 蒋维楣,苗世光. 大涡模拟与大气边界层研究——30年回顾与展望[J]. 自然科学进展,2004,14(1):11-19.

[20] 任燕,黄倩,张君霞,等. 大涡模式分辨率对海洋信风区大气边界层结构和演变模拟的影响[J]. 热带气象学报,2018,34(1):23-33.

[21] 张强,赵映东,王胜,等. 极端干旱荒漠区典型晴天大气热力边界层结构分析[J]. 地球科学进展,2007,22(11):1150-1159.

[22] ZHANG Q, ZHANG J, QIAO J, et al. Relationship of atmospheric boundary layer depth with thermo dynamic processes at the land surface in arid regions of China[J]. Science China Earth Sciences, 2011, 54(10):1586 – 1594.

[23] 乔娟,张强,张杰,等. 西北干旱区冬,夏季大气边界层结构对比研究[J]. 中国沙漠,2010,30(2):422-431.

[24] 姜学恭,李夏子,王德军. 一次典型蒙古气旋沙尘暴的对流层顶演变及沙尘垂直输送特征[J]. 干旱气象,2018,36(1):1-10.

[25] GRAY M E B, PETCH J, DERBYSHIRE S H, et al. Version 2.3 of the Met Office large eddy model [R]. Met Office (APR) Turbulence and Diffusion Rep, 2001:276.

[26] STULL R B. An introduction to boundary layer meteorology[M]. Springer, 1988.

[27] SULLIVAN P P, MOENG C H, STEVENS B, et al. Structure of the entrainment zone capping the convective atmospheric boundary layer. [J]. Journal of Atmospheric Sciences, 1998, 55(19):3042-3064.

[28] KIM S W, PARK S U, MOENG C H. Entrainment processes in the convective boundary layer with varying wind shear[J]. Boundary-Layer Meteorology,2003, 108(2):221-245.

[29] 张君霞,黄倩,田文寿,等. 对流冷池对黑风暴沙尘抬升和传输影响的大涡模拟研究[J]. 高原气象,2018,3:850-862.

[30] 张佃国,王洪,崔雅琴,等. 山东济南地区 2015 年大气边界层逆温特征[J]. 干旱气象,2017,35(1):43-50.

祁连山云特征参数及人工增雨研究进展与展望

王研峰[1,2]　王聚杰[3,4]　尹宪志[1]　程　鹏[1,2]　王　蓉[1]

(1. 甘肃省人工影响天气办公室,兰州 730020;

2. 中国气象局云雾物理环境重点开放实验室,北京 100081;

3. 南京信息工程大学气象灾害预报预警与评估协同创新中心,南京 210044;

4. 南京信息工程大学管理工程学院,南京 210044)

摘　要　本文综述了祁连山区云特征参数及人工增雨方面的主要研究成果,内容涉及祁连山区空中水汽特征、云量分布、不同云系分布特征、云光学特征、云降水机制、降水分布、人工增雨有利天气系统、催化机制以及人工增雨综合效益等方面的研究,为全面、深入了解祁连山区云降水物理和人工增雨机制奠定了基础。进一步对祁连山区综合应用多种观测资料结合云数值模式深入研究地形云结构及降水机制、定量化的人工增雨作业科学指标和播云优化技术,以及地形与垂直气流相互作用对天气系统影响等方面存在的问题进行了展望。

关键词　祁连山区　云特征参数　人工增雨　地形云结构及降水机制　地形

1　引言

云在全球和区域辐射能量收支和水分循环中起到极其重要的作用,云特征参数(云水含量、云滴有效半径、云顶和云底高度、云层厚度、云量、云状等)变化对天气和气候可产生重大的影响[1],同时云特征参数与云辐射、降水、降水机制、降水转化率、人工增雨潜力等有密切关系,因此研究云特征对加深认识辐射能量收支、水循环过程、降水形成机制和演变过程特征以及提高天气预报的准确率和人工影响天气的科学性和有效性等方面具有重要意义[2-3]。

祁连山位于我国西北干旱半干旱地区腹地,山体呈东、西走向,平均海拔在 4000 m 以上,其地形复杂特殊、上空水汽充沛、地面降水丰富,山区年降水量最大可达 600 mm 以上[4-5]。祁连山是石羊河、黑河和疏勒河水系的发源地,山上冰川冰雪融水是河西走廊地区农业、生态以及人类生存的主要水源。祁连山区降水不仅是河西走廊工农业和生活用水的重要来源,而且对山区和内陆河下游生态环境保护和恢复有重要影响。近年来,随着全球气候变暖,社会经济发展以及生态环境的变化,祁连山雪线上升、冰川缩小[6],水资源短缺的问题日益突出,制约了河西地区社会经济和生态环境的可持续发展。鉴于人工增雨开发祁连山区空中云水资源是缓解河西地区水资源短缺的有效手段之一,因此,对祁连山区空中云水资源的合理开发利用成为研究的热点。祁连山区云结构与降水关系密切,其被越来越多的国内研究学者所重视,取得了一系列成果,这对提高祁连山区人工增雨的科学性和有效性,改善河西地区水资源短缺的问题具有重要意义。为此,本文在归纳总结国内已发表的关于祁连山云参数特征和人工影响天气领域的主要研究成果的基础上,提出目前存在的主要问题,并对未来的研究方向进行了展望。

2 祁连山区云特征参数研究进展

2.1 水汽特征研究

空中云水资源开发首先需要研究水汽特征,也是科研工作者一直关注的问题。祁连山区受西风带、南亚季风及高原季风和东亚季风活动共同影响,具有复杂的大气环流影响机制,这会造成该区域大气水汽的空间格局鲜明。近年来,我国在祁连山区水汽特征研究方面取得了明显进展。

张强等[7]利用 MODIS 卫星遥感、探空和地面观测降水资料,分析了祁连山区空中水汽含量的空间分布特征,祁连山区大气水汽含量在迎风坡上 3500～4500 m 海拔高度出现峰值,在东亚季风影响区最大,在背风坡上除东亚季风影响区外呈现随海拔高度单调递减趋势,不出现峰值,背风坡大气水汽含量总体上要比迎风坡少,最多大约能少 4.49 kg/m²。陈添宇等[8]分析了夏季西南气流背景下地形云的水汽分布,祁连山地形云的水汽主要分布在 3500～6500 m 范围,对流层中层西南气流将水汽由南向北输送到祁连山区,导致该区域水汽较丰沛,使得凝结高度和自由对流高度均较低。王宝鉴等[9]分析了祁连山空中水汽输送演变及其源地,祁连山空中存在较强的水汽辐合,东段强于中西段,春、冬季水汽来自纬向输送,夏、秋季来自纬向和经向两个方向,且强度比冬春季强,水汽输送源地秋季在地中海、里海以及阿拉伯海和孟加拉湾,冬季在地中海。春季净水汽通量在 1979 年以后为正,夏季整个区域基本上是个"水汽汇",秋季和冬季则一直为负。郭良才[10]等研究发现,祁连山区大气水汽年输入总量为 9392.5亿 t,年输出总量为 8031.5 亿 t,输入该区的水汽总量中只有 14.5% 成云致雨或留在该区域上空,潜在开发的水资源量较大;空中含水量夏季最多,冬季最少;水汽辐合中心基本维持在河西走廊和青海省的东北部一带,说明该区域内有利于水汽的堆积。张杰等[11]分析祁连山区云液态含水量分布受地形影响具有显著的地域差异,最大值分布在海拔 4300 m 以下的山区,可高达 0.15 g/m³;云液态含水量大于 0.04 g/m³ 时可产生降水。巩宁刚等[12]分析表明,1979—2016 年祁连山区大气水汽含量整体呈增加趋势,季节变化明显,夏季最多,占多年平均的48.1%。大气水汽含量呈东南多、西北少,随海拔升高而逐渐减少,主要集中在 5000 m 以下。张良等[13]研究表明,近年来祁连山地区水汽滞留时间呈现出明显的下降趋势,区域外输送的水汽对于当地水循环过程的作用在减小,而局地水循环过程的作用在加强,反映出祁连山地区的水汽更新速率加快,水汽利用效率提高。

除了通过观测资料和统计方法对祁连山区空中水汽含量特征的分析外,也有基于数值模拟方法对该区域空中水汽含量特征进行研究。邵元亭等[14]利用 ARPS 中尺度数值模式,对祁连山区一次比较典型的地形云降水过程中云中水汽含量特征进行了模拟研究,结果表明,祁连山降水初生阶段,云中水汽含量主要分布在中低层,含量较小,降水发展初期,由于垂直运动的增强,云中水汽含量有所增大,强降水时期,从地面到高空,云中水汽含量相当丰富,降水减弱时期,云中水汽含量分离为高、低两层,含水量小。

2.2 云量变化研究

对区域气候产生重大影响的云参数中,云量是重要的因子之一,祁连山区云量的时空分布具有明显的地域性和稳定性,因此认识祁连山区云量分布特征,能更好地为认识祁连山区山地天气气候、水汽输送特征以及开发空中云水资源等提供参考依据[15]。

在祁连山区云量时空分布特征研究中,马芳[15]利用卫星资料研究了祁连山区云量的空间分布特征,发现祁连山区云量分布总体趋势是西部多于东部,南部多于北部。各季节祁连山区总云量在98°E以西云量较多,高值中心主要在海拔较高的区域。在查干鄂博图峙、疏勒南山和党河南山附近始终存在着高值中心,党河南山以北和哈拉湖地区常会出现总云量的低中心,祁连山中部的木里也是一个云量较多的高中心。在99°E以西地区,云量变化主要是西北向东南方向减少,冷龙岭存在一个高中心,青海湖附近一直维持一个低中心。陈少勇等[16]分析了40年来祁连山附近四季总云量的时空分布变化,发现祁连山区总云量春、夏季多,秋、冬季少,低云量以夏季最多,春季次之,再次是秋、冬季。夏季祁连山主体部分的总云量比周围地区高近10%,而低云量要比周围地区高20%左右。

2.3 不同云系分布特征研究

祁连山区受地形影响,云系以淡积云、浓积云和积雨云为主,属于对流云。低层层结不稳定形成淡积云,在上升气流作用下发展为浓积云,上升气流发展旺盛遇冷空气扰动,发展为积雨云,形成局地强风暴天气系统,引发强降水、大风、冰雹等强对流天气,同时祁连山区秋季层状云与降水关系密切,也是研究的重点。

在对祁连山区对流云变化特征的研究上,石光普等[17]分析了祁连山区对流云出现频率的分布及其年代际变化特征,祁连山区年平均对流云出现频率明显高于河西走廊和柴达木盆地,季节变化明显,夏季最高为55%,春季和秋季次之,分别为40%和32%,冬季最少,仅为18%。近40年祁连山区对流云的出现频率减少了近10%,20世纪80年代中期以后呈明显的下降趋势,秋、夏减少最多,分别减少14%、12%,冬季减少10%,春季减少5%。并对祁连山区夏季积雨云出现频率与大气环流关系进行了分析,祁连山区夏季积雨云出现频次与欧亚500 hPa环流异常有关[18]。陈少勇等[19]分析了祁连山区积雨云时空分布特征,祁连山区积雨云年变化大致分为4个阶段,1961—1967年为明显上升阶段,1968—1970年为急剧下降阶段,1971—1988年为缓慢上升阶段,1989—2001年为明显下降阶段。夏季积雨云发生频率与降水关系密切,受500 hPa高度场的影响,积雨云偏多年与偏少年差值最大月份为7月和5月。刘蓓[20]分析了地形云日变化特征,表明祁连山区层积云出现频率最高在清晨,积雨云在午后至傍晚出现频率最高,受天气系统影响形成的积雨云,持续时间较长,降水较多;仅由地形风及热力、湍流作用形成的积雨云,持续时间较短,降水较少。层积云形成有3种类型:第1种由高层云演变而来;第2种由积雨云对流发展受到抑制而形成;第3种由局地山谷风环流形成。朱平等[21]研究表明,祁连山南麓对流天气形势以西北气流型、西南气流型、副高脊区型、浅槽型、浅槽与西南气流共同控制型5种类型为主,在各种类型控制的大气形势下均有地形云产生,太阳辐射加热使水源地或附近山顶形成地形云,初生地形云首先沿着近地面风场方向移动,再沿500 hPa引导气流方向移动。山脉对地形对流云起到抬升、加强和成型的作用。

在对祁连山区层状云变化特征的研究方面,石光普等[22]研究表明祁连山区秋季层状云出现频率为8%～26%,呈西少东多的空间分布,出现频率呈明显的减少趋势,近41年秋季层状云减少约11%,尤其在20世纪80年代中期以后受山区显著增温影响,层状云出现频率减少更为明显,减少的幅度从西北向东南递增。秋季层状云偏多与偏少年与欧亚500 hPa环流场关系密切。陈少勇等[23]分析表明祁连山区层状云出现频次高于周边地区,年平均和季节的年际变化阶段性基本一致,1990 年以前以偏多为主,1990 年发生突变性减少,以后一直处于偏少状态,层状云出现频率与降水呈显著正相关,受亚洲 500 hPa 高度场影响,层状云偏多年与偏少年差值最大的月份是 8 月和 5 月。

2.4 云光学特征

云光学特征参数,是反映云含水量的重要参数,其与降水量强弱有直接的关系[24-25],对祁连山云光学特征的研究成为关注的热点问题。张杰等[11]利用 2002—2005 年 18 次大范围云覆盖祁连山区的资料,分析了祁连山区云的光学特征,表明在祁连山区南坡,云光学特征参数随高度升高而上升,在海拔 4300 m 左右达到最大值,之后随高度增加而降低;在北坡,云光学特征参数随高度降低一直呈下降趋势。

3 祁连山区云降水物理机制研究

3.1 云降水物理机制

祁连山区云降水物理机制是研究云和降水形成和发展的物理过程,是人工增雨的理论基础,对于了解该地区云降水形成机制,合理开发云水资源缓解河西地区水资源短缺具有重要意义,也是目前需要加深理解和认识的重要领域。

研究云中粒子和微物理结构可以深入地研究降水的微物理过程和宏观动力结构。史晋森等[26]对祁连山区夏季不同云系降水的雨滴谱特征进行分析,表明雨滴各种平均粒径由大到小排序依次是对流云系、混合云系和层状云系,降雨强度和雨滴粒子数密度变化趋势一致,雨滴粒径和降落速度之间有很好的对数关系。李国昌等[27]对祁连山区的零度层高度进行了分析,祁连山 5—9 月零度层平均高度为 4428 m,基本上位于 600 hPa 左右高度,其中 7 月最高,平均为 4867 m,最大高度达到 5275 m,接近 500 hPa 高度,零度层高度变化与空中水汽含量、地面气温变化趋势基本一致。丁晓东等[28]利用卫星遥感资料分析了祁连山地区云微观的垂直结构特征,结果表明云液态水含量自云底向上有明显的递减趋势,夏季低层具有丰富的云水资源,峰值达 0.38 mg/m³,云液态水含量峰值以冬季最小,夏季最大,对应的液态云有效粒子半径平均值为 8~16 μm。降水云的有效粒子半径随高度上升具有明显的递减趋势,而非降水云则存在较弱的增加趋势。这种云层垂直方向上的结构变化对降水有直接影响,是评估人工增雨潜力的重要依据。

由于观测资料缺乏,近年来,许多专家学者利用数值模拟对祁连山区的云中粒子和微物理结构进行了大量研究。邵元亭等[14]利用 ARPS 中尺度数值模式,对祁连山区一次比较典型的地形云降水过程中云和降水的宏微观结构特征进行了模拟研究。结果表明:祁连山地形作用下云和降水的微物理结构随云的不同发展阶段呈现出不同的特征,降水初生阶段,云水和霰主要分布在中低层,含量较小;冰晶分布在－5 ℃以上的中高层,分布范围较广,含量不大;雪粒子分布宽广,含量丰富;在零度层附近霰(雹)含量很大;雨水处于云系下部近地层内,越接近地面,含量越大。降水发展初期,由于垂直运动的增强,各水凝物粒子的含量均有所增大。强降水时期,从地面到高空,云水、冰晶、雪和霰(雹)的含量均相当丰富,过冷水和冰晶之间的淞附过程强烈,低层雨水含量较大。降水减弱时期,云水分离为高、低两层,含水量小;在－15 ℃以上有少量冰晶存在;近地面层仅有少量雨水存在。刘卫国等[29-30]利用改进后的三维非静力中尺度模式模拟了祁连山区夏季地形云微物理结构特征,研究表明:地形云中微物理过程的发展受地形影响很大,地形的抬升促进了云和降水的发展,冰相微物理过程明显增强;地形影响下云主要降水机制也受到影响甚至被改变,改变了地面降水特征,使云的宏、微观物理结构发生较大变化。李淑日[31]通过观测和模拟试验发现,祁连山区降水雨滴谱主要为单调下降型和单峰型;滴谱在山区较窄,在山前平原较宽;山区雨滴浓度随海拔增高而增大。降水过程中气溶胶粒子(0.10～3.00 μm)平均浓度为221 个/cm²,平均直径为0.48 μm,云粒子(5.00～95.00 μm)平均浓度为9.62 个/cm²,平均直径为16.3 μm。祁连山区云光学厚度、云粒子有效半径以及云液态含水量分布受地形影响具有显著的地域差异,最大值分布在海拔4300 m以下的山区,是云水资源丰富区和易降水区。陈小敏等[32]利用GRAPES模式对祁连山区云降水过程进行了数值模拟,研究了祁连山区云系的微物理结构,结果表明:在祁连山西部层状云云带中,过冷云水与冰晶处于上层,雪晶处于中上层,霰处于中下层,雨水处于下层。其中冰晶主要分布于200～300 hPa左右,雪晶主要分布于300～500 hPa左右,霰主要分布于400～600 hPa左右。雨水主要集中于0 ℃层以下,在300～500 hPa左右,过冷云水、冰晶、雪晶、霰和过冷雨滴都混合存在。

祁连山区云结构与降水关系密切,张国庆等[33]研究表明,西南气流移动型中,低空存在地形引起的湿静力不稳定层结,中空存在西南气流槽前辐和引起的不稳定层结,双层不稳定对地形云的生长极为有利,在西北气流冷平流型和河套冷涡型下,由湿静力不稳定层结和冷平流引起的不稳定层结对地形云的发展较为有利,易形成降水。张杰等[11]指出,当大气环境有利于降水产生时,云的宏观光学特征参数与地面6 h降水量基本成正相关关系,产生降水概率较大的云光学厚度为8～20,云粒子有效半径为6～12 μm。王小勇等[34]指出祁连山东部地区降雪量与高云、低云的冰水路径有显著的正相关性,这主要是因为冰水路径的增加将促进冰晶的碰并聚集过程,有利于降雪的发生。降雪量与低云厚度同样有较好的正相关关系,低云厚度越大则降雪越大。祁连山东部地区降雨量与低云量有较好的正相关性,低云含水量对降雨有一定的影响,降雨量与低云厚度有明显的正相关关系,低云云层越厚,降雨量越大。巩宁刚等[12]研究表明祁连山地区降水转化率由东向西递减,区域差异明显;季风携带水汽对其影响区域的降水贡献率较高,西风携带水汽对其影响区域的降水贡献率较低。马学谦等[35]研究表明祁连山区降水的主要云系为高层冷云和低层暖云,冷云由天气尺度系统决定,暖云由地形阻挡和加热等作用形成。在不同的天气系统下,地形对降水的作用不同。西南气流影响易形成谷风环流,从而增强降水;西北风、平直西风等气流影响易形成山风环流,将水汽从谷底向中高空输送,但受主导气流抑制易形成浅薄的降水云层。夏季山顶附近温度在0 ℃以上,对应明显的湿区或饱和区,云以水云为主。夏季是祁连山地区降水最多季节,季风环流尤其是夏季风为祁连山地区的降水提供了充足的水分和利于降水的环流形势,但夏季各月水汽输送的差异、研究时间尺度的不同、地形抬升作用和强降水过程时的特定环流条件共同影响着祁连山地区的降水[36]。

3.2 降水概况

祁连山区地形复杂多样,其地形地貌及高度位置成为影响局部地区甚至全球环境变化的重要条件,高大山系截获水汽并降水形成径流,为山前绿洲提供了宝贵的地表和地下水源补给。因此国内研究学者做了大量关于祁连山区降水研究工作。张杰等[37]分析了祁连山区年降雨量的空间变化趋势,得出祁连山区降水分布与山体走势一致,整个山体降水呈东多西少,东段降水在 350 mm 以上,西段降水量在 150 mm 左右,北部河西平原区降水量在 150 mm 以下。近 50 年祁连山区年降水量呈上升趋势,祁连山区的平均年降水量东、中段的增加幅度基本相同,西段增加最为明显。刘俊峰等[38]分析了祁连山区年降水梯度效应,指出祁连山区年降水量受海拔影响明显,随海拔升高而增加,降水梯度效应在祁连山由东向西呈现递减趋势,最大降水带主要分布在东段 4000~4500 m 的高山带。祁连山区最大降水高度除了受地面海拔的影响外,很可能与高低空两个最大相对湿度中心及相应较强的冷空气活动中心出现高度关系密切[39]。王宁练等[40]分析表明在祁连山中段北坡黑河上游流域中山区,夏季降水量从东向西呈减少趋势,递减率约为 80 mm/(100 km);最大降水高度带位于海拔 4500~4700 m 与最大相对湿度高度层以及气温零度层高度相一致。Liu 等[41]研究了祁连山区夏季降水日变化,研究表明:祁连山区逐时平均降水量和降水频率时空分布特征较为一致,东中段大于西段;降水强度空间分布与降水量和降水频率存在差异。2008—2014 年白天和夜间的降水量均呈增加趋势,东中段多于西段、山区多于平原。夏季降水平均相对变率为 5%~38%,20:00 最大;降水日变化与相对湿度和地面温度等气象要素有关。Qiang 等[42]研究表明 1961—2012 年祁连山区降水量多年平均值为 724.9 亿 m³,其中春、夏、秋、冬面降水量分别为 118.9 亿 m³、469.4 亿 m³、122.5 亿 m³、14.1 亿 m³。除春季外,其他季节面降水量都呈现逐年增加趋势,夏季增幅最大,山区降水量与祁连山及其周边区域的干湿程度表现出较好的相关性。尹宪志等[43]分析得出祁连山区降水春季和夏季有明显上升趋势,祁连山西段增加幅度明显。贾文雄等[44]研究表明近 50 年祁连山东部降水极值在增大,但连续极端降水总量在减少,祁连山中部降水极端性明显增大,对气候变暖的响应最敏感。

4 祁连山区人工增雨研究进展

人工影响天气是云降水物理学的应用领域,近年来我国在祁连山区人工影响天气的理论以及应用方面做了大量研究。

4.1 人工增雨有利天气系统

夏季祁连山区不断有来自孟加拉湾的暖湿气流向高原输送,高原小尺度天气系统频繁,受高原低涡、切变线、小尺度积雨云和地形性积雨云天气系统的影响,天气系统移动速度缓慢,云底高度低,实施人工增雨效果极其明显。而北来的天气系统一般移动速度较快,受祁连山脉阻挡和抬升作用,天气系统移动减缓,与高原西南气流配合,易于产生有利的降水天气,此时实施人工增雨效果也明显,祁连山区实施人工增雨的有利天气主要在 3—10 月[45]。研究得出适宜祁连山区人工增雨的气象条件归纳为三类:新疆冷槽型最多,蒙古冷涡型次之,高原低涡型最少,最佳人工增雨季节分别是 6—7 月,8 月和 7 月[8]。王学良等[46]得出适宜祁连山人工增雨降水的主要形势为高空冷槽型、西南气流型、西北气流型。殷雪莲等[47]研究得出“东高西低”切变辐合、低空急流及相对稳定的环流形势是产生祁连山区域性强降水的关键,特殊的地形地貌及人工增雨作业为增加祁连山区降水量提供了有利条件。

4.2 人工增雨催化机制

祁连山区云水资源丰富,但气溶胶粒子较低,凝结核相对缺乏,抑制了降水活动,因此从云物理角度看,人工增雨潜力较好[48]。陈小敏等[32]通过设计不同的催化方案在祁连山区云的不同阶段和不同位置进行播撒后对降水和云中微物理过程以及动力过程的影响进行催化数值模拟,催化试验表明播撒冰晶可以增加降雨,在云初始阶段播撒增雨范围较广,在云发展阶段播撒增雨范围较集中,在 500 hPa 处播撒冰晶增雨效果好于 400 hPa 处播撒,播撒冰晶后,云的动力结构发生了改变。

4.3 人工增雨综合效益

地形云人工增雨试验表明,祁连山人工增雨的实际效果比较显著,可增加降水 15% 左右,甚至还要更高[49-51]。研究表明如果按 10%～15% 的增雨率来估算,在祁连山区全面开展人工增雨作业可每年为河西走廊地区内陆河流域增加水资源 3.7 亿～7.4 亿 m^3,其经济效益、社会效益和生态效益显著[46]。王静等[52]运用层次分析法对祁连山空中云水资源开发利用效益进行了评价,结果表明:祁连山空中云水资源开发利用对河西走廊地区的社会、经济、生态等综合效益有显著的贡献,通过人工增雨,降水增加 10% 时,河西地区综合效益将提高 5.3%,降水增加 20% 时,综合效益提高 12.5%,这对确保生态安全、缓解水资源短缺、改善人们生产生活用水、防灾减灾、为当地社会经济发展服务方面发挥巨大作用。

5 结论与展望

综上所述,国内学者在祁连山区云特征参数及人工增雨(雪)的研究中,对祁连山区空中水汽特征、云量分布、不同云系分布特征、云光学特征、云降水物理和降水、人工增雨有利天气系统、人工增雨催化机制以及人工增雨综合效益有了一定的了解,为更加全面、深入研究祁连山区云降水物理和人工增雨机制奠定了基础,仍需从以下几方面开展深入细致的研究。

(1)综合多种观测资料结合云数值模式,加强对地形云结构及降水机制的研究。

多年来,虽然在利用探测资料获得祁连山区云结构及降水机制等方面取得了一定成果,但祁连山区地形云结构复杂,目前对云结构的认识在很大程度上还处于定性化,定量化尤其是准确定量化描述仍然很缺乏,至今分析祁连山地形云降水发展过程垂直结构,以及地形云不同发展阶段云特征参数及其与降水关系的研究很少,因此需要充分发挥探空、飞机穿云直接探测、雷达和卫星等多种探测资料的优势,结合云数值模式模拟揭示云中粒子的转化和相应的物理过程,研究祁连山区云结构特征及降水机制,才能准确地揭示祁连山区地形云催化相应机制,使人工增雨作业更科学,是合理开发云水资源,改善生态环境的关键。

(2)建立祁连山区定量化的人工增雨作业科学指标和播云优化流程。

已有研究对祁连山区云的人工增雨作业指标和播云技术虽然取得了一定成果,但祁连山区当前人工增雨催化最佳潜力区判定非常困难,每一次人工增雨作业时,要对作业云系的增雨潜力问题进行重新研究[53],同时如何识别可播性云,播撒剂量、时间、位置,播撒后的响应时间,播撒覆盖面和影响体积,播撒物质的跟踪、扩散等的确定,都存在一定的盲目性,这也是人工增雨播云催化效果的关键,在以后的研究中,这些关键问题的解决需要利用现代观测和数值模拟技术,研究建立祁连山区定量化的人工增雨作业技术科学指标和优化播云流程,科学准确地判定人工增雨作业催化最佳潜力区,使祁连山区人工增雨作业更科学和有效。

(3)讨论地形与垂直气流相互作用对天气系统的影响。

地形本身尺度及其与大气相互作用的复杂性,导致了地形影响降水的动力、热力、微物理效应十分复杂,而这些正是导致天气系统中局部异常天气产生的一个主要因素,地形在局部降水形成、发展中起着举足轻重的作用,国内不少学者针对不同地区的地形条件已经进行了颇多的观测[54-56]和数值模拟[57-61]工作。目前,对祁连山区地形降水的研究主要集中在降水的时空分布变化特征及海拔与降水关系上,但由于祁连山地形复杂,地形对降水的影响仍需深入研究,以后的研究应借鉴已有研究成果和经验,将多种观测试验、观测数据统计分析与数值模拟相结合应用于祁连山区地形降水研究中。

目前,虽然对祁连山区云特征参数及人工增雨的研究具有一定基础,科学家也一直没有停止探索对祁连山区进行人工增雨的新方法与新技术,但基于地形云降水物理和人工增雨研究并没有取得突破性成果,仍然存在着较大的不确定性。为此,建议开展以科学试验为目的的中长期祁连山区云降水物理与人工增雨研究计划;针对祁连山区地形云人工增雨的作业对象和目的,开展相关观测技术研究;建立祁连山地形云降水物理实验室,开展地形云降水机制和人工增雨定量化试验模拟研究,进一步有效降低人工增雨的不确定性。

参考文献

[1] 刘洪利,朱文琴,宜树华,等.中国地区云的气候特征分析[J].气象学报,2003,61(4):466-473.

[2] 周毓荃,蔡淼,欧建军,等.云特征参数与降水相关性的研究[J].大气科学学报,2011,34(6):641-652.

[3] 郭学良,付丹红,胡朝霞.云降水物理与人工影响天气研究进展(2008—2012年)[J].大气科学,2013,37(2):351-363.

[4] 车克钧,傅辉恩.祁连山森林、冰川和水资源现状调查研究[J].北京林业大学学报,1998,20(6):95-99.

[5] 宜树华,刘洪利,李维亮,等.中国西北地区云时空分布特征的初步分析[J].气象,2003,29(1):7-11.

[6] 张杰,韩涛,王健.祁连山区1997—2004积雪面和雪线高度变化分析[J].冰川冻土,2005,27(5):649-654.

[7] 张强,张杰,孙国武,等.祁连山山区空中水汽分布特征研究[J].气象学报,2007,65(4):633-642.

[8] 陈添宇,郑国光,陈跃,等.祁连山夏季西南背景下地形云形成和演化的观测研究[J].高原气象,2010,29(1):152-163.

[9] 王宝鉴,黄玉霞,王劲松,等.祁连山云和空中水汽资源的季节分布与演变[J].地球科学进展,2006,21(9):948-955.

[10] 郭良才,白虎志,岳虎,等.祁连山区空中水汽资源的分布特征及其开发潜力[J].资源科学,2007,29(2):68-73.

[11] 张杰,张强,田文寿,等.祁连山区云光学特征的遥感反演与云水资源的分布特征分析[J].冰川冻土,2006,28(5):722-727.

[12] 巩宁刚,孙美平,闫露霞,等.1979—2016年祁连山地区大气水汽含量时空特征及其与降水的关系[J].干旱区地理,2017,40(4):762-771.

[13] 张良,张强,冯建英,等.祁连山地区大气水循环研究(Ⅱ):水循环过程分析[J].冰川冻土,2014,36(5):1092-1100.

[14] 邵元亭,刘奇俊,荆志娟.祁连山夏季地形云和降水宏微观结构的数值模拟[J].干旱气象,2013,31(1):18-23.

[15] 马芳.祁连山地区云的卫星资料反演及其特征分析[D].北京,中国气象科学研究院,2007.

[16] 陈少勇,董安祥,王丽萍,等.祁连山区夏季总云量的气候变化与异常研究[J].南京气象学院学报,2005,28(5):617-625.

[17] 石光普,陈少勇,董安祥,等.气候变暖背景下祁连山区对流云变化特征分析[J].干旱区资源与环境,2010,24(5):102-108.

[18] 石光普,陈少勇,董安祥,等.气候变暖背景下祁连山区夏季积雨云变化特征[J].地球科学进展,2010,

29(7):847-854.

[19] 陈少勇,徐科展,董安祥,等. 祁连山积雨云的时空分布特征及其环流特征[J]. 干旱区研究,2010,27(1):114-120.

[20] 刘蓓. 祁连山南麓夏季地形云特征及山谷风影响分析[J]. 气象科技,2016,44(1):67-75.

[21] 朱平,张国庆. 祁连山南麓湟水河谷地形云雷达回波特征[J]. 干旱区研究,2015,32(3):551-564.

[22] 石光普,石圆圆,郭玉珍,等. 气候变暖背景下祁连山区秋季层状云变化特征[J]. 地理科学进展,2012,31(5):609-616.

[23] 陈少勇,石光普,董安祥,等. 祁连山层状云的时空分布及其环流特征分析[J]. 中国沙漠,2010,30(4):946-953.

[24] Roeckner E,Schlese U,Biercamp J,et al. Cloud optical depth feedbacks and climate modelling[J]. Nature,1987,329:138-140.

[25] Liu Jian,Dong Chaohua. Using satellite data to analyze properties of cloud particles size on the top cloud[J]. J. Infrared Millim. Waves,2002,21(2):124-128.

[26] 史晋森,张武,陈添宇,等. 2006年夏季祁连山北坡雨滴谱特征[J]. 兰州大学学报(自然科学版),2008,44(4):55-61.

[27] 李国昌,刘世祥,张存杰,等. 祁连山东北侧夏季零度气温层高度变化研究[J]. 干旱气象,2006,24(3):31-41.

[28] 丁晓东,黄建平,李积明,等. 基于主动卫星遥感研究西北地区云层垂直结构特征及其对人工增雨的影响[J]. 干旱气象,2012,30(4):529-537.

[29] 刘卫国,刘奇俊. 祁连山夏季地形云结构和云微物理过程的模拟研究(Ⅰ):云微物理过程和地形影响[J]. 高原气象,2007,26(1):1-15.

[30] 刘卫国,刘奇俊. 祁连山夏季地形云结构和云微物理过程的模拟研究(Ⅱ):云微物理过程和地形影响[J]. 高原气象,2007,26(1):16-29.

[31] 李淑日. 西北地区云和降水微物理特征个例分析[J]. 气象,2006,32(8):59-63.

[32] 陈小敏,刘奇俊,章建成. 祁连山云系云微物理结构和人工增雨催化个例模拟研究[J]. 气象,2007,33(7):33-43.

[33] 张国庆,孙安平,肖宏斌,等. 祁连山南麓河谷地形云生长的层结特征[J]. 山地学报,2010,28(3):274-282.

[34] 王小勇,张婕,武岩,等. 祁连山东部春季云参数特征与降水的关系研究[J]. 安徽农业科学,2011,39(33):20885-20887.

[35] 马学谦,孙安平. 祁连山区降水的大气特征分析[J]. 高原气象,2011,30(5):1392-1398.

[36] 张良,张强,冯建英,等. 祁连山地区大气水循环研究(Ⅰ):空中水汽输送年际变化分析[J]. 冰川冻土,2014,36(5):1079-1091.

[37] 张杰,李栋梁. 祁连山及黑河流域降雨量的分布特征分析[J]. 高原气象,2004,23(1):81-88.

[38] 刘俊峰,陈仁升,卿文武,等. 基于TRMM降水数据的山区降水垂直分布特征[J]. 水科学进展,2011,22(4):447-454.

[39] 李岩瑛,张强,许霞,等. 祁连山及周边地区降水与地形的关系[J]. 冰川冻土,2010,32(1):52-61.

[40] 王宁练,贺建桥,蒋熹,等. 祁连山中段北坡最大降水高度带观测与研究[J]. 冰川冻土,2009,31(3):395-403.

[41] LIU Xuemei,ZHANG Mingjun,WANG Shengjie,et al. Assessment of diurnal variation of summer precipitation over the Qilian mountains based on an hourly merged dataset from 2008 to 2014[J]. Journal of Geographical Sciences,2017,27(3):326-336.

[42] QIANG Fang,ZANG Mingjun,WANG Shengjie,et al. Estimation of areal precipitation in the Qilian

mountains based on a gridded dataset since 1961[J]. Journal of Geographical Sciences,2016,26(1):59-69.

[43] 尹宪志,张强,徐启运,等.近50年来祁连山区气候变化特征研究[J].高原气象,2009,28(1):85-90.

[44] 贾文雄,张禹舜,李宗省.近50年来祁连山及河西走廊地区极端降水的时空变化研究[J].地理科学, 2014,34(8):1002-1009.

[45] 李宗义,杨建才,李荣庆,等.祁连山中段人工增雨(雪)的气候分析及其有利天气[J].干旱气象,2006, 24(1):23-27.

[46] 王学良,陶健红.祁连山人工增雨天气模型与预报方法研究[J].干旱区资源与环境,2008,22(12): 118-121.

[47] 殷雪莲,郭建华,董安祥,等.沿祁连山两次典型强降水天气个例对比分析[J].高原气象,2008,27(1): 184-192.

[48] 张强,孙昭萱,陈丽华,等.祁连山空中云水资源开发利用研究综述[J].干旱区地理,2009,32(3): 381-389.

[49] 钱莉,王文,张峰,等.河西走廊东部冬春季人工增雪实验效果评估[J].干旱区研究,2006,23(2): 349-354.

[50] 杨永龙,薛生梁,钱莉,等.河西走廊东部人工降水试验效果评估[J].干旱地区农业研究,2006,24(5): 218-224.

[51] QIAN Li, YU Yaxun, YANG Yonglong. Evaluation of the effect of artificial precipitation enhancement over eastern area of Hexi Corridor[J]. Acta Meteoro Sinica,2006,20(Suppl.):122-130.

[52] 王静,尉元明,郭铌,等.祁连山空中云水资源开发利用效益预测与评估[J].自然资源学报,2007,22 (3):463-470.

[53] 黄美元.我国人工降水亟待解决的问题和发展思路[J].气候与环境研究,2011,16 (5):543-550.

[54] 史凤坡.地形雨估算初探[J].气象,1996,22(2):29-32.

[55] 廖菲,洪延超,郑国光.地形对降水的影响研究概述[J].气象科技,2007 , 35(3):309-316 .

[56] 孙继松.气流的垂直分布对地形雨落区的影响[J].高原气象,2005,24(1):62-69.

[57] 陈潜,赵鸣.地形对降水影响的数值试验[J].气象科学,2006, 26(5):484-493.

[58] 李子良.地形降水试验和背风回流降水机制[J].气象,2006,32(5):10-15 .

[59] 王研峰,尹宪志,黄武斌,等.黄土高原半干旱地区大气可降水量研究[J].冰川冻土,2015,37(3): 643-649.

[60] 高荣,韦志刚,钟海玲.青藏高原陆表特征与中国夏季降水的关系研究[J].冰川冻土,2017,39(4): 741-747.

[61] 刘友存,焦克勤,赵奎,等.中国天山地区降水对全球气候变化的响应[J].冰川冻土,2017,39(4): 748-759.

甘肃省夏季不同区域层状云结构和降水特征分析

庞朝云　张丰伟　陈　祺

（甘肃省人工影响天气办公室,兰州 730020）

摘　要　本文通过对甘肃省夏季河东和河西层状云的微物理探测资料的统计分析,了解甘肃夏季不同区域层状云结构和降水特征。从两架次探测资料分析可见,三个不同量程范围的探头所探测的粒子浓度均为河东区域大于河西,而粒子尺度基本相当。FSSP-100 探测的粒子浓度河东比河西大一个量级,2DC 和 2DP 探测的粒子浓度在两个区域量级虽然相当,但数量上还是河东远大于河西,两架次所探测到的液水含量基本相当。两架次探测结果中,液水含量和降水粒子的分布完全不同,这也是主要造成两次过程地面降水量有较大差异的原因。

关键词　夏季　飞机观测　云微物理结构　粒子谱

1　研究内容和观测方法

本文利用 2006 年 8 月和 2007 年 8 月的两次机载粒子测量系统(PMS)的飞机观测资料,对甘肃省夏季层状云的宏微观特征进行分析,对空中观测结果进行统计分析,了解甘肃夏季层状云降水系统的特征。探测使用的飞机是改装的运一 12 型飞机,机上装有机载温湿度仪、PMS 粒子探测系统、GPS 全球卫星定位系统。运-12 型飞机为运输机型,每次均在云中飞行。温湿度仪安装在飞机机舱外部,直接探测空中温度和湿度,安装有 GPS,对飞机所在位置和高度进行定位。机载 PMS 探测系统装备的 3 个探头分别为 FSSP-100、OAP-2D-C、OAP-2D-P 和 KLWC-5 型热线含水量仪。

2　河东半干旱地区层状云结构和降水特征分析

2.1　天气形势和飞行情况

受西北冷空气南下和西太平洋副热带高压外围西南暖湿气流的共同影响,2006 年 8 月 27—28 日甘肃中东部出现一次明显的层状云降水过程,8 月 27 日 08 时 500 hPa 高空槽位于民勤—共和,584(dagpm)线位于天水—武都,槽前西南气流强盛。700 hPa 兰州以南有一低涡,其前部切边线位于固原—陇西—迭部一线,低空湿度较大。27 日 08 时甘肃南部开始出现降水,到 14 时,兰州以东以南普遍出现小到中雨,其中甘谷 6 h 降水达到 69 mm,天水达到 32 mm。

2006 年 8 月 27 日,增雨飞机于 09:32 从兰州中川机场起飞,本场海拔高度 1950 m,在本场爬高至 5000 m,10:23 到达临夏,转向东南方向飞行,在 5050 m 附近进行探测,11:31 到达天水,爬高至 6300 m,再原地下降,在 5750 m 附近进行探测,由静宁返回中川,飞机于 13:33 落地。

2.2 飞行探测分析

分析了 10:50 至 12:50 在甘肃南部云系的微物理情况,按飞行高度对此次过程进行三个阶段的分析,第一阶段和第三阶段为水平探测阶段,飞行高度分别为 5050 m 和 5750 m,平均温度 3.3℃和−0.5℃,第二阶段为垂直探测阶段,高度从 5050 m 到 6320 m,温度从 1.9℃下降到−3.5℃,飞机穿过零度层。

分析 10:50 至 12:50 一维探头 FSSP-100 的 0 通道(测量范围:2～47 μm)探测结果可见,粒子平均浓度为 2.62×10^7 个/m³,直径范围在 3.5～35 μm,平均为 15.9 μm,平均含水量,0.05 g/m³,最大含水量出现在 11:16,达到 0.105 g/m³。粒子浓度的分布呈多峰型分布,粒子浓度出现峰值的位置含水量也相应出现峰值,粒子浓度与直径分布有反相关特征,可见此云层中小粒子对含水量的贡献较大,云层主要以平均直径小于 20 μm 的小云滴为主。2DC 探测的粒子浓度为 2.32×10^2～5.48×10^5 个/m³,平均为 1.06×10^5 个/m³,2DP 探测的粒子浓度为 1.73×10^2～1.78×10^4 个/m³,平均为 4.9×10^3 个/m³。

2.3 垂直结构及降水机制分析

11:33—11:57 飞机从 5020 m 上升到 6320 m,此阶段含水量较小,平均 0.032 g/m³,FSSP 测得浓度和直径分布较均匀。上升阶段分别在 5250 m 和 5780 m 进行盘旋飞行,所以在此分别对 5020 m、5250 m、5780 m、6320 m 四个高度层进行分析,由表1可看出整层小粒子分布较均匀,暖层云水含量大于冷层。2DC 探测的大云滴和冰晶在冷层和暖层上部浓度较小、直径较大,在冷层和暖层下部浓度变大、直径变小,而 2DP 探测的降水粒子情况正好相反,在冷层和暖层上部浓度较大、直径较小,下部浓度变小、直径变大。云上部(5780～6320 m,)随高度下降,含水量减小,降水粒子浓度减小,直径增大,主要增长方式为凝华凇附。在云下部(5020～5250 m,)随高度下降含水量增大,降水粒子浓度减小,直径增大,主要增长机制是碰并增长。在零度层,降水粒子浓度增大,直径变小,主要是由降水粒子下落过程中从冷层到暖层融化分裂造成的,冰雪晶融化分裂成雨滴或大云滴,在下落过程中碰并增长,雨滴长大到一定程度后掉落到地面,形成降水。

表1 不同高度各探测传感器得到的云微物理参数

高度 (m)	温度 (℃)	FSSP-100		2DC		2DP		klwc (g/m³)
		浓度 (个/m³)	平均直径 (μm)	浓度 (n/m³)	平均直径 (μm)	浓度 (个/m³)	平均直径 (μm)	
5020	1.8	2.78E+07	18	1.71E+05	196	5.18E+03	1136	0.041
5250	1.3	2.88E+07	17	1.44E+05	212	7.54E+03	919	0.035
5780	−0.9	3.53E+07	17	1.96E+05	197	4.72E+03	1182	0.022
6320	−3.3	2.45E+07	17	1.42E+05	214	9.85E+03	808	0.033

由此次天气过程分析可见,FSSP-100 粒子平均浓度为 2.62×10^7 个/m³,最大含水量达到 0.105 g/m³,云层中小粒子对含水量的贡献较大,云层主要以平均直径小于 20 μm 的小云滴为主。5050 m 暖层平飞阶段,主要以平均直径小于 15 μm 的小云滴含水量的贡献较大,5750 m 冷层平飞阶段,各尺度粒子共生,粒子分布较均匀。在低层云滴浓度和含水量大于上

层,而平均直径小于上层,符合"播撒—供给"降水机理,云上部主要增长方式有凝华增长、凇附增长,在云下部主要增长机制是碰并增长。

3 河西干旱地区层状云结构和降水特征分析

3.1 天气形势和飞行情况

2007 年 8 月 29 日夜间到 30 日白天,副热带高压东退,8 月 30 日 08 时 500 hPa 高空图中 584(dagpm)线位于兰州—平凉一线,在马鬃山—酒泉—果洛有一高空冷槽东移,700 hPa 在蒙古国到甘肃河西有一低涡,是典型的西北气流型冷锋降水,此类系统云系多以中云为主,云层深厚。受副高边沿西南气流和冷空气共同影响,甘肃张掖以南湿度较大。从四川、青海东部到甘肃河西地区有大片降水云系存在,08—10 时,云系移动缓慢,变化不大,永昌到兰州云层分布均匀,特征相似,为同一天气系统影响。分析 08 时相对湿度空间分布可见,相对湿度从探测区西北至东南方向分布均匀,850—400 hPa 层间基本一致,600—400 hPa 层间出现大值区,相对湿度在 90% 以上。30 日 08—14 时作业区内永昌、景泰、兰州地面观测都为 10 成 As op 云,有降水出现,14 时以后降水自西向东逐渐结束,14 时 6 h 降水量永昌 0.1 mm、武威 1 mm、景泰 2 mm,兰州 11 mm。

增雨飞机于 30 日 08:30 从兰州中川机场起飞,本场海拔高度 1950m,在本场爬高至 4100 m,8:53 到达景泰,转向西北方向飞行,9:29 经过武威,9:43 到达永昌,在永昌原地爬高至 6250 m,再原地下降,10:14 下降至 4100 m,然后按原路返回,10:30 经过武威,11:02 到达景泰,到达中川机场后下降高度,于 11:23 落地。此次飞行以播撒作业和探测相结合。

3.2 微物理特征分析

通过对 PMS 云粒子测量系统此次次探测资料分析发现,一维探头 FSSP-100 的 0 档取得 9186 份资料,浓度在 $5.92 \times 10^4 \sim 4.52 \times 10^8$ 个/m³ 之间,平均浓度为 4.65×10^6 个/m³;计算含水量极大值为 0.09 g/m³,均值为 0.056 g/m³;粒子平均直径均值为 15 μm。二维探头 2D-C 测得冰晶和大云滴浓度在 $2.66 \times 10^2 \sim 2.38 \times 10^5$/m³ 之间,平均为 1×10^4 个/m³。二维探头 2D-P 测得粒子浓度在 $7.34 \times 10^1 \sim 7.72 \times 10^3$ 个/m³ 之间,平均为 1.37×10^3 个/m³,平均直径范围为 443.6~1438.3 μm,尺度直径均值为 872 μm。云系中液态水随云高度和空间的分布不均匀,作业前后观测到的云粒子特征有一定的变化。同李仑格等在青海用 PMS 取得的层状云资料相比,粒子浓度要大近一个量级,含水量和平均直径量级相同。同李铁林[2] 等利用 2007 年 3 月 3 日 PMS 粒子测量系统对河南层状云的探测资料相比,云粒子平均浓度小一个量级,但平均直径相当。同李淑日[3] 观测西北地区春季层状云系取得的资料相比,云滴浓度、平均直径和含水量值均相当。

3.3 垂直结构分析

对飞机上升阶段不同高度云粒子谱进行分析如图1,第一次上升阶段的 4 个高度层谱宽都较窄,在 30 μm 左右,小粒子段浓度较大,谱宽在 2600 m、3100 m、3600 m、4100 m 分别为 12 μm、26 μm、41 μm、29 μm,粒子最大浓度出现在 3600 m,为 9.62×10^5 个/m³。除在 3600 m 呈单峰型,其他三个高度层均呈负指数型。第二次上升阶段(图 1b)四个高度层谱宽均增大到

47 μm,小粒子段浓度下降,4600 m 和 5100 m 呈多峰分布,到 5600 m 和 6100 m,尺度在 15 μm 左右的粒子迅速增多,从 4600 m 处的 $4.23×10^5$个/m³ 增大到 5600 m 处 $1.04×10^6$个/m³,谱型呈单峰分布,大粒子也比较低两层有所增多。可见自上而下,小云粒子谱宽变窄,平均直径变小。可见冷层粒子尺度明显大于暖层。不同谱型引起的冰雪晶的增长机制不同,窄谱区域,主要以转移—凝华增长为主,而宽谱区域,则是以冰晶对过冷水滴的碰冻和凝华增长为主。当云滴谱呈正态分布时,说明云中过冷水比较丰富。

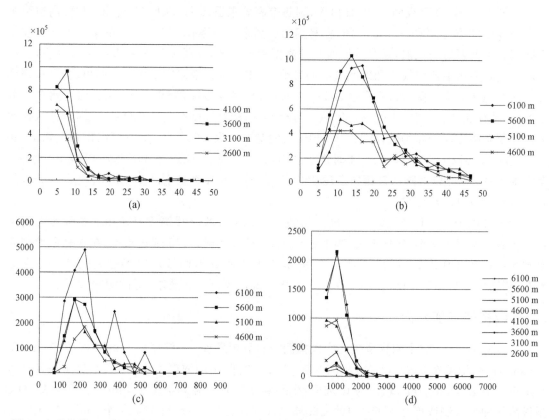

图 1　上升阶段:(a,b)FSSP-100,(c)2DC,(d)2DP 在不同高度层的粒子浓度(个/m³)随粒子尺度(μm)分布

分析 2DC 在冷层的观测资料(图 1c)可见,冰晶浓度和尺度也随高度降低而降低,浓度平均值为 14400 个/m³,平均直径在 158~287 μm,各层观测到峰值直径大于 300 μm 的小雨滴、雪晶和冰晶聚合体。4600 m、5100 m、5600m 层粒子谱都为单峰型,峰值都在 200 μm 左右,在 6100 m 高度在 400 μm 和 500 μm 尺度左右又出现第二个和第三个峰值,可见在此层大粒子主要以雪晶和冰晶聚合体形式存在。由 2DP 观测(图 1d)可见在第一次上升和第二次上升阶段的降水粒子浓度平均值分别为 461 个/m³ 和 4010 个/m³,降水粒子直径分别在 617~828 μm 和 738~934 μm。在冷层降水粒子尺度和浓度均大于暖层,且随高度降低而减小。分析可见,此云系暖层中液态水含量少。从过冷层到暖层,降水粒子的浓度和尺度都减小了。形成降水的雨滴主要是由冰晶增长并融化形成的,降水粒子尺度增长主要是在过冷层中,所以该云系中降水机制以冷云机制为主。

总的来说,指数形状的谱型在整个云层中都有分布,但在云底占多,单峰型和多峰型主要出现在云的中上部,因此说明云的中上部存在着蒸发与凝结的相变过程。

4 河东与河西地区层状云结构分析比较

从两架次探测资料分析可见,三个不同量程范围的探头所探测的粒子浓度,均为河东区域大于河西,而粒子尺度基本相当。FSSP-100探测的粒子浓度河东比河西大一个量级,2DC和2DP探测的粒子浓度在两个区域量级虽然相同,但数量上还是河东远大于河西,两架次所探测到的液水含量基本相当。

2006年8月27日在河东探测分析可见,在低层云滴浓度和含水量大于上层,而平均直径小于上层,符合"播撒—供给"降水机理,上层冰晶较丰富,下层含水量较大,下层云水含量主要由小粒子贡献,而上层主要由大粒子为主。从上层到低层冰晶浓度和降水粒子浓度都明显增大,降水机制主要以冷云机制为主,同时暖层中液态水含量较多,供水充分,使得地面降水强度较大,形成了中雨。

2007年8月30日在河西探测分析可见,上层云水含量较下层大,云粒子浓度大,水汽主要由较高层的系统输送,粒子分布较均匀,为较深厚高层云,从上层到下层,降水粒子的浓度和尺度都减小了,说明形成降水的大粒子主要是由冰晶增长并融化形成的,降水粒子尺度增长主要是在过冷层中进行的,所以该云系中降水机制以冷云机制为主,同时暖层中液态水含量少,供水不充分,使得地面降水强度不大,形成了小雨。

可见,两架次探测结果中,液水含量和降水粒子的分布完全不同,这也是主要造成两次过程地面降水量有较大差异的原因。

参考文献

[1] 王鹏飞,李子华. 微观云物理学[M]. 北京:气象出版社,1989:169-180.

[2] 李铁林,雷恒池,刘艳华. 河南春季一次层状冷云的微物理结构特征分析[J]. 气象,2010,36(9):74-80.

[3] 李淑日. 西北地区云和降水物理特征个例分析[J]. 气象,2006,32(8):59-63.

[4] 游来光. 利用粒子测量系统研究云物理过程和人工增雨条件//云降水物理和人工增雨技术研究[M]. 北京:气象出版社,1994:236-249.

黄河上游云凝结核分布特征研究分析

王启花　　王丽霞

(青海省人工影响天气办公室,西宁 810001)

摘　要　利用黄河上游河曲地区飞机观测获得的云凝结核(cloud condensation nuclei,CCN)和气象要素数据,对 CCN 数浓度及 CCN 谱分布特征进行分析,并在此基础上建立 CCN 活化谱拟合方案。研究结果表明:黄河上游河曲地区 CCN 谱峰值出现在 $1 \sim 2~\mu m$ 粒径段;CCN 谱空间分布差异明显,不同过饱和度时,各粒径段 CCN 浓度河南县均要高于久治县。黄河上游河曲地区构建的 2 参数和 3 参数 CCN 活化谱拟合方程分别为:$N_{CCN} = 76.04S^{0.89}$ 和 $N_{CCN} = 295(1 - \exp(-0.3S^{2.1}))$,$R^2$ 分别是 0.86 和 0.93,就相关系数而言 3 参数方案优于 2 参数方案,3 参数拟合的 CCN 活化谱曲线更贴近 CCN 观测值;由 Hobbs 分型方式可以得到,黄河上游河曲地区空中 CCN 活化谱属于清洁大陆性。

关键词　黄河上游河曲地区　　CCN 浓度　　CCN 活化谱

1　引言

云凝结核(CCN)是指云中过饱和度条件下能够活化的大气气溶胶粒子,是连接气溶胶和云的纽带。CCN 浓度是衡量降水产生的最重要的因素之一,当云内相对湿度不变,CCN 浓度增加时,会导致云滴数增加,云滴间争食水汽,阻碍大粒子的形成,从而抑制形成降水的碰并过程。

我国 CCN 的观测研究从 20 世纪 80 年代初开始,1983—1985 年游来光等[1]在"北方层状云人工降水实验研究"中对 CCN 进行了观测研究。CCN 分布特征在不同时刻和不同类型云时存在明显的差异:赵永欣[2]在宁夏对 CCN 的观测研究表明,清晨和傍晚由于汽车排放和光化学反应,导致 CCN 浓度较大;樊曙先等[3]夏季在贺兰山地区 CCN 的观测研究表明,CCN 浓度在沙尘天气没有明显的增加,且在层状云中随高度的变化不大。CCN 分布特征还存在明显的空间差异:黄庚等[4]在黄河上游地区进行 CCN 观测研究,结果表明,由于该地区人类活动和污染较少,自然凝结核少,CCN 浓度较低;我国华北平原 CCN 分布特征研究表明,华北地区乡村上空 CCN 浓度污染地区比无污染地区的高,近地层 CCN 浓度较高,随高度增加,CCN 浓度减小[5];在人为源和工业污染相对较小的地区,CCN 平均数浓度要明显较华北地区低[6-8];1984 年 8 月在山东半岛南部沿海地区进行了飞机观测,发现沿海地区 CCN 浓度随高度的减少没有内陆明显[9];CCN 分布特征区域差异也同样明显:Twomey[10]发现,海洋背景下 CCN 数浓度较大陆背景下小。

国内对 CCN 活化谱拟合进行了大量实验,石立新等[8]在华北平原对 CCN 活化谱进行了分析,研究表明,华北地区 CCN 具有大陆型特性;封秋娟等[11]在山西对 CCN 进行了观测研究,发现山西地区 CCN 亦具有大陆性质;缪青等[12]在黄山光明顶利用双参数和 3 参数拟合方案进行了 CCN 活化谱拟合实验,结果表明,黄山光明顶 CCN 属于清洁大陆型,且 3 参数拟合得到的 CCN 活化谱优于双参数拟合的 CCN 活化谱;王慧等[13]对南京地区不同天气状态下的 CCN 谱进行了拟合,发现不同天气系统下南京地区 CCN 活化谱均属于大陆型核谱;李义宇[14]在山西上空对 CCN 活化谱拟合发现,不同高度 CCN 活化谱存在差异:空中云外 CCN 活化谱属于过渡型核谱,云底之下 300 m 内属于清洁大陆型核谱。而这些研究背景与黄河上游河曲地区存在较大的差异,这些研究结果不适用于黄河上游河曲地区,因此对黄河上游河曲地区 CCN 谱的观测研究很有必要。

2 资料和方法

2.1 观测地点及背景

黄河上游河曲地区位于青海、甘肃、四川交界处,海拔在 3500 m 以上,属于高寒草甸地带[15-16];特殊的地理位置和地形条件,使得该地区水汽充沛,但只有极少部分水汽可以转化为降水,因此,该地区具有很高的人工增雨潜力。

2.2 飞机飞行方案及仪器介绍

本研究利用运—12 作为飞行观测平台,搭载了美国 DMT(Droplet Measurement Technologies)公司的粒子测量系统,2011—2014 年在青海三江源和黄河上游地区实施了飞机观测实验。DMT 系统包括:PCAPS-100X(大气气溶胶探头)、CCN-200(云凝结核计数器)、CDP(云粒子探头)、CIP(云粒子图像探头)、PIP(降水粒子图像探头)、AIMMS-20(飞机综合气象要素测量系统)、LWC-100(热线液态水含量探头)。本研究主要用到的仪器是 CCN-200 和 AIMMS-20。

CCN-200 是由美国 DMT 公司设计生产,是目前应用较为广泛的 CCN 观测仪器。CCN-200 的主要参数是:过饱和度范围 0.1%～2.0%,总采样流量 500 mL/min,通常鞘气和样气比例一般设为 10∶1,计数频率为 1 Hz,测量粒径范围分为 20 档,分别为 0.75 μm,1.0 μm,1.5 μm,2.0 μm,2.5 μm,……,9.0 μm,9.5 μm,10 μm[17]。

AIMMS-20 主要用于测量温度、湿度、相对湿度、空气的静态气压和动态气压、风速、风向、GPS 轨迹(包括飞行经度、纬度、高度的 H 维坐标显示)等[18]。

2.3 飞行资料

本次研究选用 2011 年 9 月 16 日、2013 年 9 月 25 日、2014 年 5 月 22 日和 24 日 4 次飞行架次的 CCN 和气象要素数据(表 1)进行分析,本研究 CCN 和气象要素分析均只采用了黄河上游河曲地区飞行时段的数据,由于空域限制和飞行安全等方面的原因,该地区飞机飞行高度为 7000～8000 m,探测方式为水平探测。

表 1　4 次飞行架次飞行作业情况

日期	飞行路线	天气系统	降水情况
2011-09-16	格尔木—察尔汗—诺木洪—兴海—泽库—碌曲—若尔盖—玛曲—久治—河南—甘德—同德—贵南—香日德—格尔木	全省大部均受西南气流控制	黄河上游地区、海南、海北等地

续表

日期	飞行路线	天气系统	降水情况
2013-09-25	格尔木—玛沁—泽库—河南—甘德—玛曲—久治—果洛—玉树—曲麻莱—格尔木	高空 500 hPa 青海北部受西风气流控制，而南部有南支槽	玉树中东部、果洛、海南、黄南有小到中雨
2014-05-22	中川机场—民和—同仁—河南—久治—贵南—共和—大通—贵德—乐都—中川机场	高空 500hPa 受高原南支槽及西风带短波系统的影响	黄河上游、西宁、海东、海南等地出现降水
2014-05-24	中川机场—同仁—河南—久治—玛曲—玛沁—贵南—贵德—中川机场	黄河上游地区受西南气流控制	黄河上游河曲地区出现降水

3 结果和讨论

利用黄河上游河曲地区飞机观测获得的 CCN 数据，对 CCN 数浓度、CCN 谱的时空分布和不同过饱和度下 CCN 数浓度的分布特征进行分析，随后，在此基础上建立 CCN 数浓度随过饱和度的变化，即 CCN 活化谱拟合方案，并给出适合本地的 CCN 活化谱拟合方案。

3.1 气象要素

温度可以从多方面对气溶胶谱的分布产生影响，温度的垂直变化可以形成对流，使边界层以下的气溶胶混合[19]，影响气溶胶和 CCN 数浓度；相对湿度对具有吸湿性和溶解性的气溶胶粒子的尺度有影响，随着相对湿度的增大，粒子的尺度也增大，从而影响 CCN 浓度和尺度；因此，在 CCN 的分析中对气象要素的研究是很有必要的。

图 1 为观测期间 4 次飞行架次观测得到的黄河上游河曲地区温度（T）和相对湿度（RH）分布特征图。从图 1 中可以看出，4 次飞行过程温度和相对湿度呈现较好的负相关关系；4 次飞行过程观测到的温度和相对湿度存在明显差异，2013 年 9 月 25 日温度在 4 次飞行过程中最低，相对湿度也最低，2014 年 5 月 22 日和 24 日观测到的温度均较高且相对湿度也较高。

3.2 云凝结核分布特征

CCN 分布特征在同一区域不同时间存在明显的差异，本研究利用河南县观测到的不同架次 CCN 的分布特征来表示不同时间 CCN 的分布特征。图 2 为观测期间河南县不同架次的 CCN 谱分布特征图。总体看来，河南县的 CCN 谱分布呈现随粒径先增大后减小的趋势，并在 1～2 μm 粒径段 CCN 浓度达到最大值。

同一过饱和度下不同架次得到的 CCN 谱不同，图 2a、2b、2c、2d 分别为 0.6%、0.8%、1% 和 1.1% 过饱和度下不同架次得到的 CCN 谱。从图 2 中可以看出，在小于 2.5 μm 粒径段，2014 年 5 月 22 日 CCN 浓度最高，2011 年 9 月 16 日 CCN 浓度最低；在大于 2.5 μm 粒径段，5 月 22 日和 9 月 16 日 CCN 浓度较高，而 2013 年 9 月 25 日 CCN 浓度较低，这是由于粒子凝结增长需要较多的水汽或较低的温度，5 月 22 日温度较高但是相对湿度在观测的 4 架次中最大，较大的相对湿度使得粒子有利于气溶胶粒子活化成 CCN 且有利于 CCN 增长，因此 5 月 22 日 CCN 浓度较高。

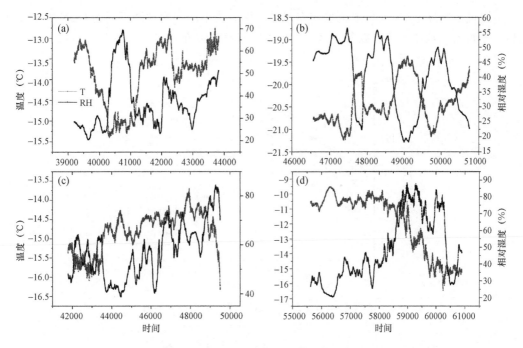

图 1　黄河上游河曲地区气象要素分布图

(a)2011-09-16；(b)2013-09-25；(c)2014-05-22；(d)2014-05-24

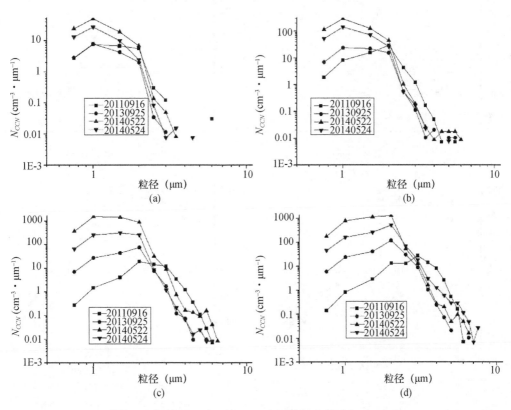

图 2　河南县不同过饱和度下不同架次 CCN 谱分布特征

(a)0.6％；(b)0.8％；(c)1％；(d)1.1％

不同过饱和度下 CCN 数浓度也存在差异。图3为不同架次观测得到的 CCN 数浓度随过饱和度分布图。从图3中可以看出，CCN 数浓度随过饱和度的增大而增大。

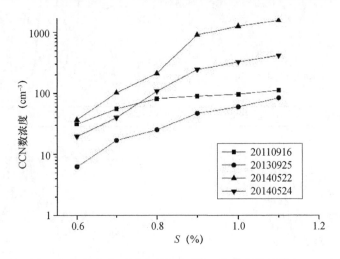

图3　河南县不同飞行架次 CCN 数浓度分布图

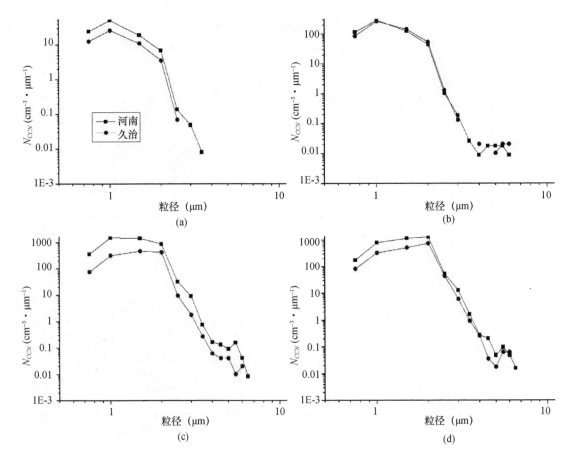

图4　不同区域不同过饱和度下不同区域 CCN 谱分布特征

(a)0.6%;(b)0.8%;(c)1%;(d)1.1%

不同观测架次在不同过饱和度下 CCN 数浓度不同,2014 年 5 月 22 日在不同过饱和度时 CCN 浓度均最大,而 2013 年 9 月 25 日不同过饱和度下 CCN 数浓度均最低;在过饱和度小于 0.8% 的过饱和度段,2013 年 9 月 16 日 CCN 数浓度较 2014 年 5 月 24 日高,而在大于 0.8% 过饱和度段,呈现相反的趋势,且随着粒径的不断增大,两日 CCN 数浓度值相差越来越大,这是由于,从图 2a 中可以看出,在 0.6% 过饱和度下,在不同粒径段 CCN 浓度两日相差不大,而在 0.8%、1% 和 1.1% 过饱和度时,2014 年 5 月 24 日在小粒径段明显比 2011 年 9 月 16 日高很多,且在小粒径段,随过饱和度的增大,两日的 CCN 浓度差值越来越大;而大粒径段 9 月 16 日 CCN 浓度较 5 月 24 日的 CCN 浓度大的不多。

黄河上游河曲地区 CCN 谱分布特征不仅存在明显的时间差异,而且空间分布差异也较明显,本研究利用观测期间河南县和久治县观测到的 CCN 分布特征的差异来代表黄河上游河曲地区 CCN 空间分布上的差异。图 4 为不同过饱和度(0.6%,0.8%,1%,1.1%)时河南县和久治县空中平均 CCN 谱分布特征图。从图 4 中可以看出,观测期间两个区域的 CCN 谱分布均呈现先增大后减小的分布特征,且在 4 个过饱和度下,河南县观测得到的 CCN 浓度均要高于久治县观测得到的 CCN 浓度。

3.3 CCN 活化谱拟合

CCN 活化谱是 CCN 数浓度随过饱和度的变化曲线,CCN 数浓度观测的一个很重要的应用就是 CCN 活化谱。本文利用 2 参数方案和 3 参数方案分别对黄河上游河曲地区空中 CCN 活化谱进行拟合。

2 参数拟合公式为

$$N = CK^s \tag{1}$$

式中,C,K 为拟合参数;N 为过饱和度 S 下的 CCN 数浓度。气溶胶粒子的尺度或化学成分的信息隐含在拟合参数 C,K 之中。

3 参数拟合公式为

$$N_{CCN} = N_0(1-\exp(-BK^s)) \tag{2}$$

式中,N_0,B,K 是 3 参数拟合方案的拟合参数,N_{CCN} 为过饱和度 S 时的 CCN 数浓度。

对于 2 参数拟合公式 $N = CK^s$,Hobbs[19] 根据拟合参数 C,K 的值,把 CCN 活化谱分为 3 种类型:海洋型($C<1000$ 个/cm³、$K<1$)、过渡型(1000 个/cm³ $<C<2000$ 个/cm³,$K>1$)、大陆型(2000 个/cm³,$K<1$)3 种。

表 2 为 2 参数和 3 参数方程拟合得到的特征值,从表 2 可以看出,2 参数和 3 参数拟合方程分别为 $N_{CCN} = 76.04 S^{0.89}$ 和 $N_{CCN} = 295(1-\exp(-0.3S^{2.1}))$,$R^2$ 分别是 0.86 和 0.93,就相关系数而言,3 参数拟合方案优于 2 参数拟合方案。

表 2 不同拟合公式对 CCN 活化谱的拟合参数

拟合方程	N_0	B	C	K	R^2
2 参数			76.04	0.89	0.86
3 参数	295	0.3		2.1	0.93

从表 2 中 2 参数拟合参数值可以看出,根据 Hobbs 对 CCN 活化谱的分型方式,黄河上游河曲地区空中 CCN 活化谱属于清洁大陆型,这与李义宇[14] 华北平原夏季空中拟合得到的

CCN 活化谱属于同一种类型,但是,本研究 CCN 活化谱拟合得到的拟合参数值与李义宇得到的拟合参数值($C=679$)相比,C 值小的多,产生这种差异的原因是:一方面,华北平原污染严重,而黄河上游河曲地区人为污染源少,背景清洁,CCN 浓度较华北平原小;另一方面,本研究飞机观测采用的数据均在海拔 7000~8000 m 的高度,较华北平原 3000 m 左右的海拔高度高很多,人为污染更少,导致拟合参数值较华北平原的小。图 5 为 2 参数拟合方案和 3 参数拟合方案得到的 CCN 活化谱曲线,从图中也能看出 3 参数拟合方案拟合得到的 CCN 活化谱曲线更贴近 CCN 观测值。

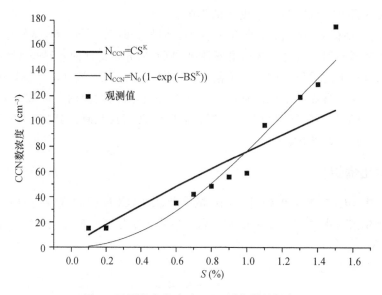

图 5　不同拟合公式对 CCN 活化谱的拟合

4　结论

（1）黄河上游河曲地区 CCN 谱呈现随粒径先增大后减小的趋势,峰值出现在 1~2 μm 粒径段。同一区域在同一过饱和度下,不同飞行架次得到的 CCN 谱不同,在小于 2.5 μm 粒径段,2014 年 5 月 22 日 CCN 浓度最高,2011 年 9 月 16 日 CCN 浓度最低;大于 2.5 μm 粒径段,5 月 22 日和 9 月 16 日 CCN 浓度较高,而 2013 年 9 月 25 日 CCN 浓度较低,这是由于粒子凝结增长需要较多的水汽或较低的温度,较大的相对湿度使得粒子有利于气溶胶粒子活化成 CCN 且有利于 CCN 增长,因此,5 月 22 日 CCN 浓度 4 架次中最高。

（2）黄河上游河曲地区同一区域,CCN 浓度在不同过饱和度下存在差异,过饱和度越大,CCN 数浓度值也越大。不同飞行架次,CCN 数浓度在不同过饱和度时存在差异,2014 年 5 月 22 日在不同过饱和度浓度最大,而 2013 年 9 月 25 日不同过饱和度下 CCN 数浓度最低;在过饱和度小于 0.8% 的过饱和度段,2013 年 9 月 16 日 CCN 数浓度较 2014 年 5 月 24 日高,而在大于 0.8% 过饱和度段,呈现相反的趋势。

（3）黄河上游河曲地区 CCN 谱空间分布差异明显。不同过饱和度时,河南县 CCN 浓度均要高于久治县 CCN 浓度。

（4）黄河上游河曲地区 2 参数和 3 参数 CCN 活化谱拟合方程分别为:$N_{CCN}=76.04S^{0.89}$ 和 $N_{CCN}=295(1-\exp(-0.3S^{2.1}))$,$R^2$ 分别是 0.86 和 0.93,就相关系数而言,3 参数方案优于 2

参数方案,3 参数拟合得到的 CCN 活化谱曲线更贴近 CCN 数浓度观测值。由 Hobbs 分型方式可以得到,黄河上游河曲地区空中 CCN 活化谱属于清洁大陆型。

参考文献

[1] 游来光,马培民,胡志晋.北方层状云人工降水试验研究[J].气象科技,2002,30(增刊):19-63.

[2] 赵永欣,牛生杰,吕晶晶,等.2007 年夏季我国西北地区云凝结核的观测研究[J].高原气象,2010,29(4):1043-1049.

[3] 樊曙先,安夏兰.贺兰山地区云凝结核浓度的测量及分析[J].中国沙漠,2000,20(3):338-340.

[4] 黄庚,李淑日,德力格尔,等.黄河上游云凝结核观测研究[J].气象,2002,28(10):45-49.

[5] 桑建人,陶涛,岳岩裕,等.贺兰山两侧沙漠及污染城市 CCN 分布特征的观测研究[J].中国沙漠,2012,32(2):484-490.

[6] 王鹏云,何绍钦.CCN Concentration in Troposphere over China[J].大气科学进展,1989,6(4):424-433.

[7] 谭稳,银燕,陈魁,等.黄山顶云凝结核的观测与分析[C]//中国气象学会年会人工影响天气与云雾物理新技术理论及进展分会场.2010.

[8] 石立新,段英.华北地区云凝结核的观测研究[C]//全国青年气象科技工作者学术研讨会.2006:644-652.

[9] 何绍钦.青岛沿海地区夏季云凝结核浓度观测及分析[J].南京气象学院学报,1987(4):452-460.

[10] Twomey S. Atmospheric aerosols[M]. Amsterdam:Elsevier,1977.

[11] 封秋娟,李培仁,樊明月,等.华北部分地区云凝结核的观测分析[J].大气科学学报,2012,35(5):533-540.

[12] 缪青.黄山 CCN 观测及其闭合分析[D].南京:南京信息工程大学,2015.

[13] 王惠,刘晓莉,安俊琳,等.南京不同天气和能见度下云凝结核的观测分析[J].气象科学,2016,36(6):800-809.

[14] 李义宇.华北夏季气溶胶与云微物理特征的飞机观测研究[D].南京:南京信息工程大学,2015.

[15] 刘国纬.水文循环的大气过程[M].北京:科学出版社,1997.

[16] 黄秉维,等.现代自然地理[M].北京:科学出版社,1999.

[17] 李培仁,封秋娟,任刚,等.新型机载云物理探测系统及应用[C]//中国气象学会年会.2011.

[18] Li W J,Zhang D Z,Shao L Y,et al. Individual particle analysis of aerosols collected under haze and non-haze conditions at a high-elevation mountain site in the North China plain[J]. Atmos Chem Phys,2011,11(22):22385-22415.

[19] Hobbs P V,Bowdle D A,Radke L F. Particles in the lower troposphere over the high plains of the United States. Part II:Cloud condensation nuclei[J]. Journal of climate and applied meteorology,1985,24(12):1358-1369.

第二部分　人工影响天气
相关技术及应用

内蒙古"5·2"毕拉河森林火灾人工影响天气保障服务

苏立娟[1] 郑旭程[1] 王 凯[1] 张 波[2] 樊茹霞[1]

(1. 内蒙古自治区气象科学研究所 呼和浩特 010051；2. 内蒙古呼伦贝尔市气象局 海拉尔 021000)

摘 要 2017年4月30日至5月5日,呼伦贝尔市大兴安岭林区乌玛林业局伊木河林场、毕拉河林业局北大河林场先后发生森林火灾,中国气象局人影中心、东北区域人影中心、内蒙古自治区人影中心、呼伦贝尔市气象局及各相关作业单位五级联防、上下联动,共同做好此次人工影响天气保障服务,圆满完成任务。

关键词 人工影响天气 服务保障 人工增雨灭火

1 引言

2017年4月30日至5月5日,呼伦贝尔市大兴安岭林区乌玛林业局伊木河林场、毕拉河林业局北大河林场先后发生森林火灾,相关各级气象部门及时启动应急响应,密切监视火情和天气变化,及时提供火区天气实况和预报,有效开展飞机和地面人工增雨作业,取得了良好的社会效益。内蒙古人影中心应对火情反应迅速,保障有力,与各部门共同努力,圆满完成了此次服务任务。

2 灾情概况

2017年4月30日,额尔古纳市境内大兴安岭北部原始林区中俄边境处出现越境火,火区位于大兴安岭林区乌玛林业局伊木河林场,火点中心位置为(52.3°N,120.67°E)(图1左),经奋力扑救,于5月2日16时全部扑灭。

2017年5月2日11:40,鄂伦春自治旗境内毕拉河林业局北大河林场发生森林火灾,火点中心位置为(49.46°N,123.00°E)(图1右),火灾种类为高强度地表火,蔓延速度快、扑救难度大。火灾发生后,各级领导作出重要批示,深入火区一线指挥火灾扑救,经各部门合力连续扑救,5月5日上午11时火灾外线明火全部扑灭,初步估计过火面积逾1.1万 hm^2。

3 及时启动应急响应

5月1日07时火情发生后,内蒙古自治区气象局于11时启动《森林草原防扑火气象服务应急响应命令》(图2左)。内蒙古自治区气象科学研究所按照要求,立即进入森林草原防扑火应急服务工作状态,积极做好监测预报预警服务工作,适时组织开展人工影响天气作业。5月2日18时,内蒙古大兴安岭毕拉河林业局北大河林场发生森林火灾,内蒙古自治区防火指挥部于5月3日12:09,启动《内蒙古自治区森林草原火灾应急预案》Ⅰ级响应。按照相关预案要求,内蒙古气象局启动《森林草原防扑火气象服务Ⅰ级应急响应命令》(图2右)。2017年5月3日13:50,内蒙古自治区气象科学研究所接到命令后,紧急召开动员会议,将责任落实到人,要求全员做好应急值守,提高业务敏感性,加强对呼伦贝尔火场的人工影响天气业务指导。

5月5日17:45,接到内蒙古自治区气象局解除《森林草原防扑火气象服务应急响应命令》的通知。

图1　2017年5月1日07时和2日14时火情遥感监测图

内蒙古自治区气象局

内蒙古自治区气象局
启动森林草原防扑火气象服务应急响应命令

编号：2017—01号

　　5月1日07时13分,根据遥感监测显示,我区额尔古纳市乌玛地区边境处发生森林火,中心点位置位于120.67° E 52.62° N.当前火场上空为二级西南风,风向有利于火情继续向我区传播。根据《内蒙古自治区森林草原防扑火气象服务应急预案》预案启动条件第三条(利用气象卫星遥感监测到重点林区、自然保护区发现火点,且经核实是火灾的),决定启动内蒙古自治区森林草原防扑火气象服务应急响应。

　　根据上述情况,自治区气象局应急办、应急与减灾处、观测与网络处、科技与预报处、人工影响天气办公室、自治区气象台、气候中心、生态与农业气象中心、气象信息中心、呼伦贝尔市气象局立即进入森林草原防扑火应急服务工作状态。各单位要按照内蒙古森林草原防扑火气象服务应急预案各司其责,做好应急值守和监测预报预警服务工作,适时组织开展人工影响

内蒙古自治区气象局

内蒙古自治区气象局
提升森林草原防扑火气象服务应急响应为I级的命令

编号：2017—02号

　　内蒙古自治区防火指挥部于5月3日12时09分,启动《内蒙古自治区森林草原火灾应急预案》I级响应。按照相关预案要求,自治区气象局启动森林草原防扑火气象服务I级应急响应命令。

　　根据上述情况,自治区气象局办公室、应急与减灾处、观测与网络处、科技与预报处、人工影响天气办公室、自治区气象台、气候中心、生态与农业气象中心、气象服务中心、大气探测技术保障中心、人影中心、气象信息中心立即进入森林草原防扑火气象服务I级应急响应工作状态。呼伦贝尔市气象局根据实际情况,研判并调整相应应急响应级别。各春单位严格按照I级应急

图2　内蒙古自治区气象服务应急响应命令

4　工作概况

　　按照人工影响天气业务现代化建设三年行动计划和重大活动服务及保障的要求,内蒙古气象科学研究所(内蒙古自治区人工影响天气中心)5月1—5日针对防扑火服务,组织人影专题会商、研判作业条件、发布指导产品、设计作业方案、进行跟踪监测,共发布《全区人影作业过程预报和作业计划》2期、《全区人影作业条件潜力预报和作业预案》5期、《火区人工增雨潜力预报》10期,与国家人影中心进行电话会商4次,同呼伦贝尔市人工影响天气中心进行电话会商11次,分别与国家人影中心、呼伦贝尔人影中心进行视频会商各3次,指导呼伦贝尔人影中心进行飞行增雨作业方案设计5架次,设计B-3435新舟60人工增雨飞机作业1架次,收到3期国家人影中心设计的B-3435新舟60人工增雨作业方案指导。此外,将10期《火区人工增雨潜力预报》和6架次的飞行航线设计上传至内蒙古防火气象服务平台。

5 服务过程技术总结

5.1 作业过程预报与作业计划制定(72—24 h)

5月1日发布第1期《全区人影作业过程预报和作业计划》,5月2日08时至5月4日08时,巴彦淖尔市、包头市、鄂尔多斯市、呼和浩特市、乌兰察布市、锡林郭勒盟和呼伦贝尔市有一定的人工降水作业潜力,具体见图3。

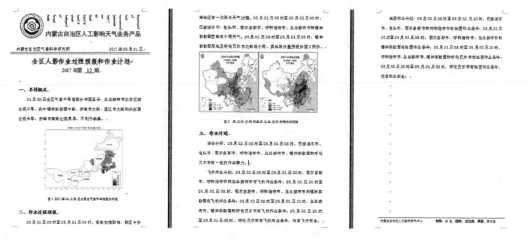

图3 5月1日发布《全区人影作业过程预报和作业计划》

5月3日发布第2期《全区人影作业过程预报和作业计划》,5月4日08时至5月6日08时,乌兰察布市、锡林郭勒盟、赤峰市、通辽市、兴安盟和呼伦贝尔市有一定的人工降水作业潜力。实况降水与预报作业潜力落区一致(图4)。

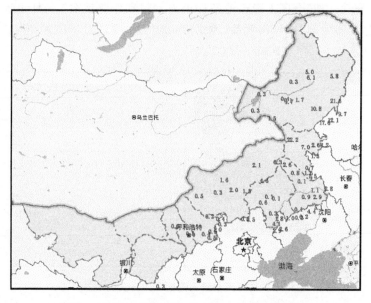

图4 5月4日08时至5月6日08时实况降水量

5.2　潜力预报与作业预案制定（24—3小时）

　　5月1日发布第1期《全区人影作业条件潜力预报和作业预案》，5月1日20时至5月2日20时，阿拉善盟、巴彦淖尔市、包头市、鄂尔多斯市、呼和浩特市、乌兰察布市和呼伦贝尔市有人工降水作业条件，具体见图5。

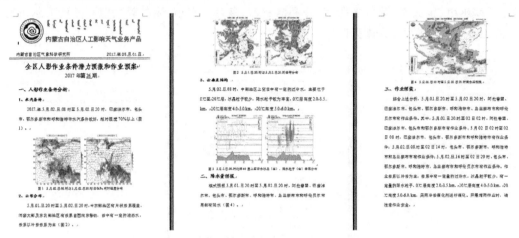

图5　5月1日发布《全区人影作业条件潜力预报和作业预案》

　　5月2日发布第2期《全区人影作业条件潜力预报和作业预案》，5月2日20时至5月3日20时，巴彦淖尔市、包头市、鄂尔多斯市、呼和浩特市、乌兰察布市、锡林郭勒盟、赤峰市、通辽市、兴安盟和呼伦贝尔市有人工降水作业条件。

　　5月3日发布第3期《全区人影作业条件潜力预报和作业预案》，5月3日20时至5月4日20时，赤峰市南部、通辽市南部、呼伦贝尔市西部有人工降水作业条件。

　　5月4日发布第4期《全区人影作业条件潜力预报和作业预案》，5月4日20时至5月5日20时，锡林郭勒盟大部、赤峰市大部、通辽市、兴安盟、呼伦贝尔市大部有人工降水作业条件。预报的潜力区与实况降水区域一致（图6）。

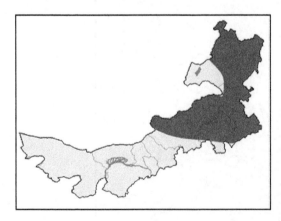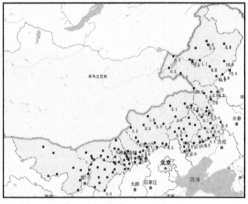

图6　5月4日预报潜力落区（左）与实况（右）对比

5月5日发布第5期《全区人影作业条件潜力预报和作业预案》,5月5日20时至5月6日20时,兴安盟局部和呼伦贝尔市有人工降水作业条件。

5.3 火区专项预报(12—3 小时)

5月1—5日总共发布了10期呼伦贝尔市火区专项预报方案,如5月5日发布第10期《火区人工增雨潜力预报》,5月5日20时至5月6日08时,呼伦贝尔市火区周边地区具有一定的人工增雨作业条件,潜力落区内云系以冷云云系为主,整体自西向东移动,移速约为40 km/h,具体见图7。

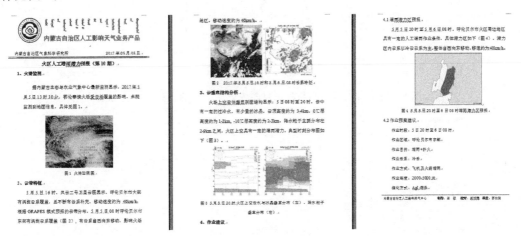

图7 5月5日16时发布火区专项预报方案

以5月4日为例,内蒙古人影中心针对火区做出精细化潜力预报。给出指导意见:4日14时—5日20时,受低涡系统影响,内蒙古呼伦贝尔市有降水过程。呼伦贝尔市北部主要受涡旋云系影响,云系以冷云为主,云中含有一定的过冷水。4日14时—4日20时,呼伦贝尔市西部及北部有增雨潜力。4日20时—5日02时,呼伦贝尔市北部有增雨潜力。5日02时—5日08时,呼伦贝尔市北部有弱的增雨潜力。5日08时—5日14时,呼伦贝尔市南部及东部有增雨潜力。5日14时—5日20时,呼伦贝尔市东部有增雨潜力。5日白天,火区上空处于西南风控制,地面风力较大(4、5级),请注意飞行安全。

5.4 监测预警与作业方案设计(3—0 小时)

5月2日02时,内蒙古人影中心同呼伦贝尔市人影中心密切监视天气发展,根据乌玛火区天气实况,指导制作 B-3849 运12飞机增雨作业方案,但由于实际风速过大,无法起飞。具体见图8。

5月5日06时,内蒙古人影中心同国家人影中心,呼伦贝尔市人影中心密切监视天气发展,根据实况资料,实时关注云图、雷达、雨量、可降水量、风向、风速等气象条件,及时更改修正飞机与地面的作业方案。图9为针对 B-3435 新舟60与 B-3849 运12飞机设计的作业方案。

5月5日10时,内蒙古人影中心同国家人影中心,呼伦贝尔市人影中心密切监视天气发展,根据实况资料,实时关注云图、雷达、雨量、可降水量、风向、风速等气象条件,及时更改修正飞机与地面的作业方案。图10为针对 B-3435 新舟60设计的作业方案。

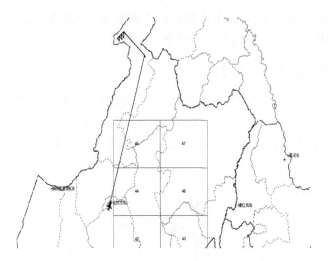

图 8　内蒙古人影中心与呼伦贝尔人影中心会商设计的飞行方案

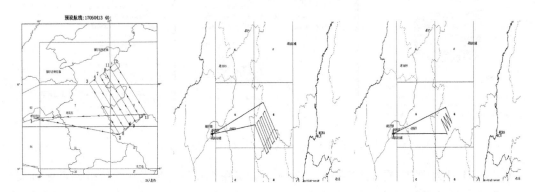

图 9　内蒙古人影中心与呼伦贝尔人影中心会商设计的飞行方案

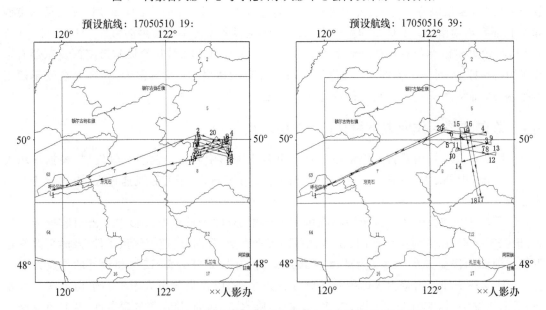

图 10　内蒙古人影中心与国家人影中心会商设计的飞行方案

5.5 跟踪指挥与作业实施(0—3 小时)

内蒙古人影中心同中国气象局人影中心、呼伦贝尔市人影中心实时关注天气实况的发展,与飞机作业与地面作业人员实时保持联系。从云图可以看出火区上下游地区均有大范围云区存在,飞机始终在云中飞行,由于雷达布设较少,中间飞行区域尚未被覆盖到,火区上下游地区均有均匀成片的雷达回波覆盖。由 5 日 20 时探空资料可以看到,海拉尔和嫩江地区上空有深厚的云层覆盖(图 11)。

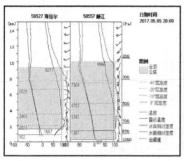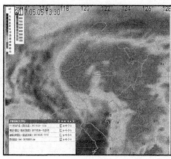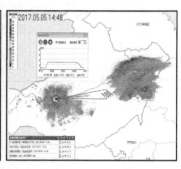

图 11　5 月 5 日实况资料与飞行轨迹叠加及探空资料

5.6 作业信息上报及效果检验

5.6.1 作业信息上报

2017 年 5 月 1—2 日,乌玛火场火箭作业 2 次,发射火箭弹 9 枚,飞机作业由于地面风速太大,无法起飞,作业之后火场地区普降小雨。5 月 2—5 日,毕拉河火场火箭作业 14 次,发射火箭弹 150 枚,作业增雨 1144.74 万吨;B-3849 运 12 飞机作业 1 次,燃烧碘化银烟条 16 根,作业增雨 600 万吨;B-3435 新舟 60 飞行作业两架次,燃烧碘化银烟条 54 根,发射焰弹 107 枚。

作业结束后,内蒙古人工影响天气中心与呼伦贝尔市人工影响天气中心及时将作业信息及效果计算上报至中国气象局人工影响天气中心。表 1 和表 2 分别为火箭作业情况及飞机作业情况。

表 1　呼伦贝尔市 5 月 1—5 日火箭作业情况

行政区名称	作业次数	炮弹用量 (发)	火箭用量 (枚)	烟条用量 (根)	作业总时长 (min)	作业效果 (万 t)	作业面积 (km²)
呼伦贝尔市	16	0	159	0	496.0	1144.74	3931.275

表 2　呼伦贝尔市 5 月 1—5 日飞机作业情况

作业单位	作业日期	起飞时间	降落时间	作业时长 (小时:分)	碘化银烟条 用量(g)	作业效果 (万 t)	作业面积 (km²)
呼伦贝尔市	2017-05-05	11:38:00	14:45:00	3:07	176.0	600	11050

5.6.2 作业效果评估

通过飞机作业和地面火箭联合作业,火区现场普降小到中雨;5 月 5 日 11—18 时,火区现场 20.7 mm、小二沟 7.8 mm,大二沟 3.1 mm,作业之后火场地区 24 h 累积降水达 39.2 mm,增雨效果明显。在空地交叉立体化作业影响下,毕拉河火区降暴雪,乌玛火区普降小雪。

　　在空地交叉立体化作业影响下,毕拉河火区降暴雪,乌玛火区普降小雪。毕拉河火区现场移动气象站监测显示,自 5 日 12 时火区降雨至 23 时移动气象站撤离火区,火场累计降雨量为 48.5 mm、雪深达 20 cm,对防止火区死灰复燃、降低森林火险等级起到至关重要作用。

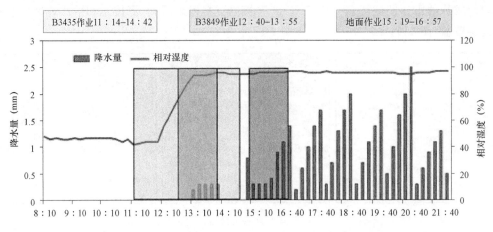

图 12　5 月 5 日 08—22 时毕拉河火场移动气象站降水量和相对湿度时间序列

6　工作亮点、经验

　　(1)面对突发事件重大服务,中国气象局人影中心、东北区域人影中心、内蒙古自治区人影中心、呼伦贝尔市人影中心,多级联动,应急组织及时高效,保障有力。

　　(2)在接到《森林草原防扑火气象服务应急响应命令》后,严格按照人工影响天气业务现代化建设三年行动计划实施人工影响天气业务,同时针对火区专项服务增发火区作业指导,实施火区定点专项人影业务保障,确保人工影响天气业务的及时有效性。

　　(3)内蒙古人影中心分别与国家人影中心、呼伦贝尔市人影中心进行两点式视频与电话会商,共同讨论火区的增雨扑火方案(图 13)。

图 13　内蒙古人影中心同国家人影中心进行防扑火专题视频与电话会商

(4)除常规探测资料,运用东北区域 GPS/MET 联网监测数据,用于人工增雨作业的实时指挥,从图14可以看出,5月5日14时,呼盟东部的可降水量明显高于呼盟西部地区,呼盟东部小二沟站14时之后的可降水量有明显跃增的现象,对增雨作业十分有利(图14)。

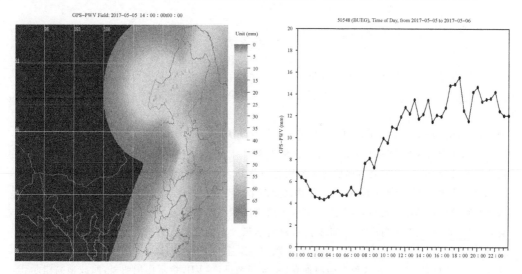

图14 东北区域 GPS/MET 联网监测数据

(5)内蒙古人影中心同中国气象局人影中心,呼伦贝尔市人影中心共同探讨设计 B3435 新舟 60 飞机作业方案,设计最有利的增雨灭火方案,从图15可以看出,在 B-3435 飞行作业下风方的火区,24 h 累积降水达 39.2 mm,而其余地区一般为小到中雨,作业效果明显。

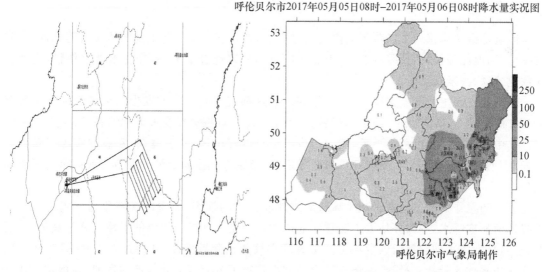

图15 B3435 新舟 60 飞机作业方案与呼伦贝尔市 5 日 08 时至 6 日 08 时降水量实况

7 不足之处

由于大兴安岭林区地域特殊,业务布网观测少,尤其是火区周围气象站点稀疏、观测资料空白、监测手段匮乏,有些地方甚至雷达不能覆盖,影响人影作业条件判别和效果分析。

固原市一次春季防雹的分析研究

马思敏

(1. 中国气象局旱区特色农业气象灾害监测预警与风险管理重点实验室,银川 750002；
2. 宁夏气象防灾减灾重点实验室,银川 750002)

摘　要　2017 年 5 月 4 日宁夏固原市原州区出现冰雹天气,是 2017 年出现的第 1 次冰雹,未造成灾情。本文利用 MICAPS 实况资料、T-$\ln P$ 探空资料、固原新一代多普勒天气雷达等资料分析此次冰雹特征,结果表明：东北冷涡后部下滑弱冷空气和 700 hPa 风切变是此次冰雹产生的主要原因；T-$\ln P$ 呈现明显"上干下湿"喇叭口结构甚至多个干湿层水汽分布不均的不稳定层结状况,说明大气存在着潜在的不稳定能力,考虑由于 0 ℃层高度较高暖层较厚,冰雹在降到地面之前有所融化,所以均是小冰雹,未造成灾害；此次过程降雹前最大回波强度达到最大值,垂直积分液态水含量(vertically integrated liquid,VIL)和强回波面积在降雹前一个体扫达到最大,回波顶高无明显变化特征,由此可见此次冰雹过程强回波面积、最大回波强度、VIL 指示作用明显,回波顶高指示作用较差；对目标云作业后的 20 min 最大回波强度、VIL、强回波(＞35 dBZ)面积均呈明显减弱趋势。

关键词　人工防雹　雷达参数变化　作业合理性分析

1　引言

冰雹是指从冰雹云中降落到地面的固态降水,其强度和尺度随不同的冰雹云而异,由于其突发性、局地性强,预测预警难度大,由此而造成的危害也轻重不一,轻者损害农作物,重者会导致建筑物、甚至人员伤亡。

冰雹是宁夏主要气象灾害之一,每年 3—10 月都有不同程度的发生。全自治区平均每年受雹灾面积达 2.67 万 hm²,约占总播种面积的 3.2%,重雹灾年受灾面积均在 6.67 万 hm² 以上。其中尤以宁南山区最为严重,固原市位于宁夏南部山区,地形复杂,常有冰雹等强对流天气发生,不仅给农业、通信、交通等带来严重危害,还给人民生命及财产安全造成严重的影响和损失[1]。

人工防雹作业的目的在于减少冰雹对当地农作物的损害,或雹胚在转化为冰雹之前提前下降地面形成降水,怎样评估人工防雹作业成功与否是一件极为困难的事情。郭学良等[2-3]研究证实,高炮防雹抑制雹云的发展主要是 AgI 在爆炸点附近播撒,并使过冷水滴冻结,从而减少冻滴的平均质量和直径；炮弹爆炸动力抑制爆炸点下方附近上升气流的发展,高炮防雹在有效抑制雹云发展的同时,有利于地面降水的产生。王雨曾等[4-6]研究表明,防雹作业后雷达回波顶高、雷达回波强度及 30 dBZ 强回波顶高比作业前显著变小；王芳[7] 等在分析对川西地区一次春季冰雹各项雷达参数的响应变化时,发现垂直累计液态水含量和强回波面积的指示效果最明显；张磊[8]等对新疆地区的冰雹天气形势和雷达特征进行了总结分析,指出大气层结的不稳定,0 ℃层和 -20 ℃层的适宜高度以及较强的垂直风切变可促使冰雹生成。习秀广等[9]

发现降雹单体在成熟前期有明显的 VIL 跃增现象,降雹时间基本上是在 VIL 达到最大后开始。随着社会经济的快速发展,宁夏部分作业点周围修建居民区或单位迁入,作业方位角越来越小,作业环境恶化。

本文分析了宁夏固原市 2017 年一次春季冰雹天气的环流背景、不稳定能量和雷达回波特征,重点分析了冰雹发生前后和防雹作业前后各项雷达参数变化特征,同时对此次防雹作业进行了合理性分析。

2 冰雹天气环流形势

2017 年 5 月 4 日傍晚固原市大部地区出现对流性降水天气,最大 1 h 降水达 11.4 mm,20:00 左右原州区南郊一带出现冰雹天气。

图 1 为 5 月 4 日 20 时 700 hPa 环流形势场分析图,可以看出,此次为有利于宁夏出现冰雹天气的环流背景,宁夏处于西高东低环流形势下,处于发展深厚的东北冷涡的后部,有受冷涡后部下滑弱冷空气影响,且固原在 700 hPa 有暖平流影响,在固原一带冷暖空气交汇形成降水,配合 700hPa 在固原一带有明显风向切变,触发冰雹产生。

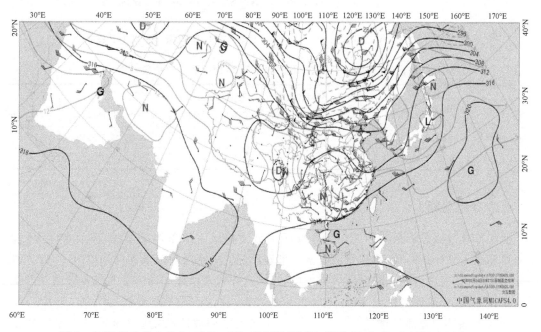

图 1 2017 年 5 月 4 日 20 时 700 hPa 高度场(黑线)、温度场(灰线)和风场(风向标)

3 不稳定能量分析

固原无探空站,因此利用距离固原最近的平凉探空站资料进行分析,具有一定参考意义。3 日固原市只出现了阵雨天气,图 2 分别为 2017 年 5 月 3 日 20 时和 4 日 20 时平凉探空站 T-ln$P$ 图,可以看出图 2b 的"上干下湿"喇叭口的层结结构比图 2a 更明显,且图 2b 中存在多个干湿层等水汽分布不均的状况,说明大气存在着潜在的不稳定,需要通过对流交换达到水汽的平衡,从表 1 中 K 指数和 SI 指数也可以看出 4 日 20 时的不稳定能量更大,有利于冰雹发生。3 日 20 时和 4 日 20 时−20 ℃层高度基本相近,但 0 ℃的高度 4 日的更高,说明 4 日低层暖平流更强,导致 $H_{-20℃}-H_{0℃}$ 厚度变小,"上冷下暖"的不稳定层结结构已经形成,而且此次冰雹生成时 0 ℃层高度较高暖层较厚,冰雹在降到地面之前有所融化,所以均是小冰雹,未造成灾害。

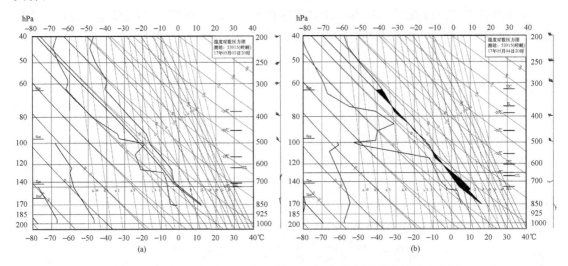

图 2 2017 年 5 月 3 日 20 时(a)和 4 日 20 时(b)平凉探空站 T-$\ln P$ 图

表 1 2017 年 5 月 3 日 20 时和 4 日 20 时平凉探空指数对比

时间	站点	K 指数 (℃)	SI 指数 (℃)	对流有效位能(J/kg)	对流抑制有效位能 CIN(J/kg)	0 ℃层高度(m)	-20 ℃层高度(m)	$H_{-20℃}$ $-H_{0℃}$(m)
5 月 3 日 20 时	平凉	19	7.38	0	0	2814	6340	3526
5 月 4 日 20 时	平凉	23	0.71	77	229.5	3892	6447	2618

4 雷达资料分析

此次冰雹过程是由絮状回波中的积状云回波发展成对流单体所造成,属混合降水回波。从图 3 和图 4 分析,19:30,在固原西吉县北部至原州区中部有一最大回波强度为 30 dBZ 的对流云团生成,该对流云团不断向东偏南方向移动,且在云系西侧即西吉县北部不断激发出新的对流单体,对流云系回波强度和面积也在不断增大;19:45 最大回波强度达到 45 dBZ,此时RHI 已经呈现明显悬垂回波结构。19:50,45 dBZ 的强回波区高度达 4 km(参考平凉站探空资料在 0 ℃层附近),回波顶高 6 km。随着对流云团发展加强,20:00 左右原州区开始出现冰雹(图 3c 圆圈标示处),RHI 显示此时最大回波强度的高度明显下降,说明冰雹拖曳作用形成的下沉气流大于云中上升气流,地面出现降雹。此时刻由于空域限制等原因,未实施地面防雹作业。21:01 西吉至彭阳一带逐渐形成带状回波对流云团特征,21:11 彭阳古城附近有一对流云团东移加强,此时彭阳作业点已经待命,在 21:33 申请空域获批向西北方向实施了防雹作业,未出现冰雹。

分析各项雷达参数的响应变化(图 5a),降雹前,强回波(>35 dBZ)面积由 2.5 km² 增大至 83 km²,最大回波强度由 30 dBZ 增大至 52 dBZ,VIL 由 7 kg/m² 增至 12 kg/m²,降雹时最大回波强度达到最大值,VIL 和强回波面积在降雹前一个体扫达到最大,降雹时间基本上是在

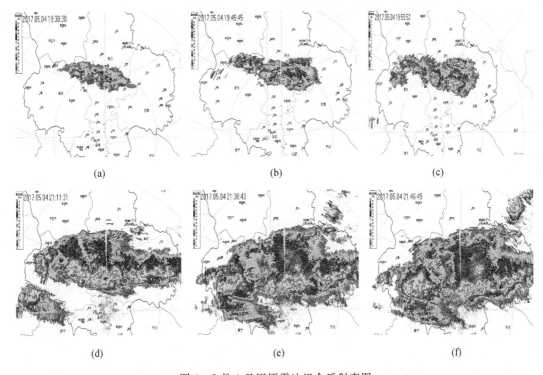

图 3　5 月 4 日固原雷达组合反射率图
(a:19:30;b:19:45;c:19:55;d:21:11;e:21:36;f:21:46)

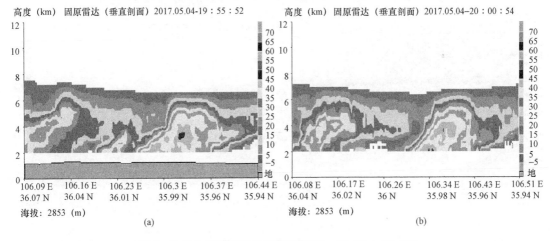

图 4　5 月 4 日固原雷达垂直剖面图(a:19:55;b:20:00)

VIL 达到最大后开始[9];然而回波顶高在降雹前有先增后降的趋势,降雹后无明显变化特征。由此可见,此次冰雹过程强回波面积、最大回波强度、VIL 指示作用明显,回波顶高指示作用较差。

5　防雹作业合理性分析及作业效果

分析在彭阳古城实施防雹作业前后雷达参数变化(图 5b),在彭阳县图 3d 圆圈位置处有一对流云团生成增强发展并向偏东方向移动,在 21:31 最大回波强度达到 54 dBZ,回波顶高达到 6.1 km,强回波(>35 dBZ)面积达到 104.2 km²,此时正处于对流云团发展时期,如果抓住云体发展期进行防雹作业可以有效减少冰雹降落到地面,21∶33—21∶36 在彭阳作业点对目标云进行了防雹作业,作业时机选择较为合理。由于作业点安全射界范围限制,作业时不能向对流云团强回波区域的西南方向进行作业,而是向西北方向实施了防雹作业,所以作业位置不在强回波中心,实际作业部位不太理想。图 6 是利用宁夏人影综合处理分析平台(CPAS 系统)绘制的火箭弹道和发射方向的雷达回波垂直剖面图,可以看出火箭弹播撒碘化银高度在 4～5 km,参考表 1 平凉探空站 0 ℃层高度为 3.9 km,催化高度位于 0～−10 ℃之间的冷区,较为合理。

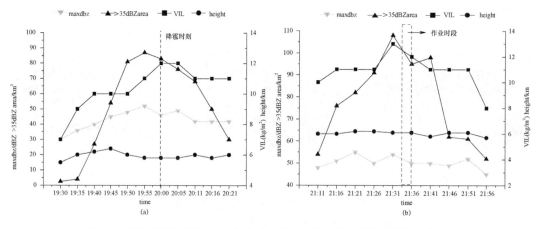

图 5　对流云团降雹前后(a)和作业前后(b)不同雷达参数随时间变化图

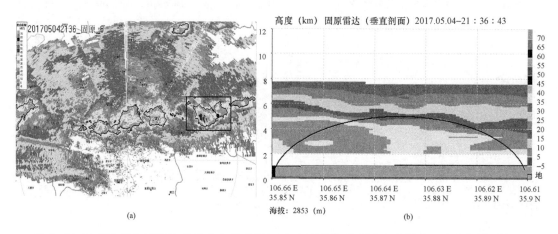

图 6　21∶36 雷达组合反射率、作业方向示意图(a)和火箭弹道、发射方向的雷达回波垂直剖面图(b)

从图 5b 可以看出,作业后的 20 min 最大回波强度下降到 45 dBZ,VIL 减少至 8 kg/m²,强回波(>35 dBZ)面积也减少至 52.3 km²,各项雷达参数均呈明显减弱趋势。说明目标云经过人工防雹作业后,催化剂充当人工冰核,它比自然状态下的冰雹胚胎夺取水分的能力要强得多,它们争食云中有限的水分,从而抑制冰雹的生长,同时在碘化银争食水分、促进自身凝结增长的作用下,云内水滴和冰晶较快达到降水尺度,导致提前降雨,这样也缩短了冰雹胚胎在云中生长的时间,云中微物理的变化导致云宏观的变化,所以目标云的雷达参量会发生相应变化。

6 结论

(1)此次为有利于宁夏出现冰雹天气的环流背景,宁夏处于西高东低环流形势下,受东北冷涡后部下滑弱冷空气影响,配合 700 hPa 在风切变,触发冰雹发生;

(2)T-$\ln P$ 呈现明显"上干下湿"喇叭口结构,甚至多个干湿层水汽分布不均的不稳定层结状况,说明大气存在着潜在的不稳定能量;0 ℃层的高度较高,低层暖平流较强,导致 $H_{-20℃}$ — $H_{0℃}$ 厚度变小,考虑由于0℃层高度较高暖层较厚,冰雹在降到地面之前有所融化,所以均是小冰雹;

(3)此次过程降雹前最大回波强度达到最大值,VIL 和强回波面积在降雹前一个体扫达到最大,回波顶高无明显变化特征,由此可见,此次冰雹过程强回波面积、最大回波强度、VIL 指示作用明显,回波顶高指示作用较差;

(4)对此次防雹作业合理性进行分析,发现作业时机和催化高度较为合理,催化位置由于安全射界限制影响催化位置不佳;目标云作业后的 20 min 最大回波强度、VIL、强回波(>35 dBZ)面积均呈明显减弱趋势。

参考文献

[1] 董永祥,等 . 宁夏气候与农业[M]. 银川:宁夏人民出版社,1986:64-68.

[2] 郭学良 . 三维强对流云的冰雹形成机制及降雹过程的冰雹分档数值模拟研究[D]. 北京:中国科学院大气物理研究所,1997:44-49.

[3] 周非非,肖辉,黄美元,等 . 人工抑制上升气流对冰雹云降水影响的数值实验研究[J]. 南京气象学院学报,2005,28(2):10-19.

[4] 王雨曾,刘新元,赵宗然,等 . 人工防雹效果差异分析[J]. 气象,1996,22(12):31-34.

[5] 王雨曾,郁青 . 多物理参量检验防雹效果的研究[J]. 气象,1995,21(10):3-9.

[6] 李金辉 . 陇县防雹作业前后雷达回波变化分析[J]. 陕西气象,2009(6):9-12.

[7] 王芳,范思睿,吕明,等 . 川西地区一次人工防雹的分析与研究[J]. 高原山地气象研究,2017,37(1):84-88.

[8] 张磊,张继东,热苏力·阿不拉 . 南疆阿克苏冰雹天气的判识指标研究[J]. 干旱气象,2014,32(4):629-635.

[9] 刁秀广,朱君鉴,黄秀韶,等 . VIL 和 VIL 密度在冰雹云判据中的应用[J]. 高原气象,2008,27(5):1131-1139.

2019 年新疆石河子垦区春季首场冰雹天气的特征分析

蒲云锦

(新疆维吾尔自治区石河子气象局,石河子 832000)

摘　要　对 2019 年 4 月 28 日新疆石河子垦区出现的首场冰雹天气的环流背景、影响系统、对流参数,以及多普勒天气雷达产品的特征进行综合分析,探讨石河子垦区春季首场冰雹天气的成因,对石河子垦区春季冰雹天气的预测预警有一定的指示意义。

关键词　石河子垦区　冰雹　环流形势　物理特征量　雷达产品

1　引言

新疆石河子垦区位于天山北坡中部,古尔班通古特沙漠南缘。整个垦区由南向北依次为天山山区、山前丘陵区、平原区和沙漠区,平均海拔高度 450.8 m。现有 14 个农牧团场和两个镇,总面积 5616 km²,其中耕地面积 362.7 万亩,是新疆重要的粮、棉、糖商品基地。由于石河子垦区特殊的地理位置和地貌特征,很容易因下垫面的不均匀情况,促使大气的不稳定度加大,十分有利于冰雹、雷暴、强降水、大风等强对流天气的形成和发展。而强对流天气带来的冰雹是石河子垦区主要的气象灾害。近年来因冰雹袭击,石河子垦区有几百万亩农作物受灾,造成上千万元的经济损失。

2　天气实况及灾情

4 月 27 日 23:34,石河子地区 136 团西北面出现强对流天气,00:16 在 134 团沙门子镇出现阵雨,一直持续到 28 日 00:30 左右,沙门子镇 24、25、27、良繁连共 4 个连队出现雷雨冰雹天气,降雹时间为 28 日 00:30—00:35 左右。最大冰雹直径 15 mm,积雹厚度约 1 cm。

石河子 134 团沙门子镇 24、25、27、良繁连共 4 个连队出现雷雨冰雹天气,过雹面积 2000 hm²,受灾作物包括棉花等主要经济作物,雹灾主要是将刚出苗棉苗的两片子叶击碎,生长点被击掉。

3　降雹的环流形势特征

冰雹天气一般在有利的大尺度天气背景下生成和发生。从 4 月 27 日 20:00 的 500 hPa高空图可见(图 1),石河子垦区处于巴尔喀什湖高空槽前分裂的小短波槽上,低槽在东移过程中,受西北气流的影响,不断有冷空气南下进入新疆。巴尔喀什湖以南的弱的暖脊在东移过程中又有暖湿气流补充进来。由于白天的辐射升温快,降水过后的近地层湿度较大,再加上中、高层下沉干冷空气的补充,使得新疆的对流不稳定性加强。同时配合低层的辐合切变和垂直风切变,在热力和动力的抬升作用下,石河子垦区极易产生冰雹天气。

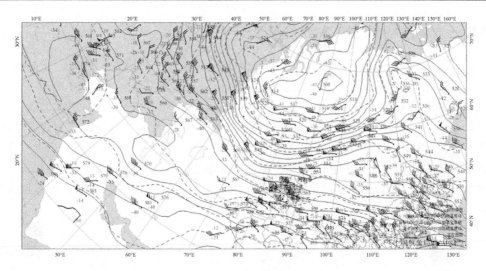

图 1　4 月 27 日 20:00 的 500 hPa 高空图

4　降雹天气的物理特征量

图 2 为石河子上游站克拉玛依 27 日 20 时的探空曲线,从图 2 中可见,石河子上游存在不稳定能量,对流有效位能 CAPE 值为 136.9 J/kg,露点温度与层结曲线随高度变化呈现明显的"喇叭口"结构,即中低层(600 hPa 以下)存在明显的湿层,而高层为干空气,且在低层存在明显的西北气流和东南气流的风向切变,风速上的变化也较大,为冰雹云的生长提供了有利环境。中等到强的垂直风切变是超级单体产生的必要条件。图 2 中 −20℃ 层高度位于 5.5 km 左右,有利于大水滴自然成冰,0 ℃ 层高度不高,会减弱落地前冰雹的融化。

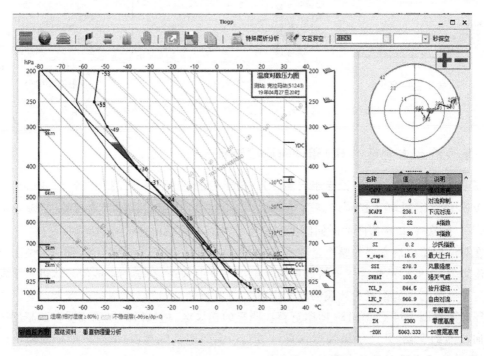

图 2　克拉玛依站 4 月 27 日 20 时 T-lnP 图

5 冰雹云的多普勒雷达产品特征分析

5.1 雷达组合反射率因子及回波顶高特征

23:46 的多普勒天气雷达图上显示(图 3),石河子 136 团西面,方位 312.9°,距离 137.6 km 处,形成了一个强度为 47 dBZ 的块状对流单体,此对流单体在向东南方向移动的过程中持续加强,单体中心强度由 49 dBZ,加强到 28 日 00:27 的 57 dBZ,回波面积也不断增大。该单体的移动方向与短波槽的移向有关。单体强回波中心高度也从 3 km 升至 6 km,云顶最高高度达到 12 km。00:10—00:27 是对流单体发展最旺盛时期,也正是在此后出现了冰雹。

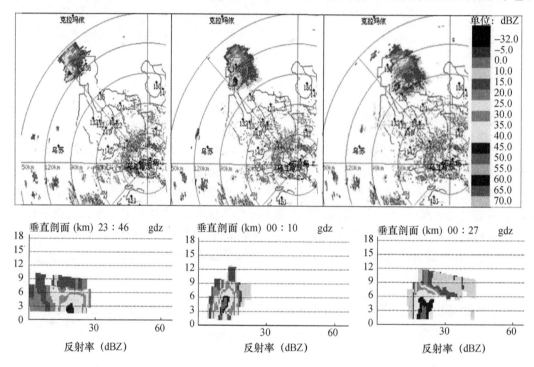

图 3 三个时次(23:46,00:10,00:27)的雷达组合反射率和对应回波顶高

5.2 垂直液态水含量(VIL)和径向速度特征

图 4 中对流单体的垂直液态水含量 VIL 在降雹前的 2～5 个体扫时间内不断增大,降雹前的 VIL 值陡增到 50 kg/m²。高垂直液态水含量维持时间越长,冰雹直径越大,降雹范围也越大[1-5]。此次 VIL 高值区的时间跨度和位置都刚好与降雹的落区和时间相对应。

在对流云系生消发展的整个过程中,平均径向速度回波区以负值为主(图 4),说明云中下沉气流较强,中低层的辐合气流将低层的暖湿空气向上输送,高层的辐散使云体进一步发展加强。这种气流流场的配置为冰雹的增大提供了动力条件,并使得周围水汽聚合抬升。从各仰角的径向速度图上可见,在 134 团附近存在明显的逆风区,逆风区的出现说明在该高度区间存在风向剧烈的变化,并产生了强烈垂直风切变和强的辐合气流,与反射率因子的高值区相比较,强回波位于逆风区风场中辐合气流一侧[6-11]。

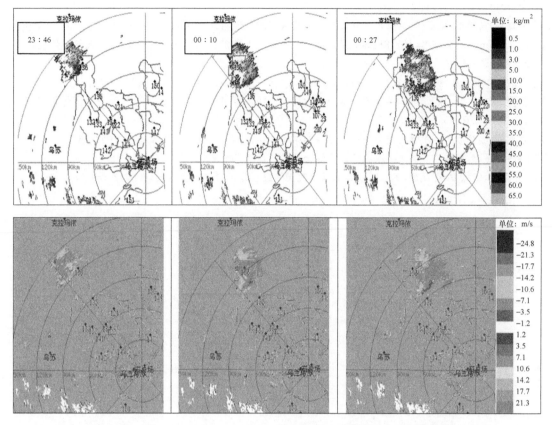

图 4　三个时次(23:46,00:10,00:27)的雷达垂直液态水含量和径向速度

6　总结

(1)通过对石河子垦区春季首场冰雹天气过程的分析,可知在有利的大尺度天气背景下,局地的热力和动力抬升作用,使新疆极易产生冰雹等强对流天气。

(2)从温度对数压力图上反映的"喇叭口"配置,说明中低层存在明显的湿层,而高层为干空气,且低层存在明显的西北气流和东南气流的风向切变,风速上的变化也较大,为冰雹云的生长提供了有利环境。

(3)通过分析多普勒天气雷达的组合反射率、回波顶高、垂直液态水含量和径向速度产品,发现石河子垦区出现冰雹的雷达回波特征主要有:组合反射率回波强度达 45～60 dBZ,最强回波顶高在 6 km 左右。VIL 值在降雹前会面积扩大,并明显陡增;径向速度在低仰角存在辐合,高仰角方向存在辐散,同时出现了逆风区。

参考文献

[1] 俞小鼎,姚秀萍,熊廷南,等. 多普勒天气雷达原理与业务应用[M]. 北京:气象出版社,2006:93-96.
[2] 付双喜,安林,廉凤琴,等. VIL 在识别冰雹云中的应用及估测误差分析[J]高原气象,2004,23(6):810-814.
[3] 章澄昌. 人工影响天气概论[M]. 北京:气象出版社,1992:10.
[4] 钟天华,吴建河,李改琴,等. 2008 年 6 月 10 日濮阳冰雹过程的多普勒雷达资料分析[J]. 气象与环境科

学,2010,33(Z1):144-147.

[5] 樊晓春,马鹏里,董安祥,董彦雄. 甘肃罕见冰雹天气过程个例分析[J]. 气象科技,2007,35(3):363-367.

[6] Chen Hongxia,陈红霞,吕作俊,等. 豫西地区一次冰雹天气多普勒雷达资料分析[J]. 气象与环境科学,2007,30(3):65-70.

[7] 张治,齐东方,林彦丰. 冰雹过程雷达回波综合分析[J]. 黑龙江气象,2007(3):27-27,34.

[8] 张俊岚,史红政,陈颖,等. 一次雹暴天气的 CINRAD/CC 的观测资料分析[J]. 沙漠与绿洲气象(新疆气象),2005,28(Z1):59-61.

[9] 张京英,漆梁波. 一次强对流天气中尺度涡旋结构和冰雹落区分析[J]. 气象科技,2008,36(3).

[10] 覃靖,潘海,冯晓玲. 桂北一次冰雹过程综合分析[J]. 贵州气象,2009,33(3):19-22.

[11] 叶爱芬,伍志方,程元慧,等. 一次春季强冰雹天气过程分析[J]. 气象科技,2006,34(5):583-586.

2019 年 7 月 30 日青海省东部地区冰雹成因及防雹效果个例分析

龚　静　朱世珍　张玉欣　林春英　郭三刚

（青海省人工影响天气办公室,西宁 810001）

摘 要 2019 年 7 月 30 日 13:00—20:00,在青海省东部地区发生了一次强对流天气,刚察、湟中、大通及乐都县出现降雹。本文利用此次强天气过程的常规资料——从降水实况、大气环流形势及环境条件、探空数据、雷达回波等方面进行天气背景、大气热力及动力条件等物理量的分析,推断此次强对流天气过程的形成机制与演变过程。同时,基于 CPAS(云降水精细分析系统)平台对雹云进行跟踪,并对雷达相关的物理参量进行统计分析。结果表明:防雹作业明显缩短雹云的生长—发展—消退过程,乐都县由于空域限制,未能实施防雹作业,出现灾情,雹云生消过程历经时间约 2 h;民和县期间经过 5 点次防雹作业后,没有出现灾情,雹云生消过程历时仅 1 h,表明高炮人工防雹作业后雹云生命史比自然雹云生命史短,解体快。

关键词 青海东部 防雹 个例 分析 冰雹成因

1 引言

我国是一个农业大国,是世界上四大雹灾频发地区之一,每年遭受雹灾面积约 2 万 km^2,直接经济损失几亿元到几十亿元[1]。青海省地处青藏高原东北侧,是夏季副热带急流徘徊的地区,属于多雹纬度带,与平原地区相比,海拔高,近地层大气层结递减率大,零度层距地表面近,冰化条件有利,下垫面状况复杂,动力、热力差异大,强迫对流和热对流频繁,故而造成冰雹频繁,成为国内降雹日数最多、雹灾面积最广的地区之一,由于对流强度较弱及水汽含量少,雹块直径一般不大,大雹多降在海拔较低的东部农业区[2]。根据《青海省统计年鉴 2018》统计,东部地区(包括西宁、海东、海南、海北、黄南六市州)播种面积为 750 万亩,占全省总播种面积 89.6%,是青海省的主要农业区,同时也是雹灾高发区。根据统计,1961—2019 年 6—9 月(农作物生长季节)东部农业区 10 个防雹县(因资料不全,除去门源、平安、贵德三县)年均雷暴日数、降雹日数为 34.59 d、3.47 d,年均受灾面积平均 41.45 万亩,占播种面积的 55%,每年造成数亿到十几亿元的经济损失。由于气候原因,青海省农作物全年只生产一季,防雹抗灾任务重、责任大。

青海省防雹工作早在 20 世纪 50 年代就已开始,从最初的土火炮、土火箭发展至"37"高炮和火箭,从零散的、盲目的、低层次的作业发展到成规模、全方位、系统性地充分利用现代高科技手段的防雹作业[3]。多年实践及经验表明,利用高炮进行人工防雹作业是一种基本有效的方法[4-8],人工防雹技术的发展与应用,对农业防灾减灾意义重大,但人工防雹在基本理论、作业客观定量化、效果评估、对冰雹云物理特征的认识等方面还有待于提高[9]。尤其是在青藏高原地形复杂起伏多样、测站稀疏,以及有关青藏高原和西北地区强对流和中尺度对流云团的研究较少情况下,针对青藏高原东北部的强对流研究也很少[10-21],本文对 2019 年 7 月 30 发生在青海东部地区的强对流天气从大尺度环流背景、环境条件、雹云发展演变、人工防雹作业效果等方面进行分析，为今后青藏高原东北部地区冰雹等强对流天气的分析和预报，及提高青海省人工防雹技术及作业指挥水平提供参考。

2　资料

利用 Micaps 系统获取探空资料；利用自动气象站资料获取降水量信息；利用欧洲中期天气预报中心 EC 模式预报获取降水预报、热力条件及动力条件资料；利用云降水精细分析系统（CPAS）获取西宁多普勒雷达站速度及强度资料，并用它进行云参量精细化分析。

3　强对流天气形成背景及环境条件分析

3.1　过程概况

2019 年 7 月 30 日 13:00—20:00，青海省东部地区出现一次强对流天气，海北、西宁、海东等州（市）地相继出现冰雹、短时强降水。其中，西宁、海东共有 8 个区域站出现 10 mm/h 以上的短时强降水，个别站降水量达到大到暴雨量级，最大小时雨强出现在海东民和大庄乡大庄村，为 35.3 mm/h。冰雹主要出现在海北刚察、西宁湟中、海东乐都等地局地，持续 1～20 min，直径最大达 5 mm。这次强对流天气造成东部农业区农作物受灾面积近万亩。

3.2　环流背景分析

7 月 30 日 08 时 200 hPa 环流形势显示，新疆、青海、甘肃河西走廊一带存在高空西北风急流，风速大于 18 m/s（图略）。08 时 500 hPa，欧亚中高纬度为两槽一脊环流形势，贝加尔湖东南部（115°E，50 °N）有一低压中心，其西南部对应的冷槽底部一直延伸至四川盆地。青海省大部地区受中东高压控制，其东北部处于中东高压东北侧，处于两高之间，存在较强冷平流（图 1）。08 时 700 hPa 形势场与 500 hPa 相似，槽后内蒙古西部、河西走廊至青海湖北部存在较弱冷平流，青海东部地区存在温度为 12℃ 的冷中心，青海湖以东有一明显的气旋性切变（图 2）。在 08 时地面图上，青海东部地区存在明显辐合与 700 hPa 相对应，中低层风场的辐合有利于产生上升运动，触发不稳定能量释放，产生中尺度对流云团。由于午后近地面为晴空，辐射增温加强，14 时地面图上，青海东部大部分地区气温上升到 20 ℃ 以上，有利于大气不稳定能量积聚，东部地区湟源、平安、乐都、民和县等地有很强的负变压（$\Delta P_3 < -2.0$ hPa），说明午后低层辐合加强，上升运动增强。

3.3　探空资料分析

由 30 日 08 时西宁站探空层结资料可知，636 hPa（约 3500 m 左右高度）以下为湿层，相对湿度≥80%，水汽主要集中在近地面层。相应 $T\text{-}\ln P$ 图（图 3）显示该高度以下风随高度顺转，说明低层有暖平流，636 hPa 以上有明显的干空气层，温湿层结曲线形成向上开口的喇叭形状，"上干冷，下暖湿"特征明显，有利于形成热力不稳定条件；对流有效位能（CAPE）较小，为 69.4 J/kg，对流抑制能量（CIN）较大，为 234.3 J/kg，不利于对流发展，若用 14 时温度、露点温度对 08 时探空层结曲线进行订正，其结果表明，CAPE 增加到 1317.5 J/kg，层结不稳定度增强，有利于对流触发。图 3 显示西宁站低空湿层上部存在一个逆温层，这个逆温层阻碍了热量

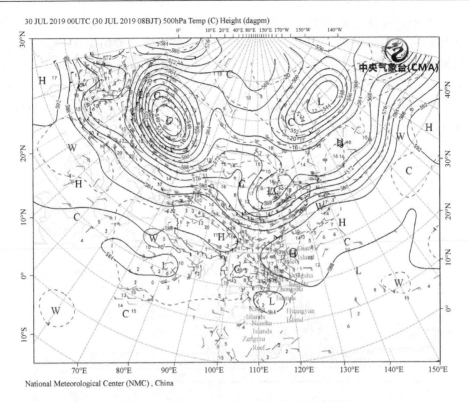

图 1　2019 年 7 月 30 日 08 时 500 hPa 高度图

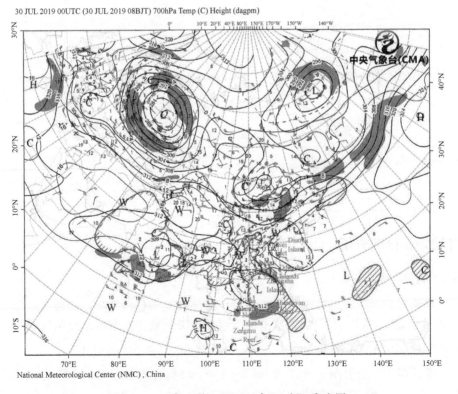

图 2　2019 年 7 月 30 日 08 时 700 hPa 高度图

及水汽的垂直交换,这样一来,使低层变得更暖更湿,高层相对的变得更冷更干,不稳定能量就大量积累起来,一旦逆温层被破坏,低层的能量释放,有利于强对流的发生[22]。与我国华中、华东等地相较,西北高原地区由于下垫面午后加热强烈,层结不稳定在午后会有强烈发展[23]。西宁站 7 月 30 日资料表明,0 ℃层高度在 5000 m,−20 ℃层高度在 8000 m(表 1),为冰雹产生提供了有利环境条件[24];加之对流层低层为东北风,高层为西北风,且高层风速较大,造成风的垂直风切变较大,有利于深厚对流形成。

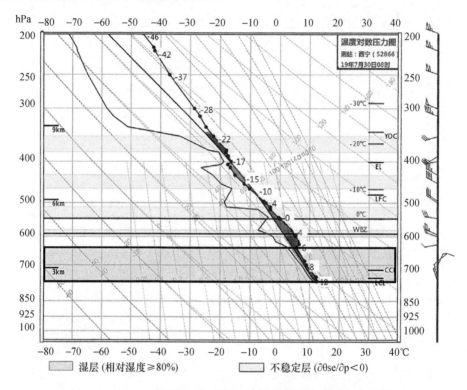

图 3 2019 年 7 月 30 日 08 时西宁站 $T\text{-}\ln P$ 图

表 1 7 月 30 日 08 时、20 时西宁站常用热力对流参数和特征高度

常用对流参数	$\Delta\theta_{se700-500}$(℃)	SI(℃)	LI(℃)	$CAPE$(J/kg)	CIN(J/kg)	$Z0$(m)	Z_{-20}(m)
08 时	7.7	1.47	1.09	69.4	234.3	5177	8242.5
20 时	14.85	−0.76	−2.32	708.5	72.2	5115	8144.7

3.4 环境条件诊断分析

3.4.1 水汽条件

据 EC 模式比湿及相对湿度图显示:7 月 30 日 08 时及 20 时,青海东部地区中低层具有很充沛的水汽含量,且有较厚的湿层,存在有利于强对流天气发生发展的水汽条件。

3.4.2 热力不稳定条件

据 EC 模式假相当位温图显示:7 月 30 日 08 及 20 时,青海省东部农业区其 $\Delta\theta_{se700-500}$ 值为 4～14 ℃。$\Delta\theta_{se700-500}$ 表征湿空气的条件静力稳定度,当 $\Delta\theta_{se700-500} > 0$,表示大气层结不稳定,且

差值越大,越不稳定,表明青海省东部地区已经积累了产生大~暴雨的能量条件。

据 EC 模式 K 指数图显示:7 月 30 日 08 及 20 时,青海东部地区 K 值为 26~34 ℃。K 指数侧重反映对流层中低层的温湿分布对稳定度的影响,K 值越大,越不稳定,当 K>20 ℃时就有出现雷暴的可能。

3.4.3 动力条件分析

从散度及垂直速度图分析,7 月 30 日 08—20 时青海省东部地区高层辐散,低层辐合,300~700 hPa 层有强烈的上升运动。这种抽吸作用有利于加强低层辐合和对流上升运动。

4 雹云发展演变特征

从西宁站雷达反射率因子图显示,7 月 30 日 12 时左右开始,青海东部地区的大通、共和、贵德、互助县等地不断有对流单体生成。13:30 左右开始,大通、互助境内相继有对流云回波不断发展增强且向东南方向移动,并逐渐分别移至湟中、乐都县境内。15:10 左右,移至湟中北部的对流云发展到最强,最强回波达到 55 dBZ,使湟中北部拦隆口镇出现直径约 5 mm 的冰雹。16:30 左右之后,乐都北部与湟中南部的对流云回波开始合并加强,并形成了一条东北—西南走向的带状回波,以 40~50 km/h 的速度向东南方向移动,17 时左右在乐都境内发展到最强,最强回波强度达到 55 dBZ,回波顶高达到 10 km 左右,强对流中心垂直累积液态水含量达 25 kg/m²。造成乐都县的共和、寿乐及蒲台 3 个乡镇发生强降雨天气,且伴随冰雹。17:35 左右,带状回波前部在民和境内有新对流云生成,最强回波强度达到 55 dBZ,回波顶高达到 10 km 左右,强对流中心垂直累积液态水含量为 20 kg/m²。之后,对流云逐渐减弱且继续向东南移,19 时左右完全移出青海省。

7 月 30 日 16:47 西宁站雷达反射率因子图及速度图显示:0.5°仰角时超过 55 dBZ 的高反射率因子其东南部的反射率高梯度区(箭头所指)指向风暴的低层入流缺口(图 4a),在 6.0°仰角时箭头前侧是超过 50 dBZ 的强回波中心,即在低层与入流缺口对应的弱回波区之上有一个强回波悬垂结构(图 4e);2.4°仰角时对应的高反射率因子所在位置,速度图上气旋式旋转的特征清晰可辨(圆圈范围所指)(图 4c,d);在 6.0°仰角的速度图上(图 4f),乐都县共和、寿乐乡顶部的风暴高层辐散特征明显,风暴顶辐散是风暴上层强上升运动的表征。

5 高炮防雹作业典型个例效果分析

7 月 30 日 13—20 时,西宁、海东、黄南及海北等市州有 12 个县申请防雹作业 283 次,受空域限制,批复次数仅为 19 次,批复率为 6.7%,实际作业次数 16 次,作业时间为 13:57—17:48。刚察、湟中、大通及乐都等县遭受不同程度的雹灾。根据实际防雹作业情况,本文选取乐都县及民和县作为个例,对云微观参量及高炮防雹作业和效益进行对比分析。

5.1 乐都县及民和县雹灾及防雹作业情况

乐都、民和位于西宁市东面,两县毗邻。乐都县全县共布设 17 个炮点,7 月 30 日 16:00—17:21 在对流发展旺盛阶段(雹云发展实况见图 5a),共申请作业 51 次,由于空域限制,没有实施防雹作业。这期间共和、寿乐及蒲台 3 个乡镇发生强降雨天气,并伴随冰雹。降雹造成 1955 人受灾,受灾作物面积共计 4420 亩,其中,小麦 1350 亩,马铃薯 2210 亩,油菜籽 860 亩(油菜地受灾实况见图 5b)。

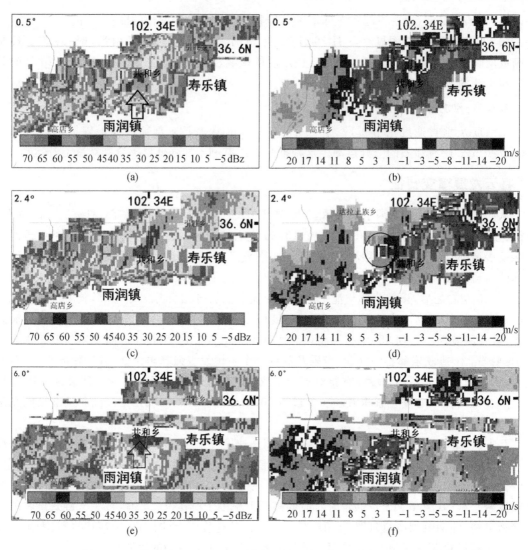

图4　2019年7月30日16:47西宁站不同仰角雷达反射率因子及速度图
(a,b:0.5°;b,d:2.4°;e,f:6.0°)(图中箭头指示同样的地理位置)

图5　乐都2140炮点上空的雹云和乐都共和乡油菜受灾情况

民和县东北部有 7 个炮点,7 月 30 日有对流云发展,移动方向为西北向东南,移速约 30 km/h,从雷达回波上看出,该地区回波有加强的趋势,面积逐渐扩大,有 5 个炮点共申请作业 15 次,17:31—17:48 在对流发展旺盛阶段,共作业 5 次,作业密集,耗弹量 274 发,符合科学防雹作业[25],由于作业及时,没有雹灾。民和炮点布设及作业情况见表 2。

表 2　2019 年 7 月 30 日民和县防雹作业情况

作业地点	炮点代号	经度	纬度	申请及作业时间	作业次数	作业顺序	耗弹量/枚
李二堡镇张家湾	630222133	102°40′15″	36°15′56″	17:31:00—17:32:00	1	1	55
李二堡镇河西沟	630222131	102°37′26″	36°14′29″	17:31:00—17:32:00	1	1	60
马营镇罗家沟	630222132	102°49′50″	36°03′08″	17:35:00—17:36:00	1	2	35
古鄯村尖理	630222130	102°44′28″	36°04′11″	17:37:00—17:38:00	1	3	64
满坪镇东湾村	630222129	102°47′07″	36°02′02″	17:45:00—17:48:00	1	4	60

5.2　云系发展演变分析

利用 CPAS 系统,可以对一定时间一定面积范围内雷达组合反射率(CR)≥30 dBZ、垂直累积液水含量(VIL)≥10 kg/m² 、回波顶高(ET)≥10 km 的面积变化进行统计。

7 月 30 日,乐都县因空域原因未能实施防雹作业,乐都分析范围定为全县(图 6a),分析时段 16:00—18:00;民和县防雹作业的范围为 102°37′—102°50′E,36°16′—36°02′N,由于云系走向为西北向东南,移速约为 30 km/h,民和分析范围定在 102°37′—103°07′E,36°16′—35°59′E (图 6c),分析时段 17:00—18:30。在乐都、民和境内选取面积大小分别为 2734 km²、1246 km² 的两个区域进行对比分析,像元数量分别为 43744 个、19936 个(像元单位面积为 0.0625 km²)。

16 时左右,乐都县境内对流云开始发展,16:59 云系面积达到最大,像元数量达到 34763 个;17:11 雷达组合反射率≥30 dBZ、垂直累积液态水含量≥10 kg/m² 及回波顶高≥10 km 的像元数量达到最大值,其值分别为 11855 个、18504 个、7210 个,为对流云发展最旺盛阶段,随后各参数逐渐下降。17 时左右,对流云系从乐都移至民和,在移动过程中强中心的面积逐渐扩大,云系像元数量持续增长,由 17:00 的 1410 个增涨至 18:22 分的 20496 个,云系覆盖民和县城上空;17:53 回波顶高≥10 km 的数量达到最大值,像元数量为 2223 个;18:04 雷达组合反射率≥30 dBZ、垂直累积液态水含量≥10 kg/m² 的像元数量达到最大值,分别为 5350 个、10727 个(图 7)。

5.3　对比分析

2019 年 7 月 30 日下午民和县防雹作业是在雹云发展的初期进行,尽管不能排除云系自然消亡的可能性,但通过对乐都、民和县雹云发展旺盛时间的组合反射率(≥30 dBZ)、垂直累积液态水含量(≥10 kg/m²)、回波顶高(≥10 km)的数量进行统计分析(图 7),得出:

(1)防雹作业后,明显缩短雹云的生命史,民和县雹云 17:23 开始发展,17:31—17:48 有 5 个炮点共实施 5 次防雹作业,符合防雹的播撒方法[18],18:04 为雹云发展高峰期,18:28 雹云基本消退,从发展—高峰—基本消散过程历时约 1 个小时。乐都县由于空域限制,未能实施防雹作业,雹云 16:00 开始发展,17:11 到达高峰,17:47 雹云消退,雹云从发展—高峰—消退过程历时约 2 个小时,高炮人工防雹作业后雹云生命史比自然雹云生命史短、解体快。

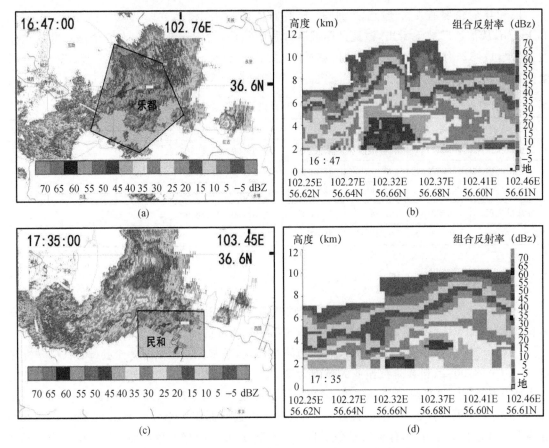

图 6　典型时刻组合反射率(CR)及雷达空间剖面图

(a,c:分别为乐都、民和县组合反射率图;b,d:分别为乐都、民和县雷达空间剖面图;

黑网格为 a、c 图内为选取分析的范围,分别为乐都县、民和县)

(2)防雹作业使雹云的组合反射率(≥30 dBZ)、垂直累积液态水含量(≥10 kg/m²)、回波顶高(≥10 km)下降速率远远大于自然雹云降雹后的最大回波顶高下降速率,且强区迅速消失。这与李连银等[26]研究防雹作业使雹云最大回波顶高的下降速率比自然雹云降雹后的下降速率大的论点基本一致。

6　结论

(1)2019 年 7 月 30 日发生在青海东部的此次强对流天气过程属于高空冷平流强迫类,强对流天气在地面辐合线附近形成,水汽主要集中在近地层。低空湿层上部逆温层有利于不稳定能量积聚,层结不稳定在午后得到强烈发展。

(2)防雹作业科学有效取决于:作业的时机、部位、用弹量等。民和县针对此次强对流天气过程共实施 5 点次防雹作业,很好地把握住:①作业时机:在雹云生成初期和发展阶段,作业时机合理;②作业部位:根据雷达及实施作业炮点位置及方位角估算,实施作业部位选择在多单体强回波中心;③用弹量:20～60 发/次,共实施 4 轮次作业,符合防雹播撒方法——早期识别、早期作业、联网作业。

(3)防雹作业后,雹云的生命史明显缩短,防雹作业使雹云雷达组合反射率(CR)、垂直累

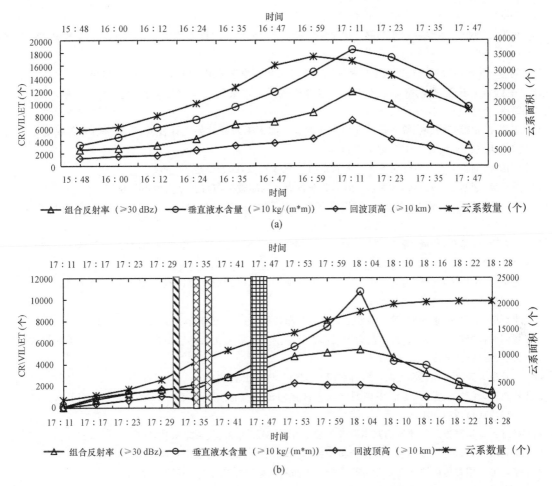

图 7　2019 年 7 月 30 日不同时次 CR/VIL/ET 平均数值及云系面积变化图

（a:乐都县；b:民和县。图 7b 中，斜纹条：作业 2 次，每次 1min；斜格条：作业 1 次，每次 1min；方格条：作业 1 次，每次 3min）

积液态水含量(VIL)及回波顶高(ET)的下降速率比自然雹云降雹后的下降速率大；VIL 和强回波面积的指示效果最明显，防雹作业后催化剂进入云体，和雹胚争抢云中液态水，致使云中微物理过程发生变化，促使 VIL 响应变化。

参考文献

[1] 王柏忠,王广河,高宾永. 人工防雹的农业减灾效应[J]. 自然灾害学报,2009,18(2):27-32.

[2] 赵仕雄,李正贵. 青海高原冰雹的研究[M]. 北京:气象出版社,1991:93-114.

[3] 党积明. 人工增雨和人工防雹[M]. 西宁:青海人民出版社,1995:4-10.

[4] 卿清涛. 成都平原 37 高炮防雹效果的研究[J]. 四川气象,1996(1):48-50.

[5] 夏军,徐太安. 一次高炮消雹作业过程的效果分析[J]. 山东气象,2000(2):45-46.

[6] 秦长学,刘玉超. 北京市高炮防雹效果和经济效益分析[J]. 中国减灾,2001(2):38-43.

[7] 王志新,王飞. 阿克苏地区东部三县近十年防雹效果检验分析[J]. 农村科技,2018(2):56-58.

[8] 张向军. 关于"37"高炮防雹与火箭防雹效果探讨[J]. 农村科技,内蒙古科技与经济,2018(6):50-51.

[9] 董安祥,张强. 中国冰雹研究的新进展和主要科学问题[J]. 干旱气象,2004(3):68-76.

[10] 杨晓玲,丁文魁,谢万银,等. 河西走廊东部冰雹天气分析和初步探讨[J]. 青海气象,2004(人影专刊):

79-82.

[11] 朱平,俞小鼎.青藏高原东北部一次罕见强对流天气的中小尺度系统特征分析[J].高原气象,2019,38(1):1-13.

[12] 刘静.沈阳一次强冰雹天气中尺度特征分析[J].中国农学通报,2019,35(25):139-146..

[13] 马秀梅,王志远,曹晓敏.2012年青海东部两次强降水天气过程对比分析[J].青海气象,2013(1):27-32.

[14] 王黎俊,银燕,郭三刚,等.基于气候变化背景下的人工防雹效果统计检验:以青海省东部农业区为例[J].大气科学学报,2012,35(5):524-532.

[15] 张国庆,刘蓓.青海省冰雹灾害分布特征[J].气象科技,2006(5):558-562.

[16] 林春英,李富刚,马玉岩,金惠瑛.青海省东部农业区冰雹分布特征[J].青海气象,2007(3):16-18.

[17] 陈思蓉,朱伟军,周兵,等.中国雷暴气候分布特征及变化趋势[J].大气科学学报,2009,32(5):703-710.

[18] 李典南,许东蓓,苟尚,等.甘肃中部一次冷锋后高架雷暴天气过程综合诊断[J].干旱气象,2019,37(5):809-816.

[19] 赵文慧,姚展予,贾烁,等.1961—2015年中国地区冰雹持续时间的时空分布特征及影响因子研究[J].大气科学,2019,43(3):539-551.

[20] 李照荣,丁瑞津,董安祥,等.西北地区冰雹分布特征[J].气象科技,2005(2):160-162,166.

[21] 杨昭明,时盛博,段丽君,等.高原东北部春季冷空气次数变化及其诊断分析[J].中国农学通报,2019,35(27):128-136.

[22] 朱乾根.天气学原理和方法(第四版)[M].北京:气象出版社,2007:432-435.

[23] 许东蓓,许爱华,肖玮,等.中国西北四省区强对流天气形势配置及特殊性综合分析[J].高原气象,2015,34(4):973-981.

[24] 孙继松.强对流天气预报的基本原理与技术方法[M].北京:气象出版社,2014.

[25] 王雨增,李凤声,伏传林.人工防雹实用技术[M].北京:北京气象出版社,1994:77-80.

[26] 李连银.用雷达回波参量变化分析高炮人工防雹效果[J].气象,1996(9):27-31.

新疆温宿"5·3"强对流天气演变及防雹指挥作业分析

张　　磊　张继东

（新疆维吾尔自治区阿克苏地区人工影响天气办公室，阿克苏 843000）

摘　要　利用阿克苏 SCRXD-02P 型雷达对 2019 年 5 月 3 日新疆温宿县强对流天气过程进行追踪观测和人工防雹作业指挥分析，根据冰雹云移动发展演变指导防雹作业指挥过程，检验了优化后的防雹作业点布局，为提高监测预警冰雹天气应用水平和指导人工防雹减灾作业提供参考。

关键词　冰雹　防雹作业　优化　布局

1　引言

新疆温宿县地处天山山脉南麓、塔里木盆地北缘，北部天山山区占总面积的 56.67％，地势北高南低，属典型的大陆性气候，农业资源独具优势，形成了以棉花、水稻、苹果、红枣、核桃等的特色多元化农业格局。

由于温宿境内山区、戈壁与绿地等并存的复杂地形特征，加之水稻、鱼塘、林果分布密集，导致冰雹灾害频发、重发，对农业经济造成非常严重的损失。温宿是阿克苏地区西北冰雹天气的第一防线，发展强烈的冰雹云体常常东南移动影响到其下游多个县市。如何在冰雹发展初期或农作物前沿区域及早实施防雹作业[1]，阻断雹云继续向下游移动造成灾害，是防雹减灾工作的重点和难点之一。近年来，阿克苏人影办致力于从及早预警、科学指挥、提早催化作业等方面提高人工防雹作业效果，并根据雹云路径实地勘察优化调整作业点布局，将防线前移，重点路径加强布防，取得了较好的效果。本文利用阿克苏 SCRXD-02P 型雷达资料连续跟踪观测，对 2019 年 5 月 3 日温宿县系统性强对流天气发展演变过程进行跟踪观测和防雹指挥作业过程进行详细分析，在实践中来检验防雹作业点布局优化效果，为提高冰雹天气的预警防雹减灾作业能力提供参考。

2　优化防雹作业点布局

阿克苏人影指挥中心针对温宿近山区地形特征和冰雹移动路径对温宿县防雹作业点布局进行了优化调整，重点为温宿县柯柯牙镇（2261＃～2263＃）、吐木秀克镇（2111＃～2115＃）、恰格拉克乡（2211＃～2213＃）、阿热勒镇（2201＃～2203＃）等位于温宿冰雹前沿区域 4 个乡镇的 14 个流动作业点，将第一道防线尽量前移，设立在雹云来向的戈壁区域，同时利用有限的作业力量对重点雹云路径进一步加强布防，并对装备、车辆、人员进行优化配置，大大增强了温宿防雹作业力量。

3　天气形势及实况

受 500 hPa 中亚低涡影响，涡前短波扰动使低层产生切变辐合，加之近期降水较多，近地层湿度较大,不稳定能量较高,5月3日18—22时,温宿县大部出现强对流天气过程,过程伴有雷电、短时强降水、冰雹等天气现象,暴雨洪涝导致共青团镇、克孜勒镇、古勒阿瓦提乡、恰格拉克乡、阿热勒镇等乡镇的棉花、小麦、玉米,苹果等农作物受灾 4371.4 hm²,经济损失约 1788.31 万元。

4 "5·3"强对流天气演变及人影防雹分析指挥过程

午后,温宿县西北及北部山区上空有对流云体开始发展,14:42,人影指挥中心及早向温宿县人影办下令吐木秀克镇 2111# 派流动车辆进行布防拦截。对流云体在山区上空缓慢移动,至 16:00 左右,云体翻越山脉移速加快向东南移动。16:33,指挥中心命令温宿县派遣 2 辆流动作业车辆前往柯柯牙镇 2262#、2263# 进行布防。16:37,温宿北部云体到达吐木秀克镇 2111# 作业范围,强度 35 dBZ,高度达 6.4 km,强中心处于 4～6 km 高度,为云体的发展孕育阶段,指挥中心立即命令流动作业车辆开始实施防雹作业。

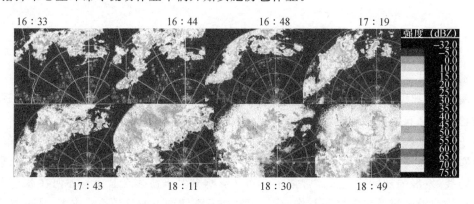

图1　5月3日温宿强对流云体反射率因子产品发展演变(图中点为人影防雹作业)

云体在东南移动过程中,其西南不断有对流单体生成,16:44,这些单体逐渐发展合并,与温宿北部山区上空云体连接成带状结构,带长近 100 km,最强中心位于温宿吐木秀克镇西北部,强度增至 45 dBZ,云体高度超过 8 km,指挥中心命令吐木秀克镇 2111# 流动车辆继续实施防雹作业。经雷达连续观测发现带状云体整体向东南移动,16:48,原强中心的西南部云体又汇合出另一个强度超过 35 dBZ 的强中心,观察垂直剖面 35 dBZ 区域位于 5～7 km 中空,云体将迅速发展增强[2],指挥中心立即命令 2 辆流动车辆赶赴吐木秀克镇 2113# 和恰格拉克乡 2211# 拦截。

17:06,云体移动到 2113# 防区,指挥中心下令 2113# 车辆开始防雹作业,同时 2111# 车辆也在持续作业,指挥中心又命令 1 辆流动作业车前往阿热勒镇 2201# 作业点待命。随着云体东南移动,17:19,带状云体的 2 个强中心还在持续增强,强度达到 43.5 dBZ,强中心呈柱状结构位于云体中上部[3],35 dBZ 高度也超过 8100 m,强中心面积不断扩大。云体继续向东南移动即将影响到恰格拉克乡区域,17:35,指挥中心向恰格拉克乡 2213# 也调遣了一辆流动作业车辆。17:41,柯柯牙镇 2263# 和阿热勒镇 2201# 流动车辆作开始实施防雹作业。云体西南端仍有对流单体不断汇入,导致带状回波的带长不断向西南延伸,17:43,回波带上出现了多个对流泡,35 dBZ 范围逐渐扩大也即将连接贯通。17:57,云体西南强中心逐渐移动至 2201# 流动车辆南部,指挥中心命令 2201# 流动车辆向东南移动以使作业部位更加合适。

18:04,带状回波西南强中心到达阿热勒镇 220 固定作业点防御范围,220 固定作业点开始作业,稍后恰格拉克乡 221 固定作业点也开始实施防雹作业。18:11,带状结构中强中心又开始聚合加强成为强度超过 40 dBZ 的 2 个强中心,云体演变为大范围的层状云体结构中夹杂着强对流单体的絮状混合云体回波,强中心周边作业点在持续实施作业,阿热勒镇作业点出现暴雨。絮状回波不断东南移动,在持续作业下,18:30,云体回波强中心逐渐减弱降至 35 dBZ,同时 35 dBZ 高度也降至 6000 m,强中心主体接地基本处于云体中下部,同时,恰格拉克乡出现大雨夹冰雹。

絮状云体强中心越来越松散,云体继续减弱,18:49,絮状云体中层状云范围扩大,云体移出温宿县防区。

5 结论

(1)此次强对流天气过程由多个对流单体不断辐合合并形成,在移动过程中云体西南不断有新的对流单体并入,逐渐发展为长超过 100 km 的带状回波,持续时间长,影响范围大。天气过程中,温宿县人影办 7 辆流动作业车全部出动,3 个固定作业点、6 辆流动车辆共实施防雹作业炮弹 419 发人雨弹、89 枚火箭弹。

(2)温宿县地处近山区,午后在条件适宜时,山区上空极易形成对流云体,在受环境风东南移动时将影响到下游区域。在防雹作业点布设时,前沿区域作业点尽可能靠近对流云体发生源地,利用流动作业车辆机动灵活性能使防线向山区前移推进。若受交通因素限制流动作业车辆无法在云体初始发展阶段实施作业,即使云体发展成熟时实施防雹作业也可使云体中冰雹及早集中在荒滩降落,不会对农作物造成灾害。

(3)在有对流天气发生时,雷达观测员一定要密切跟踪观测天气,及早发现对流初始回波。在此基础上指挥中心要提早发布预警信息,给流动作业车辆留出较为充裕的时间赶赴相关区域,才能提前拦截雹云,抓住作业时机做到早期催化,提升防雹作业效果。

(4)优化调整后的作业点在此次天气过程中发挥了重要的作用,由于布局合理、作业及时,防雹效果显著,作业过程中及作业后各作业点普遍出现中到大雨,其中阿热勒镇和恰格拉克乡 4 个作业点出现大雨夹 1~2 min 冰雹,冰雹密度小没有成灾,灾情主要由暴雨洪涝造成。

参考文献

[1] 雷雨顺,吴宝俊,吴正华. 冰雹概论[M]. 北京:科学出版社,1978.

[2] 王若升,张彤,樊晓春,等. 甘肃平凉地区冰雹天气的气候特征和雷达回波分析[J]. 干旱气象,2013,31 (2):373-377.

[3] 魏勇,王存亮,杨建成,等. 准噶尔盆地南缘春季一次强冰雹天气的综合分析[J]. 干旱气象,2011,29(1): 55-61.

2010—2016 年博州地区强对流冰雹天气特征分析

柴战山

(新疆维吾尔自治区博州人工影响天气办公室,博乐 833400)

摘　要　对博州地区强对流冰雹天气雷达资料进行了统计分析,初步掌握了博州地区强对流冰雹天气的气候特征,对雹云发生源地、移动路径及时空分布有了进一步了解,对人工防雹作业点的布局和人工消雹科学作业提供了依据。

关键词　冰雹天气　特征　分析

1　引言

博尔塔拉蒙古自治州位于准噶尔盆地西南端,北、西、南三面有阿拉套山、别珍套山、科古尔琴山环绕,东面为艾比湖盆地,从而形成北、西、南三面环山,地势西高东低,博尔塔拉河自西向东贯穿博州,形成自西向东逐渐开阔的喇叭口地形。

由于这种三面环山形成的谷地易于吸收太阳辐射,使地面及贴近地面的空气增温快,极易产生对流天气。

博州年均降水量 200 mm 左右,年均雷暴日数 55 d,最多达 69 d,平均 30% 雷暴云最终形成冰雹云,年均强对流天气 20 天次左右,博州开展人工防雹工作已有 40 年历史,人工防雹工作已成为农牧业生产防灾减灾的重要举措之一。

2　资料来源

根据博州地区 2000—2016 年连续 16 年数字化雷达回波资料,选取了其中 160 次达到人工消雹作业指标的雷达回波资料,结合作业后的实况资料分析了博州地区冰雹云的生成源地,移动路径,移动速度、雹云回波特征及时空分布。

3　强对流冰雹天气气候特征分析

本文所讨论的强对流冰雹天气,是指在雷达观测中,回波强中心强度≥35 dBZ,0 dBZ 回波顶高≥8 km,且 35 dBZ 中心高度≥6 km,回波直径≥5 km 的强对流云。

3.1　冰雹云生成源地

通过对雷达回波资料统计分析,发现博州地区冰雹云生成地主要在河谷、湖区及地形复杂的山区,博州地区冰雹云生成源地主要有 5 处。

第 1 处在博乐市西北偏北方的哈拉吐鲁克山区。

第 2 处在博乐市西北方的米尔其克山区。

第 3 处在博尔塔拉河中上游山区。

第 4 处在博乐市西南偏西方向的鄂克托赛尔河中上游山区。

第 5 处在博乐市西南方向的赛里木湖到三台林场山区。

3.2 冰雹云移动路径

冰雹移动主要有五条路径：

第一条路径(北路)，从哈拉吐鲁克山区形成东南下，经过博乐市小营盘镇北部 241 和 242 炮点、84 团、青德里乡北部，到 89 团。

第二条路径(西北路)，从米尔其克及西北山区形成东南下，经查干屯格乡的 246 炮点和 301 炮点，哈日布呼镇 243 炮点，塔秀乡 244 炮点、87 团、阿热勒托海牧场 240 炮点，由小营盘 242、241 炮点、84 团移出。

第三条路径(中路)，雹云在博河和鄂河中上游形成，经扎勒木特乡、88 团、安格里格乡、呼和托哈种畜场、阿热勒托海牧场、小营盘、84 团、89 团东移。

第四条路径(西南路)，形成于赛里木湖区，由此东移影响阿合奇农场 334 和大河沿子镇 335 炮点、83 团、八家户、芒丁乡。

第五条路径(南路)，形成于赛里木湖到三台林场，沿南山东移，影响托托乡和 91 团。冰雹云源地及移动路径如图 1 所示。

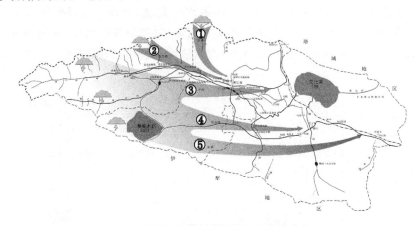

图 1　博州地区冰雹云源地及移动路径

3.3 冰雹云类型

博州地区冰雹云主要有三类：即，复合单体(多单体)冰雹云、超级单体冰雹云和对称单体(弱单体)冰雹云[1]。其中，复合单体冰雹云占 73% 左右，对称单体占 15% 左右，超级单体占 12% 左右，见表 1。

表 1　冰雹云类型

雹云类型	复合单体	超级单体	对称单体	合计
发生次数	118	19	23	160
占比(%)	73	12	15	100

博州绝大多数冰雹灾害产生是由复单体冰雹云造成，复合单体冰雹云强度大，维持时间

长,常常在特殊区域多个单体合并加强,发展旺盛时云顶高度可伸展到 12 km 以上,回波强度可达到 60 dBZ 以上,回波宽度有时可达 30 km 以上,如图 2 所示。

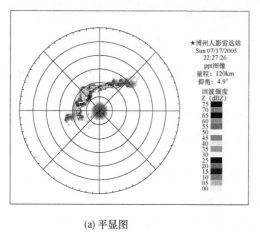 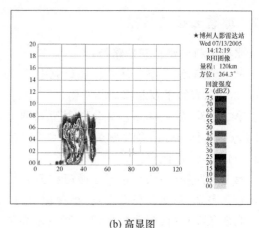

(a) 平显图   (b) 高显图

图 2 复合单体冰雹云回波图

超级单体冰雹云出现的频率较低,但一旦形成极易造成冰雹灾害,超级单体内只含一个单体,云体高耸稳定,云体的垂直高度数倍于云体的水平宽度。同时,超级单体冰雹云有以下明显特征:(1)云体移动前方存在一支有级织的上升气流区(弱回波区);(2)在弱回波区前方有悬垂回波;(3)在回波的中后部有一强回波区,称为回波墙,这里是强降雹区。如图 3 所示。

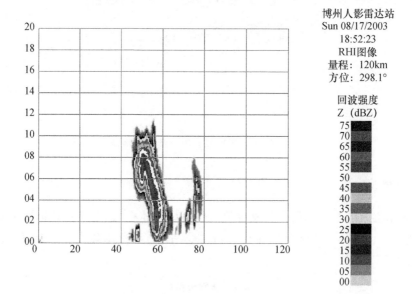

图 3 超级单体冰雹云回波图(高显图)

对称单体(弱单体)冰雹云只有一个孤立的体单,单体强度尺度均较小,一般不会造成大的冰雹灾害。

3.4　冰雹云移动速度

冰雹云移速与下垫面植被情况、地形及天气系统有关,掌握不同类型冰雹云的移动速度对人工防雹作业方案设计及人工防雹作业指挥有重要意义,通过对雷达回波资料(160 次强对流云)统计分析,博州地区强对流冰雹云移速大多为 25～55 km/h。

表 2　冰雹云移动速度统计

移速(km/h)	10～25	25～40	40～55	55～70	合计
次数	12	80	60	8	160
百分比(%)	7.5	50	37.5	5	100

从表 2 可看出:移速在 25～40 km/h 的冰雹云占 50%,移速在 40～55 km/h 的冰雹云占 37.5%,移速在 25～55 km/h 的冰雹云占 87.5%,移速≥60 km/h 的冰雹云所占比例只有 5%。统计发现冰雹云在山区移动慢,移出山区进入平原及谷地移速明显加快。

3.5　冰雹云作业指标

冰雹云指标是经过长期雷达观测资料的积累和实践检验后确定的,冰雹云指标在不同地区、不同季节、不同气候背景都可能有所不同,确定冰雹云指标对人工防雹作业指挥具有重要意义,博州地区冰雹云指标见表 3。

表 3　博州地区冰雹云早期识别作业指标

类型	弱雹云	中等雹云	强雹云	备注
0dBZ 高度(km)	≥8	≥10	≥12	
中心强度(dBZ)	≥35	≥40	≥45	
中心高度(km)	≥5	≥6	≥8	不同季节略有差异,
35dBZ 宽度(km)	≥3	≥5	≥10	并伴有雷暴、闪电特征
负温区/正温区	≥1.2	≥1.5	≥2.0	
RHI 回波特征	柱状结构	柱状结构	回波墙,回波穹窿	
PPI 回波特征	片状块状	V 形缺口,钩状、指状	V 形缺口,钩状,指状	

4　强对流冰雹云发生时空分布

4.1　日分布

通过对 160 次强对流冰雹云统计分析,各时段发生次数见表 4。

表 4　强对流冰雹云发生时间统计

时间	14 时前	14—20 时	20 时后	合计
次数	22	119	19	160
百分比(%)	13.8	74.3	11.9	100

从表 4 可看出 74.3% 的冰雹云发生在 14—20 时,14 时前和 20 时后所占比例只有 20% 左右。

4.2　月分布

博州地区强对流冰雹云主要集中在 6—8 月,冰雹云最早出现在 4 月,最晚出现在 10 月,通过博州地区 160 次强对流冰雹云统计,强冰雹云各月发生次数见表 5。

表 5　强对流冰雹云各月发生次数

时间	5 月	6 月	7 月	8 月	9 月	合计
次数	19	49	54	29	9	160
百分比(%)	12	32	33	18	6	100

从表 5 可看出:6—7 月是博州地区强对流冰雹云发生最集中的时段,6—7 月强对流冰雹云发生次数占全年的 65%,进入 8 月后强对流天气逐渐减少。

4.3　地域分布

从统计分析得出:博州地区冰雹天气西部多于东部,山区多于平原[2],70% 以上冰雹天气发生在地处西部山区的温泉县,地处中部的博乐市次之,地处东部的精河县冰雹天气相对较少。

4.4　有利于强对流冰雹发生的天气条件

强对流冰雹天气大多发生于前期连续多日晴好天气,气温较高,有天气系统入侵时。

有利于博州产生强对流天气的影响系统主要是巴尔喀什湖低槽(涡)和中亚低槽(涡)。在系统性天气入境的前 1~2 天,500 hPa 高空图上里咸海地区为高压脊区,巴尔喀什湖一带为低压槽区,博州位于槽前西南气流中,位于巴尔喀什湖的低槽不断分裂短波东移经常造成博州强对流冰雹天气[3]。

当天 08 时,对流层下层 850—700 hPa 有增温(暖平流),对流层中上层 500 hPa 有降温(冷平流)活动,500 hPa 图上博州上空有 >15 m/s 的急流带,易产生对流冰雹天气。

5　小结

(1)由于博州地区特殊的地理环境,冰雹云移动路线相对比较有规律性,掌握其规律性对提前防范冰雹天气及炮点的合理布局是有利的。

(2)雷达观测中发现,从不同源地、不同路径的冰雹云东移到哈日布呼镇到阿热勒托海牧场一带经常会合并加强,因此,这一带也常常是冰雹和洪水的多发区。

(3)同一源地的冰雹云有两种以上不同移动路径,这可能与当天的高空引导气流有关。

(4)博州西部的赛里木湖海拔高度 2073 m,东部的艾比湖海拔高度 189 m,两湖相距只有 120 km,西高东低落差悬殊,自西方的冷湿空气在东移过程中下沉,迫使地面热空气上升,有利于对流加强。

参考文献

[1] 施文全,等. 新疆昭苏地区冰雹云若干问题的研究[M]. 北京:气象出版社,1989:1-10.

[2] 高子毅,等. 新疆云物理及人工影响天气文集[M]. 北京:气象出版社,1999:85-112.

[3] 张家宝,等. 新疆短期天气预报指导手册[M]. 乌鲁木齐:新疆人民出版社,1986:330-337.

GRAPES_CAMS 模式产品的本地化应用检验

王丽霞[1]　王启花[1]　马有绚[2]　张博越[1]　向亚飞[3]

(1. 青海省人工影响天气办公室,西宁 810001;2. 青海省气候中心,西宁 810001;
3. 青海省大气探测技术保障中心,西宁 810001)

摘　要　本文利用中国气象局人工影响天气中心下发的 GRAPES_CAMS 模式数据,结合青海省的探空资料和地面降水实况资料,开展 GRAPES_CAMS 模式产品中高空气象要素场和典型降水过程降水预报的检验分析,结果表明:GRAPES_CAMS 模式对西宁上空 500 hPa 风速的预报偏低,温度预报偏高,风速、温度预报总体与实况有较好的一致性;GRAPES_CAMS 模式预报的西宁上空 500 hPa 高度的温度、风速与西宁探空站观测的温度、风速之间的相关系数分别达到了 0.85、0.57,模式预报的西宁上空 500 hPa 高度 08 时水汽比含水量与西宁探空站资料计算的水汽比含水量之间的相关性达到了 0.81,且均通过了 0.01 的显著性检验;GRAPES_CAMS 模式对青海地区夏季典型降水过程小雨量级降水的预报可信度较高(TS 评分超过了 80%),中雨量级的预报准确率达到了 34%,模式对中量级以上降水预报的评分很低;GRAPES_CAMS 模式预报的典型降水过程雨带分布特征与实况接近,模式对小于 10 mm 的降水落区预报与实况基本一致;模式对青海东部地区中量级以上降水的强度预报明显偏弱且位置存在偏差,这与降水预报检验的结论一致。

关键词　GRAPES_CAMS 模式　高空气象要素　降水检验

1　引言

　　目前,我国开展人工增雨的规模及范围居世界首位[1]。近年来,数值模式在国内外人工影响天气中广泛应用,并取得了大量的研究成果[2-8],与此同时,国内针对 GRAPES_CAMS 模式开展了大量的研究工作。孙晶等[9]利用 GRAPES_CAMS 模式对我国华北地区 2005 年 8 月的一次暴雨过程开展了模拟试验,结果表明 CAMS 方案模拟出的雨带分布特征与实测相接近,并且对降水演变的模拟也与 GRAPES 模式中其他 3 个比较复杂的微物理方案的模拟结果一致;李静[10]基于 GRAPES 模式并结合地面降水观测资料、MODIS 及 Cloudsat 卫星云产品,开展了 NCEP3、NCEP5、CAMS 三种云方案对降水云系宏观量、云微观量预报影响的对比检验工作,认为 CAMS 云降水方案预报的柱云水含量与监测结果较为一致,CAMS 云方案预报的云水含量与卫星监测结果相对较吻合;孙晶等[11]利用 GRAPES_CAMS 模式对 2014 年 5 月9—12 日一次大范围低涡气旋降水过程的云宏微观结构和降水进行预报,结果显示:模式可预报出雨带的位置和移动趋势,且 24 h 预报雨量的量值、落区和降水时段与实测更接近;李军霞等[12]利用 CAMS 中尺度云参数化模式对山西省春季一次层状降水云系的宏微观结构进行了数值模拟和分析,并利用飞机探测的数据、图像资料与数值模式的模拟结果进行对比分析。

　　目前,国内已将 GRAPES_CAMS 模式用于抗旱增雨、森林草原灭火以及重大社会活动保障(国庆人影保障、G20 活动保障等)等,应用效果显著。由此可以看出,人影业务模式在未来人影工作指导中是不可或缺的,人影模式产品的检验及本地化释用既是提升人影业务能力和科学作业水平的一个重要途径,也是未来人影业务及科研工作发展的必然趋势。加强人工影响天气模式预报产品对各地云降水预报能力的认识,深入了解模式系统在青海高原地区的适用性,提高云降水预报产品的业务释用水平,必须要开展云和降水预报产品的检验工作。通过对模式产品本地化释用,不断改进和完善模式预报,以更好地适应高原地区复杂的天气和云系特征,提高人影模式对判别人工影响天气作业条件的形势场、云宏微观场及降水场等的模拟预报能力。青海属高原地形,天气形势复杂多变,人影模式的研发和模式产品的解释应用对有效开展人影作业至关重要,但针对 GRAPES_CAMS 模式产品在青海高原地区的人影工作中检验的工作比较缺乏,青海省在人影模式的本地化应用及检验方面还有很多的工作可做。

本研究利用国家人影中心下发的 GRAPES_CAMS 模式数据,结合青海省的降水实况资料和探空资料,对 GRAPES_CAMS 模式产品中降水场和高空气象要素场进行检验分析,以掌握 GRAPES_CAMS 模式在青海高原地区的模拟性能,这项工作对于将模式产品更好地应用于青海地区的人工影响天气作业指导有着重要的意义。

2 资料与方法

2.1 资料选取

本文高空气象要素场客观检验的资料选用青海省西宁探空站 2017 年 7—8 月 500 hPa 高度 08 时和 20 时的风速、温度及露点等资料,形势预报场为国家人影中心下发的 GRAPES_CAMS 模式产品中的水平风场、温度场和水汽比含水量;降水客观检验实况资料为青海省 2017 年 5—8 月期间几次典型降水过程中 52 个国家级地面气象观测站的 12 h、24 h 实况降水资料,降水预报场资料是 GRAPES_CAMS 模式产品输出的 12 h、24 h 的累积降水量资料。

2.2 检验方法

为了定量评估 GRAPES_CAMS 模式产品在青海高原地区的适用性,本文通过双线性插值法,将 GRAPES_CAMS 模式输出的格点资料插值到 52 个国家级地面站,给出相应站点的风场、温度场及降水场等的预报结果。

(1)高空气象要素场预报检验

本文选取平均绝对误差、平均相对误差和相关系数 3 个常用的统计量对 GRAPES_CAMS 模式预报的风场、温度场等进行统计检验。下面给出这 3 个统计量的计算方法:

$$MAE = \frac{1}{N} \sum_{i=1}^{N} |P_i - O_i|$$

$$MAPE = \frac{1}{N} \sum_{i=1}^{N} (|P_i - O_i| / |O_i|)$$

$$R = \frac{\sum_{i=1}^{N} (P_i - \bar{P})(O_i - \bar{O})}{\sqrt{\sum_{i=1}^{N} (P_i - \bar{P})^2} \times \sqrt{\sum_{i=1}^{N} (O_i - \bar{O})^2}}$$

式中,P_i 为第 i 站(次)的预报值,O_i 为第 i 站(次)的观测值,$\bar{P}$ 为模拟的平均值,$\bar{O}$ 为观测的平均值,N 为数据序列的长度。

(2)降水预报检验

降水预报检验参考"中短期天气预报质量检验办法(试行)"中对降水分级检验和累加降水量级检验的方法,结合降水实况资料,分量级计算 GRAPES_CAMS 模式降水预报的 TS 评分、空报率及漏报率。

$$TS 评分:TS_k = \frac{NA_k}{NA_k + NB_k + NC_k} \times 100\%$$

$$漏报率:PO_k = \frac{NC_k}{NA_k + NC_k} \times 100\%$$

$$空报率:FAR_k = \frac{NB_k}{NA_k + NB_k} \times 100\%$$

式中,NA_k 为预报正确站(次)数,NB_k 为空报站(次)数,NC_k 为漏报站(次)数,见表1。

表 1 降水预报检验分类变量含义(单位:次)

实况	预报	
	有	无
有	NA_k	NC_k
无	NB_k	—

3 高空气象要素场检验

本文利用 2017 年 7—8 月西宁探空站 500 hPa 的风速、温度、露点温度等气象要素资料,对 GRAPES_CAMS 模式产品中 500 hPa 的水平风速、温度场、水汽比含水量进行统计检验分析。

图 1 和图 2 分别为 08 时和 20 时西宁探空站观测的 500 hPa 风速、温度与模式预报的风速、温度的对比图。

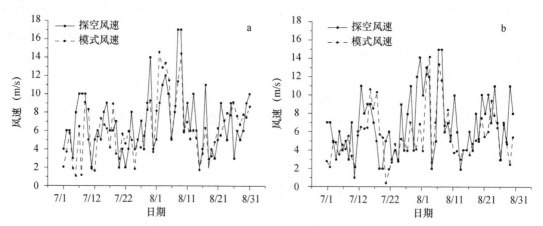

图 1 探空观测的 500 hPa 风速与模式预报的 500 hPa 风速对比图

(a)08 时;(b)20 时

根据图 1 可知:模式预报的西宁上空 08 时 500 hPa 高度的风速与探空资料观测的风速吻合较好,20 时的预报偏差相对较大;无论是 08 时还是 20 时,GRAPES_CAMS 模式预报的风速比观测的风速总体偏低。

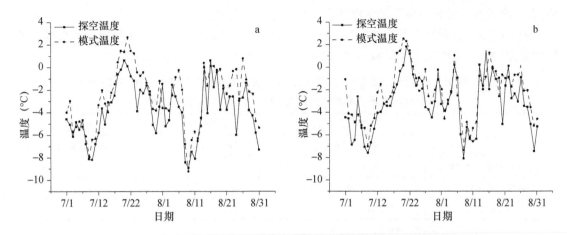

图 2　探空观测的 500hPa 温度与模式预报的 500 hPa 温度对比图

(a)08 时;(b)20 时

　　根据图 2 可知:模式预报的西宁上空 08 时 500 hPa 高度的温度与探空资料观测的温度吻合较好;GRAPES_CAMS 模式预报的 500 hPa 温度比西宁探空站观测的 500 hPa 温度总体略高。

　　为了将 GRAPES_CAMS 模式产品高空气象要素场中的水汽比含水量 q_v 与实况资料进行对比检验,本研究根据西宁探空站 500 hPa 的温度(露点温度)资料,利用 Tetens 经验公式[13](1)计算西宁上空 500 hPa 的水汽压 e,再根据(2)计算对应的比湿 q,其中,e 为水汽压,T_d 为露点温度(单位:K),q 为比湿(单位:g/g),$\varepsilon=0.622$。

$$e=6.1078\exp\left[\frac{17.2693882(T_d-273.16)}{T_d-35.86}\right] \tag{1}$$

$$q=\frac{\varepsilon e}{p-0.378e} \tag{2}$$

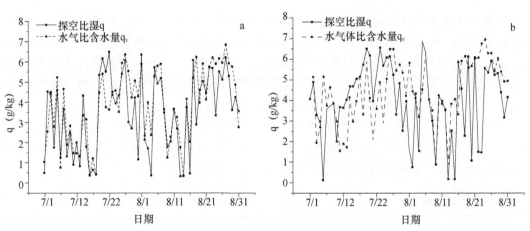

图 3　探空资料计算的饱和比湿与模式预报水汽比含水量对比图

(a)08 时;(b)20 时

　　由图 3 可知,GRAPES_CAMS 模式预报 08 时的 500 hPa 水汽比含水量与探空资料计算的水汽混合比较吻合;20 时水汽比含水量的预报效果较差,有个别日期数值出现了量级上的差别,下面的统计分析是剔除了水汽比含水量预报的异常值后的结果。

表 2 和表 3 分别给出了 08 时和 20 时探空观测(计算)的温度、风速、水汽混合比与模式预报的温度、风速、水汽比含水量间的平均绝对误差、平均相对误差和相关系数。

表 2 08 时探空观测/计算的温度、风速、水汽比含水量与模式预报的温度、风速、水汽比含水量间的平均绝对误差、平均相对误差和相关系数

统计参量	气象参量		
	温度(℃)	风速(m/s)	水汽比含水量(g/kg)
平均绝对误差 MAE	1.44	2.18	0.91
平均相对误差 MAPE	1.04	0.36	0.57
相关系数 R	0.87**	0.64**	0.81**

注 **:通过显著性水平检验 $\alpha \approx 0.01$ (2-tailed)。

由表 2 可知:GRAPES_CAMS 模式预报的 08 时西宁上空 500 hPa 高度温度平均绝对误差为 1.44 ℃,风速平均绝对误差 2.18 m/s,水汽比含水量平均绝对误差 0.91 g/kg;模式预报的温度、风速以及水汽混合比与西宁探空站观测/计算的温度、风速以及水汽比含水量之间的相关系数分别为 0.87、0.64 和 0.81,且均通过了 $\alpha \approx 0.01$ 的显著性水平检验。

表 3 20 时探空观测/计算的温度、风速、水汽比含水量与模式预报的温度、风速、水汽比含水量间的平均绝对误差、平均相对误差和相关系数

统计参量	气象参量		
	温度(℃)	风速(m/s)	水汽比含水量(g/kg)
平均绝对误差 MAE	1.27	2.42	1.38
平均相对误差 MAPE	0.97	0.39	0.58
相关系数 R	0.85**	0.57**	0.32*

注 *:通过显著性水平检验 $\alpha \approx 0.05$。**:通过显著性水平检验 $\alpha \approx 0.01$。

由表 3 可知:GRAPES_CAMS 模式预报的 20 时西宁上空 500 hPa 高度的温度平均绝对误差为 1.27 ℃,风速平均绝对误差 2.42 m/s,水汽比含水量平均绝对误差 1.38 g/kg;模式预报的温度、风速以及水汽混合比与西宁探空站观测/计算的温度、风速,以及水汽比含水量之间的相关系数分别为 0.85、0.57 和 0.32,温度和风速的预报均通过了 $\alpha \approx 0.01$ 的显著性水平检验,水汽比含水量的预报通过了 $\alpha \approx 0.05$ 的显著性水平检验。

总体而言,GRAPES_CAMS 模式对西宁上空 500 hPa 高度的温度和风速的预报与探空资料观测的结果较符合;水汽比含水量的预报 08 时与实况接近,20 时误差相对较大;模式对温度、风速和水汽比含水量的预报结果 08 时均优于 20 时。

4 降水预报检验

4.1 典型降水个例 TS 评分检验

为了检验 GRAPES_CAMS 模式产品对青海高原地区不同的模拟积分时间、不同降水量级的模拟效果,本文结合实况降水资料,对模式输出的 12 小时和 24 小时的降水量分小、中、大三种降水量级进行检验。

表 4 和表 5 分别列出了 GRAPES_CAMS 模式对 2017 年 5—8 月全省 52 个地面站 12 h、24 h 累计降水量出现大雨量级的几个典型降水过程预报的 TS 评分、空报率、漏报率。

表 4 实况与 GRAPE_CAMS 预报的 12 h 累积降水量级检验

统计参数	降水量		
	小雨(0.1~4.9 mm)	中雨(5.0~14.9 mm)	大雨(15.0~29.9 mm)
TS 评分(%)	82	34	0
空报率(%)	18	0	0
漏报率(%)	0	66	100

表 5 实况与 GRAPE_CAMS 预报的 24 h 累积降水量级检验

统计参数	降水量		
	小雨(0.1~9.9 mm)	中雨(10.0~24.9 mm)	大雨(25.0~49.9 mm)
TS 评分(%)	83	36	0
空报率(%)	17	4	0
漏报率(%)	0	64	100

由表 4 和表 5 分析可知:GRAPES_CAMS 模式对青海地区小雨量级降水的预报可信度较高(TS 评分超过了 80%),中雨量级的预报准确率达到了 34%,模式对中量级以上降水预报的评分为 0。

4.2 典型降水过程降水落区预报分析

本节选取 2017 年 7 月 26 日和 8 月 27 日两个降水过程,定性分析 GRAPES_CAMS 模式对青海高原地区典型降水过程 12 h、24 h 降水落区、降水强度预报与地面降水实况的一致性。

图 4 和图 5 分别是 7 月 26 日和 8 月 27 日降水过程 12 h、24 h 的 GRAPES_CAMS 模式降水预报与地面降水实况分布。

由图 4 分析可知:

(1)7 月 26 日 08—20 时:模式对小于 10 mm 的降水落区预报与实况基本一致;GRAPES_CAMS 模式对海西大部、海北北部和东部农业区局部的降水报得明显偏低;实况在海南州出现了大于 25 mm 的降水,而模式预报没有体现这一信息。

(2)7 月 26 日 08 时—27 日 08 时:GRAPES_CAMS 模式预报的雨带分布特征与实况接近,对小于 10 mm 的降水落区预报与实况基本一致;模式对海西大部、海北大部和东部农业区大部的降水强度预报整体明显偏弱,尤其是对在东南部地区多地出现的大于 25 mm 的降水预报明显偏弱,且强降水出现的位置存在一定偏差;对玉树南部地区大于 10 mm 的降水范围预报较大。

由图 5 分析可知:

(1)8 月 27 日 08—20 时:降水实况显示除海西西部个别地区无降水外,全省范围内均出现了降水,模式预报结果与实况基本吻合;实况在果洛州东南部、黄南南部有小范围大于 10 mm 的降水出现,模式预报也体现了该信息,但模式预报的大于 10 mm 的降水范围略大。

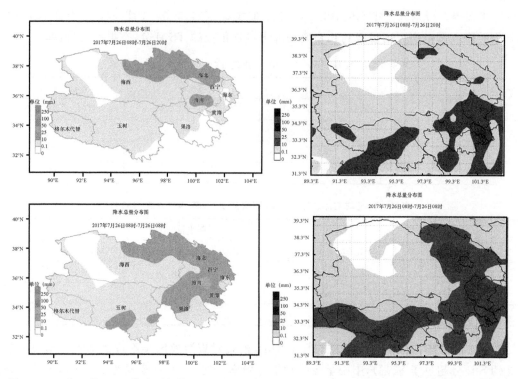

图4 2017年7月26日模式预报的12 h(08—20时)和24 h(08—08时)降水与地面降水实况分布图
(左:地面降水实况;右:模式预报降水)

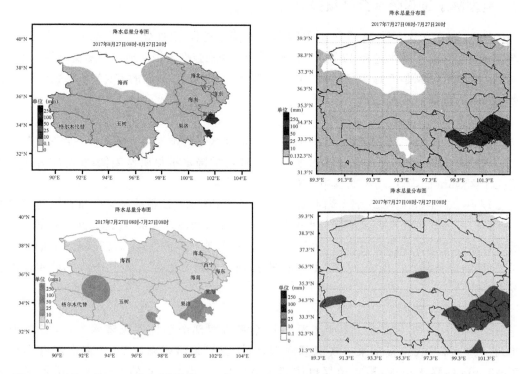

图5 2017年8月27日模式预报的12 h(08—20时)和24 h(08—08时)降水与地面降水实况分布图
(左:地面降水实况;右:模式预报降水)

(2)8 月 27 日 08 时—28 日 08 时,GRAPES_CAMS 模式对小于 10 mm 的降水落区预报与实况吻合较好;模式对东部地区尤其是对黄南地区出现的大范围大于 25 mm 的降水报的明显偏低,且降水出现的位置存在偏差。

综上,通过对以上两个降水过程模式预报与实况降水分布对比分析表明:GRAPES_CAMS 模式预报的雨带分布特征与实况接近,模式对小于 10 mm 的降水落区预报与实况基本一致;模式对青海东部地区中量级以上降水的强度预报明显偏弱且位置存在偏差,这与降水预报检验的结论一致。

5 结果与讨论

5.1 主要结论

本文利用中国气象局人工影响天气中心下发的 GRAPES_CAMS 模式数据,结合青海省的探空资料和地面降水实况资料,开展 GRAPES_CAMS 模式产品中高空气象要素场和典型降水过程降水预报场的检验分析工作,初步了解 GRAPES_CAMS 模式对青海高原地区高空气象要素场和云降水场的模拟性能,以便将模式产品更好地应用于青海的人工影响天气作业指导,为人影科学作业提供技术支撑。主要结论如下:

(1)GRAPES_CAMS 模式对西宁上空 500 hPa 风速的预报偏低,温度预报偏高,风速、温度预报总体与实况有较好的一致性。GRAPES_CAMS 模式预报的西宁上空 500 hPa 高度的温度、风速与西宁探空站观测的温度、风速之间的相关系数分别达到了 0.85、0.57,且均通过了 0.01 的显著性水平检验。

(2)GRAPES_CAMS 模式预报的西宁上空 500 hPa 高度 08 时水汽比含水量与西宁探空站资料计算的水汽比含水量之间的相关性达到了 0.81,且通过了 0.01 的显著性水平检验,但模式对 20 时水汽比含水量的预报结果较差(相关系数为 0.32,通过了 0.05 的显著性水平检验)。

(3)典型降水过程降水 TS 评分的结果显示:GRAPES_CAMS 模式对青海地区夏季典型降水过程小雨量级降水预报可信度较高(TS 评分超过了 80%),中雨量级的预报准确率达到了 34%,模式对中量级以上降水预报的评分很低。

(4)GRAPES_CAMS 模式预报的典型降水过程雨带分布特征与实况接近,模式对小于 10 mm 的降水落区预报与实况基本一致;模式对青海东部地区中量级以上降水的强度预报明显偏弱且位置存在偏差,这与降水预报检验的结论一致。

5.2 讨论及建议

由于青海地区降水大多发生在夏季,本次研究采用的是青海地区 5~8 月的数据,对模式模拟结果检验所得结论仅为夏季时的情形,其他季节的结果应另外讨论;考虑到不同降水量级检验,可选的典型降水过程个例有限,分析存在一定的局限性。

由于青海地区 24 h 降水达到大雨量级的降水过程比较有限,为了对 GRAPES_CAMS 模式预报的降水分量级(小雨、中雨、大雨)检验,本研究选取了典型的降水个例进行降水预报定量检验,所得结论也适用于典型降水过程,不具备普适性,建议进一步开展 GRAPES_CAMS 模式对晴雨及降水强度的检验工作。

参考文献

[1] 张良,王式功,尚可政,等. 中国人工增雨研究进展[J]. 干旱气象,2006,24(4):73-81.

[2] 陈小敏,邹倩. AgI播撒在一次飞机增雨过程中的数值模拟分析[C]//全国云降水与人工影响天气科学会议,2014.

[3] 巴特尔,单久涛,巩迪. 呼和浩特强对流天气的数值模拟分析[J]. 自然灾害学报,2007,16(2):46-50.

[4] 汪宏宇,刘万军. 人工增雨催化剂扩散数值模拟[J]. 气象与环境学报,1997,13(2):31-32.

[5] 赵震,雷恒池. 西北地区一次层状云降水云物理结构和云微物理过程的数值模拟研究[J]. 大气科学,2008,32(2):323-334.

[6] 冯桂力,陈文选. 一次冰雹过程人工催化的数值模拟试验[C]//中科院大气物理所两岸青年大气科学学术研讨会,1998.

[7] 陈钰文,王佳,商兆堂,等. 一次人工增雨作业效果的中尺度数值模拟[J]. 气象科学,2011,31(5):613-620.

[8] 李德俊,陈宝君. 云微物理过程对强对流风暴的影响之数值模拟研究[J]. 气象科学,2008,28(3):264-270.

[9] 孙晶,楼小凤,胡志晋,等. CAMS复杂云微物理方案与GRAPES模式耦合的数值试验[J]. 应用气象学报,2008,19(3):315-325.

[10] 李静. CAMS云方案和NCEP云方案在GRAPES区域模式中的检验和对比[D]. 北京:中国气象科学研究院,2009.

[11] 孙晶,史月琴,蔡兆鑫,等. 一次低涡气旋云系宏微观结构和降水预报的检验[J]. 干旱气象,2017,35(2):275-290.

[12] 李军霞,李培仁,陶玥,等. 山西春季层状云系数值模拟及与飞机探测对比[J]. 应用气象学报,2014(1):22-32.

[13] 盛裴轩,毛节泰. 大气物理学[M]. 北京:北京大学出版社,2003.

基于智能网格一张图模式开展陇南市内涝预报和人影作业指挥初探

冯 军[1] 樊 明[1] 奚立宗[2] 魏邦宪[1]

(1. 甘肃省陇南市气象局,武都 746000;2. 甘肃省气象局,兰州 730020)

摘 要 由国家气象中心推出的智能网格预报一张图模式提供了丰富的预报产品,其提供了 1～10 d 晴雨、最高、最低气温的逐 3 h 预报,晴雨预报的准确率达到 87%;逐 3 h 降水预报,还能显示降水强度的大小和累积雨量的多少,使用者从第 10 d 开始有降水的时间开始关注天气过程到 24 h 内的临近预报,对于人工影响天气作业,有了强有力的依据,本文从几次天气过程的开始到结束,介绍使用智能网格预报产品分析天气变化趋势、订正雨量及应用于人工影响天气作业的经验,供大家借鉴。

关键词 智能网格预报模式 内涝过程预报 人影作业指挥

1 引言

人影作业指挥系统最主要的是天气系统和降水多少的判别、降雨时间的确定和降水持续时间长短,其中最主要的就是降水的多少,降水的多少决定因素是天气系统的强弱和在本地的滞留时间的多少,对这个问题,朱乾根等[1]提出了降水的三个条件以及大型降水天气过程及对流性降水的原理和方法,这种方法理论沿用了几十年,对气象台站判断降水起了很大的作用,这个包含了暴雨和系统性的降水,特别强的降水导致了城市内涝和山洪地质灾害;对降雨时间的确定上,近年来建立的多普勒天气雷达起到了很好的作用,俞小鼎等[2]介绍了多普勒天气雷达的图像识别和对流风暴的回波特征;福布斯等[3]介绍了卫星与雷达图像在天气预报中的应用,卫星云图和雷达图像这两种工具很好描述了天气系统的降雨的特征和强度,但对定量降水的估计显得太粗糙,我们知道有天气系统过境,有时黑云压顶,但对降水的估计不是很明确,经过多年数值预报的计算,在 2017 年下半年,中国气象局国家气象中心推出了智能网格模式预报产品一张图来确定降雨的时间和降雨的多少,其提供的 1～10 d 晴雨、最高、最低气温的逐 3 h 预报,晴雨预报的准确率达到 87%;逐 3 h 降水预报还能显示降水强度的大小和累积雨量的多少,利用它,我们也可以做城市内涝的预报,使用者从第 10 d 开始有降水的时间开始天气过程关注到 24 h 内的临近预报的累积雨量,到人工影响天气作业,有了强有力的依据。但它有一定的不足需要预报员订正,下面就探讨这个问题。

1.1 智能网格点的一张网降水数据的特点

根据甘肃省气象局的要求,全省开展智能网格点预报是从 2018 年 1 月开始,因 MICAPS4.0 系统的培训,软件的安装调试,陇南市局是 2018 年 5 月正式投入使用智能网格点预报,经过一年的数据对比观察,降雨过程的历时使用,得出这样的结论:一是晴雨预报效果好,大凡降雨过程,只要预报有降水,基本上都有。据智能网格点预报制作中心主要负责人,国家气象中心副主任金荣花介绍,智能网格点预报晴雨预报准确率达87%,因此,此系统提供的晴雨预报完全可用。二是降雨的量级小,时间错位,必须订正。无论降雨过程多大,它的预报数值都偏小,以2018年7月10日的过程为例,如图1所示。

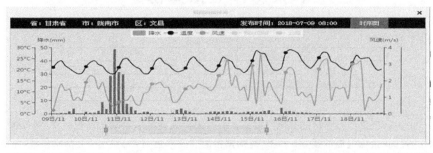

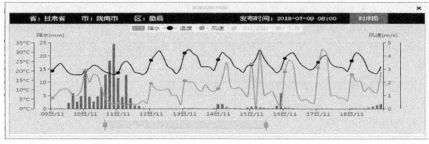

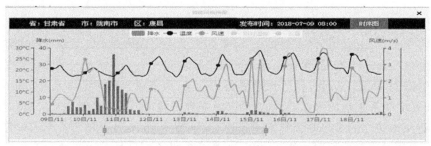

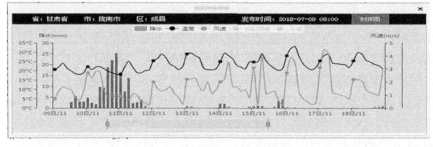

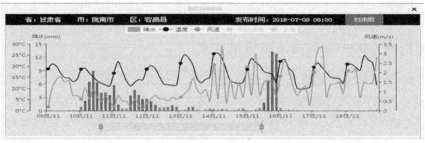

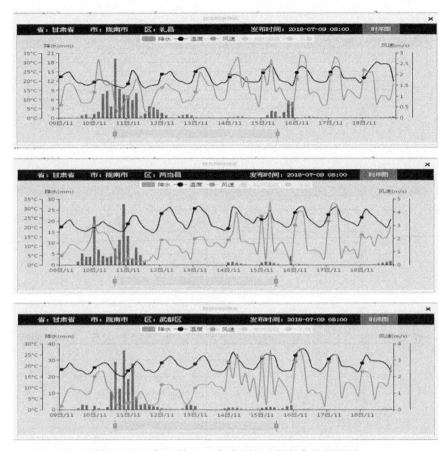

图 1　2018 年 7 月 10 日智能网格点预报各县预报图

从本次预报可以看出(图 1),降水主要预报在 10 日夜间到 11 日白天,各县都如此,最大降水文县碧口镇的降水预报为 160 mm,但实况 269.5 mm,相差 100 mm 左右,明显偏小。

2018 年 6 月 24—26 日的另外一场大降水过程如图 2 所示。

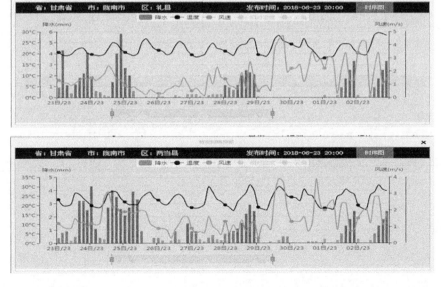

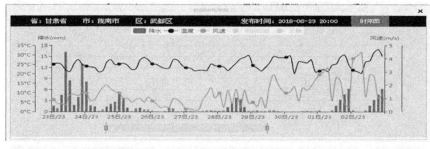

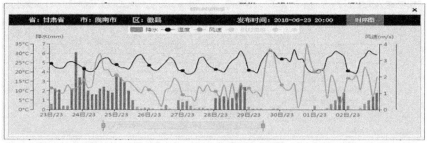

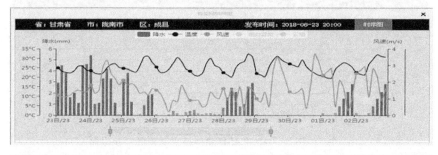

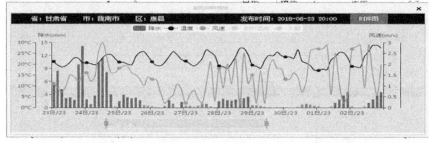

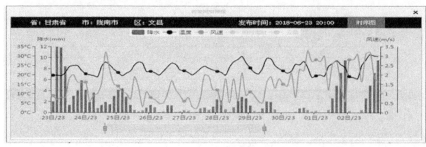

图2　2018年6月23日智能网格点预报各县预报图

从图 2 可以看出,本次降水,峰值在 6 月 23 日,对 24 日、25 日的降水趋势基本报出,但对 26 日的预报,降水也有,就是量级太小,在 1~10 d 的预报中,对 6 月 29 日、7 月 2 日的降水过程,两次预报也基本报出,但量级都比较小。

2 陇南市区降水特点

2.1 陇南市区暴雨降水量较小

在 2010 年以前,区域站少,只要城区附近的乡镇有部分雨量点,2011 年开始增设新的雨量点,到 2012 年大部分乡镇都有雨量点,根据 2012 年到 2018 年 9 月期间,400 多场降雨分布分析,陇南的东南部雨量偏大,白龙江沿岸到陇南北部雨量偏小,其中以武都、康县、文县南部雨量最大,日降水量大于 100 mm 的实况几乎每年都有,而武都城区最大雨量是 2018 年 8 月 7 日暴雨,为 78 mm,文县城区最大雨量 51.5 mm,两者相差甚大,暴雨分布图如下。

2.2 发生城市内涝时有全市性的大降水

表 1 是 2015 年 7 月 21 日下午陇南市区发生城市内涝时武都区站点的降水,最大降水点在城关镇清水沟背后的五凤山,和旧城山气象局雨量点直线距离 5 km,降水相差 30 mm,和吉石坝新区相差 40 mm,和东江新区相差 60 mm,而市内最大降水徽县虞关降水 90.3 mm,其他各县也都有 30~60 mm 不同程度的降水。也就是说,发生城市内涝时全市有降水,量级较大。

表 1 2015 年 7 月 21 日陇南市区发生城市内涝时武都区站点的降水

地点	降水量(mm)	地点	降水量(mm)	地点	降水量(mm)
五凤山	68.6	裕河	53.9	尹家湾	51.1
固水子	49.8	民族村	9.6	官堆花椒园	41.8
武都	38.6	四合	8.8	五库	36.6
小湾	32.2	佛崖	7.1	马家坝	28.4
吉石坝村	28.1	角弓	5.3	月照	25.1
城郊	21.3	鱼龙	9.5	洛塘	17.8
植物园	17.7	驼子湾	7.6	蒲池	14.7
水沟梁	14.4	东江	6.2	佛堂沟橄榄园	13.3
池坝	13.3	大岸庙	5.1	外纳	12.8
马营	11.6			五马	10.0

注:大岸庙因降水冲毁涵洞可能数值有误。

2.3 市内有暴雨点,发生不同程度的内涝

表 2 是 2018 年 6 月 29 日 20 时至 30 日 2 时陇南市区降水情况表,东江新区降水 43.7 mm,因雨强较大,山洪夹杂着泥石流从新区气象局伴的泥石流沟,进入“5·12”公园,形成城市内涝,老城区和钟楼滩也有不同程度的内涝,此次降水,除武都崔家梁有暴雨点外,徽县、两当也都有暴雨点,这也说明,市内有暴雨降雨点,市区有不同程度的内涝。

表 2　武都区 2018 年 6 月 29 日 20 时至 30 日 2 时降水情况表

地点	降水量(mm)	地点	降水量(mm)	地点	降水量(mm)
崔家梁	56.9	渭子沟	49.4	武都	47.4
殿沟	46.5	东江	43.7	吉石坝村	43.0
民族村	39.1	石门	38.2	植物园	37.6
腰道	36.8	城郊	35.3	马街	33.4
蒲池	33.2	走马坪	31.8	角弓	30.8
牙里	30.6	汉林	27.3	外纳	25.4
尹家湾	25.1	刘家山	24.9	五凤山	21.4
四合	18.7	湾里	18.5	佛堂沟橄榄园	13.0
龙凤	12.5	马家坝	12.4	马营	12.0
文家沟	11.3	安化	8.0	三河	6.2

2.4　市内单独武都市区出现暴雨点引起内涝的降雨是没有的

通过彻查 2012—2018 年全部降水场次表明,单独武都城区内出现暴雨导致内涝而其他各县不降雨的过程是没有的,陇南市区是市内较小降雨点,当市区出现内涝时,其他地方已经有了很大的降水。原因有三:一是天气系统经过白龙江时,因江面温度低,天气系统的低层能力减弱,天气现象剧烈程度减弱造成武都市区降水少和雨强弱;二是从北方礼县、宕昌南下的天气系统经过礼县、宕昌境内降水后,系统已经减弱,最强风头已经过去,所以雨量不大;三是从南部碧口、中庙北上的暖湿气流经过碧口中庙的强降水后,大量水汽已经转换为雨水,势力减弱,市区雨量小。

2.5　大降水的概率小,但依然有风险

市区历史上最大降水是 1984 年 8 月 3 日和 2017 年 8 月 7 日降水,分别是 76 mm 和 78 mm,北部宕昌 2000 年 5 月 31 日,降水最大为 220 mm,礼县龙林最大降水是 215 mm,东部成县黄渚最大降水是 266.7 mm,康县阳坝最大降水是 266.7 mm,南部武都裕河、碧口、中庙一带最大降水是 269.5 mm。在 2018 年 8 月 7 日降水中武都的五凤山最大降水是 122.5 mm,因地形的复杂性造就了山区如此的降水分布,万一哪天有大于 150 mm 的降水落在武都城区,内涝程度一定是淹没。

3　利用智能网格点预报产品做城市内涝预报订正方案

将全市区域站站点信息(经纬度)导入 MICAPS4.0 系统,读取该站点智能网格预报产品相应位置 1～10 d 的降水预报信息,输出该 Word 文档或 Excel 表,因雨量较小需订正相应的数值,采取如下方法。

(1)将 MICAPS4.0 系统指导预报全市 9 县中 1～7 d 的降水量预报值和智能网格产品预报值相加,所得的数值为城市内涝预报量,导出各县相应信息点 Word 文档或 Excel 表,所得数值为城市内涝雨量预报量 R2。

(2)用集合预报产品中全市 9 县中 1～7 d 雨量预报值和智能网格产品的 R 相加,导出各

县相应信息点 Word 文档或 Excel 表,所得数值为城市内涝雨量预报量 R2。

(3)用 Graps 数值预报产品的降水量预报中格点产品相应信息点的雨量值和智能网格产品相加,导出各县相应信息点 Word 文档或 Excel 表,所得数值为城市内涝雨量预报量 R3。

(4)用 ECMWF-thin 的降水量中格点产品相应信息的雨量和智能网格产品相加,导出各县相应信息点 Word 文档或 Excel 表,所得数值为城市内涝雨量预报量 R4。

用以上 R1,R2,R3,R4 对武都点 1~7 d 预报中大于 35 mm 的点,在哪天出现,如有则初步确定在哪天有城市内涝;或者其他县 1~7 d 内相应的日期有大于 50 mm 的雨量点,则确定在哪天陇南市区有城市内涝;否则没有。在软件平台上,则使用翻页的形式。

4 城市内涝的预警和人影作业时间

根据以上分析,预警有两种类型,第一根据雨量的预报提前发布暴雨和内涝不同类型的预警信号,第二是根据实际雨量达到的值发布预警,第一类比较主动,有充足的时间确定预警的提前量,根据预报的雨量和降雨开始结束的时间和市委市政府提出的提前 3 h 的预警提前量发布预警信号。前面已经做了详细的讨论的计算,这里不再重复,下面着重讨论第二种情况,利用实况值来发布预警信号,这种情况比较被动,对抢险救灾基本上是没有时间的,但在预报失败的情况下,是应急时常常用到的,发布预警的时间亦即人影作业时间的确定,对强对流天气而言,是消雹作业,对大降水而言是消雨的作业,对干旱而言是增雨的作业。

4.1 利用组合反射率因子

组合反射率因子是描述雷达强度的物理量,对城市内涝预报而言,主要是回波强度的移动方向,根据历年来的个例统计表明,雷达组合反射率因子影响因子主要有三种类型。

第一是由西北(宕昌)东移南下影响武都城区造成内涝的(图 3)。2018 年 6 月 6 日强对流天气:过程开始时切变线回波在东移南压的过程中逐渐增强变厚,面积增大,发展成"弓"状回波影响陇南市区,形成部分内涝。

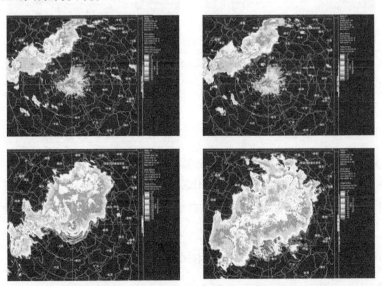

图 3 造成武都城区内涝的第一种雷达组合反射率因子类型

第二种是由北部(礼县、西和)南下影响武都城区造成内涝的(图 4)。2018 年 6 月 10 日强对流天气:14:30 在礼县由一个强回波点发展成面,逐渐南压到陇南市区,成为一个强回波带,造成城市内涝。

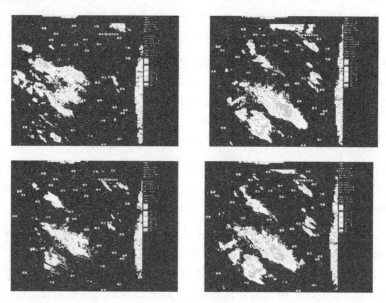

图 4　造成武都城区内涝的第二种雷达组合反射率因子类型

第三种是由南部的(文县中庙、碧口)北上造成的(图 5)。2018 年 7 月 10 日暴雨天气过程:暴雨过程的开始是由暖区文县碧口、中庙一带的较强回波引发降水开始,逐渐北上在陇南东南部和武都城区引发强降水,引起白龙江暴涨导致城市内涝。

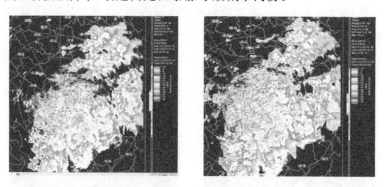

图 5　造成武都城区内涝的第三种雷达组合反射率因子类型

这三种情况,从降水开始到强回波移到武都,也都在 3 h 左右,也就是说,从宕昌或者礼县、或者碧口中庙发现有组合反射率大于 45 dBZ 的强回波,发布暴雨(雷电)预警信号后,3 h 即在武都城区出现,以组合反射率因子反映最直接和最明显,任何值班预报员都可据此发布预警信号。

4.2　利用 1 h 累积降水、3 h 累积降水和风暴总降水发布预警信号

从雷达资料的应用情况来看,组合反射率因子是反映天气系统强度最好的物理量,最敏

感,也最直接,大凡组合反射率因子大于 45 dBZ 的地区,都有较强降水,但缺点是当有大于 45 dBZ 的组合反射率因子出现时,经常也出现短时间内有大于 20 mm 以上的降水,如果值班员稍不注意,晚发现 10～20 分钟,降水也早都 40～50 mm 了,这时开始发布预警信号,从编辑文本—签发也需要 10 分钟左右,等到传真、电子邮件、短信、国突系统、12121 信息平台上传全部发送完毕,地方政府收到预警信号没有动员救灾时间。也因为此资料如此敏感,也是值班员应用于预警的主要工具,如果在降雨前发出了预警信号,则取消了被动局面。对城市内涝来说,一般从宕昌、礼县、和文县碧口出现强回波,强降水到达陇南市区的时间是 3 h 左右,正好是市委要求的提前 3 h 发布预警信号的时间。

对 1 h 降水、3 h 降水、风暴总降水因子来说,因图像灰暗、成像面积小,而且降水估计偏大,误差大,在业务上应用相对较少。

对此,为了预警发布的提前量,应注意以下几点:

(1)对系统性的西南气流型暴雨过程来说,数值预报资料预报有天气系统过境时,以 700 hPa 风场甘肃岷县由西南风转为西北风时的时间为陇南暴雨的开始时间,当两当县转为西北风时为暴雨降水结束的时间。开始结束的时间为本次暴雨的持续降水时间。如果降水在这个时间提前则以组合反射率因子出现大于 45 dBZ 的雷达强回波为预警信号发布时间。

(2)对西北气流型的暴雨或强对流天气来说,以宕昌、礼县出现组合反射率因子大于 45 dBZ 的雷达强回波为预警信号发布时间。这时兼顾 1 h 降水、3 h 降水、风暴总降水因子来判断降水的多少。降水不超过这三个因子的预报值。

(3)寻找物理量极值预报出现的时间和数值,找出开始增大的时间和极值消失的时间,这两个时间也可以考虑成过程开始和结束的时间,再与前面提到的风场转变的时间是否一致,确定降雨开始、峰值和结束的时间。开始的时间是预警信号发布的最好时机,也是增加预警提前量的时机。

5 雨量量级的确定

5.1 过程的雨量确定

过程的雨量可参考模式的预报,结合本地的降水特点做个估计,分 50～100 mm 和大于 100 mm 两个量级,大于 100 mm 的量级是成灾的雨量,特别关注。

降雨中的雨量:降雨开始后,有个别站点出现 50～80mm 的降雨后,无论是部门领导或者地方政府领导都很关心后续的降水落区和雨量,难度特别大,这时,天气系统的能量已经释放了一些,水汽已经转换成雨落地了一部分,要有充足的理由说明后续还有多少降水。

前面的预报系统的判断结论后,预报员如需订正,则以市局以前所做的陇南暴雨预报方法研究、基于配料法的陇南短时强降水预报方法研究、陇南强对流天气预报方法研究的指标来订正。雨量确定后,在降雨开始前进行人影增雨作业。

5.2 区域站资料的应用发布预警信号和人影作业

利用区域站降水资料发布预警信号,其阈值在陇南自然灾害监测指挥系统中已经做了设定,但这种设定值达到时发布预警信号,则时间迟矣,应该根据前面的系统预报,在出现大于 10 mm 的强降水时及早发布预警信号,增加预警提前量。如果在上游宕昌站有大于 10 mm 的降水时,则在下游武都进行人影作业。

6 结论

(1)利用智能网格点一张图模式可以直观地看出 1~10 d 的降水过程预报,且有降雨强度和雨量大小的直观结论,关注降水过程从第 10 d 开始,逐天逼近临近预报,根据模式预报确定天气系统的过境时间、雨量大小和降雨时间,确定人影作业的粗略时间。2019 年 5 月 5—8 日的降水就如此。

(2)利用卫星云图和雷达回波强度的开始确定人影作业。

参考文献

[1] 朱乾根,林锦瑞,寿绍文,等. 天气学原理和方法[M]. 北京:气象出版社,2000.
[2] 俞小鼎,姚秀萍,熊庭南,等. 新一代天气雷达在天气预报中的应用[M]. 北京:气象出版社,2006.
[3] 巴德,等. 卫星与雷达图像在天气预报中的应用[M]. 许健民,等,译校. 北京:科学出版社,1998.

生态修复型飞机人工增雨"靶向"作业航线设计探讨

张博越　张玉欣　韩辉邦

(青海省人工影响天气办公室,西宁 810000)

摘　要　近年来,在全球气候变化背景下,资源及生态环境问题日益凸显,农业、生态、环境等行业对干旱、雾和霾等灾害的敏感性不断增强,防灾减灾、生态修复和保护的形势更加严峻,青海省生态地位无可替代,对国家生态安全的重要性尤其突出,人工影响天气作为一项公共气象服务,正发挥着开发云水资源和改善生态环境的重要作用。本文主要分析作业目标区处于降水过程前端、后端的两种情况下,结合充分催化原则和催化层风速、风向等因素,提出了"8"字和"几"字形飞机增雨航线设计,同时考虑适合作业催化层在不同移速时,航线夹角与平行航线间距设计的不同方案。最终按照人工增雨作业目标区的实际需求与大气背景,结合风云-2卫星反演产品及探空资料设计飞机航线,并达到预期目标。

关键词　人工增雨　航线设计　生态修复　播云间距

1　引言

瑞典科学家贝吉隆等 1933 年提出"冰晶效应"即在大部分可以形成降水的混合云中,降水主要取决于云中是否有足够数量的冰晶,再通过冰水转化过程形成大水滴[1]。1946 年美国科学家佛尔和冯纳格相继提出在冷云中播撒干冰和碘化银的方法,适当增加云内冰促使降水的形成和增加[2]。人工增雨基本原理从 20 世纪 40 年代至今逐渐完善,但在实际人工影响天气作业的应用时有非常大的不确定性和难度[3-5]。飞机人工增雨作业在青海地区由 1997 年以前的一架飞机到 2017 年的双机作业,范围逐渐扩大,由东部农业区延伸至除海西西部外约青海省面积的 3/4。如今飞机人工增雨的基本业务有东部农业区抗旱人工增雨(雪)、黄河上游增蓄性增雨(雪)以及三江源地区的生态修复性人工增雨(雪),时间跨度涵盖一年四季[6-10],飞机增雨(雪)作业在青海地区人工增雨(雪)起着至关重要的作用。

目前飞机人工增雨(雪)作业主要作用于发展较为深厚、过冷水丰富的层状云系,但在飞机作业中面对实际复杂的大气背景条件,对如何设计一个可以与所催化云系相互配合,对机载催化剂进行充分播撒,实现在作业目标区内充分催化,最终实现开发云水资源,有效增加降水目的的飞机作业航线研究较少。鉴于飞机人工增雨(雪)作业有着作业面积广,催化时间长,同时可以针对可播云可催化的过冷层区域进行特定高度催化的特点,在人工增雨中飞机作业优势明显,所以依靠现有技术手段及研究资料分析如何设计不同催化层风速、风向和特定区域播撒催化剂的航线,对于解决高原地区对生态修复的迫切需求有非常重要的意义,同时也为未来飞机人工增雨作业航线设计提供了可靠的依据。

2　飞机催化扩散原理及资料

飞机 AgI 催化扩散原理:在自由大气中的物质输送扩散方程如下:

$$\frac{\phi q}{\phi t}+u\,\frac{\phi q}{\phi x}+v\,\frac{\phi q}{\phi y}+w\,\frac{\phi q}{\phi z}=k_H\,\frac{\phi^2 q}{\phi^2 x}+k_H\,\frac{\phi^2 q}{\phi^2 y}k_V\,\frac{\phi^2 q}{\phi^2 z} \tag{1}$$

式中,q 为扩散物质浓度;u,v,w 分别代表 x,y,z 轴上的风速;k_H 和 k_V 分别为水平和垂直方向上的湍流系数;t 为时间。在计算中认为大气环境是水平均匀的,即 u,v,k 为常数,暂不考虑垂直风速,在计算中,一般取 $k_H=70\ m^2\cdot s,k_V=35\ m^2\cdot s$ 或 $k_H=140\ m^2\cdot s,k_V=70\ m^2\cdot s$ 的湍流系数。

飞机播撒在实际作业中一般要持续几个小时,将飞机飞行播撒近似为瞬时线源,与实际相比还是有较大的出入,在飞机人工增雨实际催化过程中,飞机飞行中播撒催化剂实际为移动点源的单点移动播撒。因此,为更好地接近实际播撒过程,将飞机播撒作为移动点源单点移动播撒考虑更为恰当。可以把移动点源离散化,看作是每隔 Δt 的 t_n 时刻在对应的 x_n,y_n,z_n 处播撒 $Q_n=R\Delta t$,R 为播撒速率,单位为 g/s 或 个/s。飞机播撒的浓度应是相加的结果。即:

$$q(x,y,z,t)=\sum_{n=1}^{k}q_n(x,y,z,t) \tag{2}$$

式中,k 为 $t_n=k<t<t_n=k+1$;x,y,z 和 t 为任一空间时间坐标,x_n,y_n,z_n 和 t_n 为第 n 个飞机播撒点的四维精确坐标,由飞机 GPS 实测输入。本文取 $10^4\ m^{-3}$ 的人工冰核浓度作为显著有效区的阈值,而 $10^3\ m^{-3}$ 作为有效区阈值。详细计算方法参考文献[11]。

卫星云特征参量产品利用我国 FY-2 静止气象卫星资料,该资料反演产品主要有云顶高度、云顶温度、云体过冷层厚度、云粒子有效半径等宏微观参量[12]。该资料为人工影响天气作业直接提供了实时的云系变化监测,同时也为短时临近精细天气预报和飞机实时作业的跟踪指挥提供了重要帮助。

3 飞机航线设计

目前国内主要的航线设计思路为平行线航线设计、三角形航线设计和"8"字形航线设计等方案,而最终目的都是以使催化的扩散区域能够连接在一起,形成条件较好的催化影响区,已取得较好的催化效果[13-15]。所以根据无缝隙催化原则设置催化航线最佳间距,可作为一种新的航线设计思路进行尝试。结合实际作业,总体催化过程分为两种类型,一种为降水过程前端出现在作业目标区时实施作业,此类作业主要为迎着降水云系进行催化播撒,另一种为降水过程已经到达了作业目标区时实施作业,此类作业则是在降水过程后端作业,以跟随降水云系进行追云的形式进行播撒。

在降水过程前端作业面临的问题是迎着降水云系作业,飞机播撒相对速度不但要考虑云的移速和移向,同时还要考虑飞机与云系的相对速度,所以此种作业模式对航线设计模式需求较为密集,通过充分利用云体移速和移向,完成自降水云系前端向后端的催化播撒。"8"字航线设计较平行线设计、三角形设计思路可重叠性强,并且通过对"8"字内夹角进行调整也可获得较密集的催化效果,故降水天气过程前端作用考虑使用"8"字形作业催化。

通过对青海省作业目标区的主要影响天气系统进行统计分析,主要分为三种,降水过程受偏西气流影响逐渐影响到作业目标区;北部冷空气下滑以西北气流的形式影响到作业目标区产生降水以及降水过程主要以西南暖施气流形式东移北抬逐渐影响到作业目标区。催化作业均以播撒扩散效果为垂直于过程移动方向为主要目标,以实现对目标区的充分覆盖和密集的催化效果。

考虑设置由 12 个航迹拐点组成的播撒区域,航线总体设计思路是以自东向西方向为扩散路径进行播撒,当降水云系移速为 10 m/s 时,根据飞机催化方法计算可得,竖直方向与云移动方向内角为 80°时,取得的催化效果较好,则有竖直播撒航程 1—2、3—4、5—6、7—8、9—10、11—12 长度为 50 km,1—2、5—6、9—10 及 3—4、7—8、11—12 两部分平行线间距为 10 km,转弯线段 2—3、4—5、6—7、8—9、10—11 距离为 10 km 进行播撒(图 1a1),可得到 60 min 后如(图 1a2)播撒效果,90 min 后获得如(图 1a3)播撒效果,通过实施该飞行方案可在目标区实现较均匀和密集的垂直播撒效果;当降水云系移速为 15 m/s 时,当竖直方向播撒方向与云移动方向内角为 80°时,则有竖直播撒航程 1—2、3—4、5—6、7—8、9—10、11—12 长度为 50 km,1—2、5—6、9—10 及 3—4、7—8、11—12 两部分平行线间距为 1 km,转弯线段 2—3、4—5、6—7、8—9、10—11 距离为 10 km 进行播撒(图 1b1),可得到 60 min 后如(图 1b2)和 90 min 后获得如(图 1b3)的密集垂直播撒效果;当降水云系移速为 20 m/s 时,得到播撒竖直方向与云移动方向内角为 75°时,取得的催化效果较好,则有竖直播撒航程 1—2、3—4、5—6、7—8、9—10、11—12 长度为 50 km,1—2、5—6、9—10 及 3—4、7—8、11—12 两部分平行线间距为 5 km,转弯线段 2—3、4—5、6—7、8—9、10—11 距离为 10 km 进行播撒(图 1c1),可得到 60 min 后如(图 1c2)和 90 min 后获得如(图 1c3)的密集播撒效果;当降水云系移速为 25 m/s 时,得到播撒竖直方向与云移动方向内角为 70°时,取得的催化效果较好,则有竖直播撒航程 1—2、3—4、5—6、7—8、9—10、11—12 长度为 50 km,1—2、5—6、9—10 及 3—4、7—8、11—12 两部分平行线间距为 15 km,转弯线段 2—3、4—5、6—7、8—9、10—11 距离为 10 km 进行播撒(图 1d1),可得 60 min 后如(图 1d2)和 90 min 后获得如(图 1d3)的密集播撒效果。通过"8"字形催化方法,实现了播撒扩散航迹形成连片密实的播撒区域,即满足了无缝隙催化原则,同时满足了充分利用空间距离进行密集作业的目的。

而在降水后端作业面临的问题与过程前端作业有一些区别,由于作业模式是追着降水云系进行作业,所以此种作业模式对航线设计模式需求较为航线跨度较大,通过利用云体移速和飞机航速,完成自降水云系后端向前端的催化播撒。"几"字航线设计是从平行线设计思路发展而来,具备较好的覆盖性和可执行性,故在降水天气过程后端作业考虑使用"几"字形作业催化。

同样,降水云系后端作业设计也主要考虑三种降水云系走势,降水过程受偏西气流影响逐渐影响到作业目标区;北部冷空气下滑以西北气流的形式影响到作业目标区产生降水以及降水过程主要以西南暖湿气流形式东移北抬逐渐影响到作业目标区。催化作业均以播撒扩散效果为垂直于过程移动方向为主要目标,以实现对目标区的充分覆盖和密集的催化效果。

考虑设置 12 点个航迹拐点组成播撒区域,当处于偏西气流影响中时,航线总体设计思路为以自西向东的扩散路径进行播撒,当降水云系移速为 10 m/s 时,根据飞机催化方法计算可得,竖直方向与云移动方向内角为 90°时,取得的催化效果较好,则有竖直播撒航程 1—2、3—4、5—6、7—8、9—10、11—12 长度为 50 km,1—2、5—6、9—10 及 3—4、7—8、11—12 两部分平行线间距为 18 km,转弯线段 2—3、4—5、6—7、8—9、10—11 距离为 18 km,转弯时距离为 10 km 进行播撒(图 2a1),可得到 60 min 后如(图 2a2)播撒效果,90 min 后获得如(图 2a3)播撒效果,通过实施该飞行方案可在目标区实现较均匀和密集的播撒效果。同理,当降水云系移速为 15 m/s 时,得到播撒竖直方向与云移动方向内角为 100°时,取得的催化效果较好,则有竖直播撒航程 1—2、3—4、5—6、7—8、9—10、11—12 长度为 50 km,1—2、5—6、9—10 及 3—4、7—8、

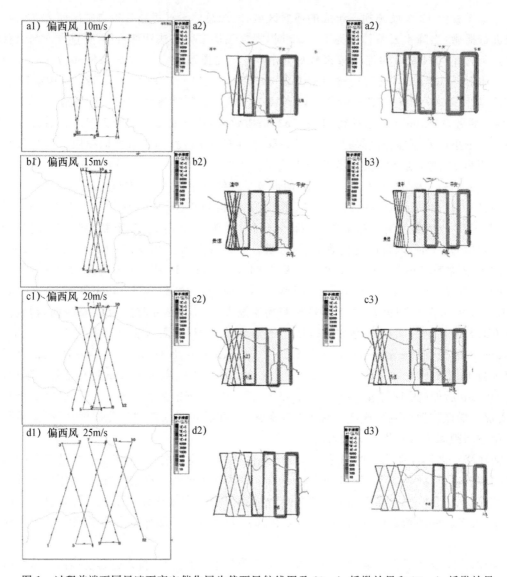

图 1　过程前端不同风速下高空催化层为偏西风航线图及 60 min 播撒效果和 90 min 播撒效果

11—12 两部分平行线间距为 20 km,转弯线段 2—3、4—5、6—7、8—9、10—11 距离为 20 km,转弯时距离为 10 km 进行播撒(图 2b1),可得到 60 min 后如(图 2b2)和 90 min 后获得如(图 2b3)的密集播撒效果;当降水云系移速为 20 m/s 时,得到播撒竖直方向与云移动方向内角为 105°时,取得的催化效果较好,则有竖直播撒航程 1—2、3—4、5—6、7—8、9—10、11—12 长度为 50 km,1—2、5—6、9—10 及 3—4、7—8、11—12 两部分平行线间距为 22 km,转弯线段 2—3、4—5、6—7、8—9、10—11 距离为 20 km,转弯时距离为 10 km 进行播撒(图 2c1),以“8”字形式播撒,可得到 60 min 后如(图 2c2)和 90 min 后获得如(图 2c3)的密集播撒效果;当降水云系移速为 25 m/s 时,得到播撒竖直方向与云移动方向内角为 110°时,取得的催化效果较好,则有竖直播撒航程 1—2、3—4、5—6、7—8、9—10、11—12 长度为 50 km,1—2、5—6、9—10 及 3—4、7—8、11—12 两部分平行线间距为 20 km,转弯线段 2—3、4—5、6—7、8—9、10—11 距离为 24 km,转弯时距离为 10 km 进行播撒(图 2d1),可得到 60 min 后如(图 2d2)和 90 min 后获得如（图 2d3）的密集播撒效果。通过"几"字形催化方法,实现了播撒扩散航迹形成连片密实的播撒区域,即满足了无缝隙催化原则,同时满足了充分利用空间距离进行密集作业的目的。

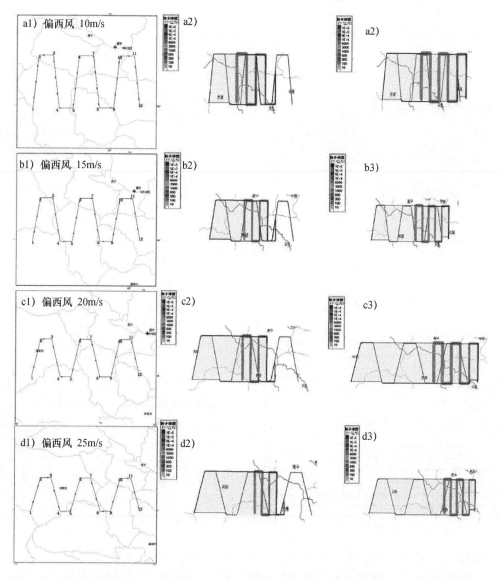

图 2　过程后端不同风速下高空催化层为偏西风航线图及 60 min 播撒效果和 90 min 播撒效果

4　典型飞机作业个例分析

2018 年 6 月 1 日受北部新疆槽和西南部低涡东移共同影响,青海省东部地区出现一次明显的降水天气过程。6 月 1 日 05 时,东部地区有降水云系覆盖,云体自西向东移动,部分云区过冷层厚度较大,具备一定的增雨条件。FY-2 卫星资料反演分析显示,1 日 6 时 30 分,青海省中东部大部分地区被降水云系覆盖,云系自西向东移动,移速约为 35 km/h,预计 8 时左右影响青海省东部农业区。东部地区云系含一定程度的过冷水,过冷层厚度为 2~7 km,云顶温度约－30～5 ℃。（如图 3a,图 3b）。根据云结构监测显示,影响青海省东部地区的云系为冷云,云垂直发展较旺盛,云顶高度 2～9 km。云降水垂直结构监测显示,云中有效粒子半径在 8～43 μm 之间,地面有降水产生。

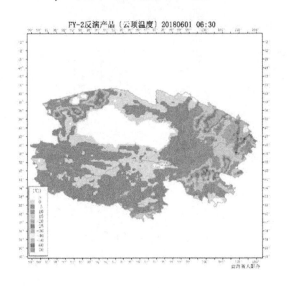

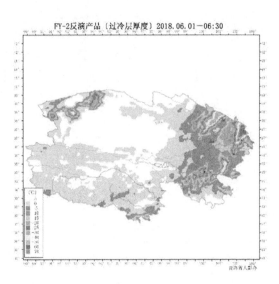

图 3a 卫星反演云顶温度   图 3b 卫星反演过冷层厚度

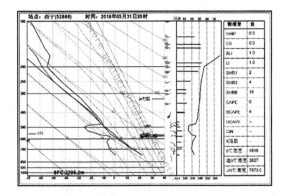

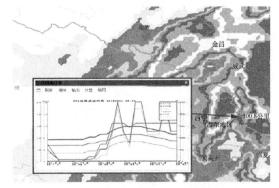

图 4a 5 日 20 时探空图   图 4b 卫星反演云空间剖面图

利用前文所述的航线设计方法,6 月 1 日判断高空催化层风向为西北风向,风速在 10 m/s 左右,设计航线如图 5a,按照飞机航线设计增雨飞机于 9:49 起飞,9:54 开始催化播撒,11:42 催化结束。飞行时长 1 小时 59 分,催化时长 1 小时 48 分,共耗用碘化银烟条 48 根,实际作业航线如图（图 5b）。

利用航线设计方法,对 6 月 1 日飞机催化播撒作业进行扩散模拟。6 月 1 日飞行平均航速为 100 m/s,采用烟条为 YF-4 型,碘化银含量 25 资料 g,平均燃烧时间 11 min,成冰率为 $10^{15} g^{-1}$,催化时长 1 小时 48 分,耗用碘化银烟条 48 根,因此,移动点源源强可计算为 $1.85 \times 10^{12} m^{-1}$ 即:

根据西宁站探空资料显示,6 月 1 日主导风向为西北风,飞行高度约 5～6 km,取 500 hPa 平均风速 8 m/s,以 30 min 为间隔,模拟催化剂扩散速率及范围,结果如图 5b 所示。

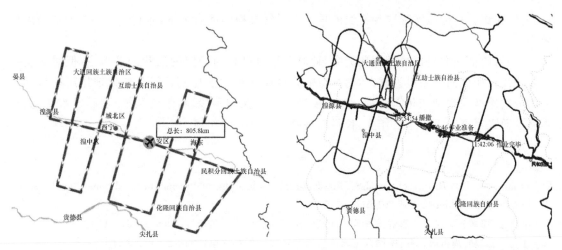

图 5a　2018 年 6 月 1 日飞机设计航线　　　　图 5b　2018 年 6 月 1 日飞机实际作业航线

如图 6 所示,催化剂扩散主要有以下特点:(1)催化剂扩散轨迹与实际飞行航迹大致相同。(2)中心浓度随时间增加而减小,扩散范围随时间增加不断增大,催化剂作用区域不断向东北方向移动。(3)受西风影响,催化影响区位于飞行轨迹偏东方向(下风向),影响区面积随时间的增加不断扩大,最大扩散距离达 150 km。

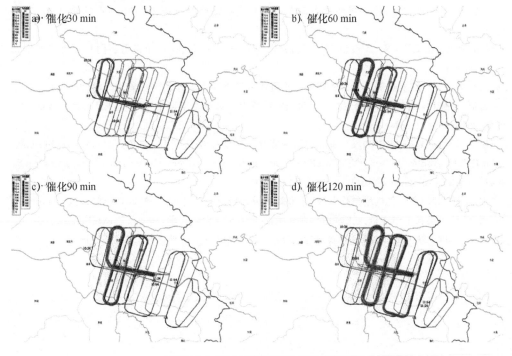

图 6　6 月 1 日飞机播撒扩散模拟

5　结论与展望

(1)通过在降水过程前端和降水过程后端进行迎风"8"字形催化播撒和追风"几"字形催化播撒两种播撒方案为基础,结合无缝隙催化原则为依据,设置催化航线最佳间距进行航线设计,能够在作业目标区实现连片密实的垂直于天气过程的播撒区域,达到较为理想的增雨催化效果。

(2)目前催化方式以冷云催化为主,针对云系也已相对稳定的层状云系为主,但对于实际人工增雨作业面向云系更为复杂,对高空催化层风向变化的监测、预测,催化剂作用在目标云系时云内宏微观物理变化需要进一步发展高空飞机探测手段、精细化预报、预测云系变化、加强实验研究对推动人工增雨作业,长足发展有至关重要的作用。

参考文献

[1] Bruintjes R T. A Review of Cloud Seeding Experiments to Enhance Precipitation and Some New Prospects [J]. Bull Amer Meteor Soc,2010,80(5):805-820.

[2] 毛节泰,郑国光. 对人工影响天气若干问题的探讨[J]. 应用气象学报,2006,17(5):643-646.

[3] 张良,王式功,尚可政,等. 中国人工增雨研究进展[J]. 干旱气象,2006,24(4):73-81.

[4] 郭学良,付丹红,胡朝霞. 云降水物理与人工影响天气研究进展(2008—2012年)[J]. 大气科学,2013,37(2):351-363.

[5] Fu D,Guo X. A cloud-resolving study on the role of cumulus merger in MCS with heavy precipitation[J]. 大气科学进展:英文版,2006,23(6):857-868.

[6] 盛日锋,龚佃利,王庆,等. FY-2/D卫星反演的云特征参数与地面降水的相关分析[J]. 气象科技,2010(s1):68-72.

[7] 林春英,马学谦,杨青军,等. 青海省东部农业区一次防雹个例分析[J]. 中国农学通报,2017,33(6):144-149.

[8] 马学谦,陈跃,张国庆,等. X波段双偏振雷达对不同坡度地形云探测个例分析[J]. 干旱气象,2015,33(4):675-683.

[9] 马玉岩,马学谦,康晓燕,等. 青海省空中云水资源人工增雨潜力评估[J]. 青海气象,2012(4):55-59.

[10] 周万福,田建兵,康小燕. 基于FY-2卫星数据的青海东部春季不同类型降水过程云参数特征[J]. 干旱气象,2018(3):431-437.

[11] 周毓荃,朱冰. 高炮、火箭和飞机催化扩散规律和作业设计的研究[J]. 气象,2014,40(8):965-980.

[12] Yin C. The Application of FY-2 Satellite Products to Jinan Severe Heavy Rain Nowcasting on 18 July 2007[J]. Meteorological Monthly,2008,34(1):27-34.

[13] 王俊,王庆,龚佃利. 飞机增雨作业"8"字形航线设计探讨[J]. 干旱气象,2018:36(1):136-140.

[14] 余兴,戴进. 层状云中飞机人工增雨作业间距的研究[J]. 大气科学,2005(3):131-140.

[15] 曹永民,李群. 陕西省飞机增雨(雪)作业航线设计及应用[J]. 陕西气象,2015(3):47-50.

基于 Python 的多架次飞机人工增雨作业航线三维动态显示技术研究

张鹏亮　颜海前　龚　静　张玉欣

(青海省人工影响天气办公室,西宁 810001)

摘　要　随着青海省人工影响天气作业能力的提升,多架次人工增雨飞机同时开展作业的频率越来越高,为了提高多架次飞机之间的时空协同能力及作业效率,提升作业指挥水平,本文利用 Python 的 Numpy 和 Pandas 库预处理增雨飞机航线数据,实现多架次飞机增雨(雪)作业航线数据的时间同步,再利用 Python 的 Matplotlib 库绘制三维动态航线图,为飞机作业指挥提供更直观的分析工具。

关键词　Python　Matplotlib　飞机作业航线　三维动态航线图

1　引言

水是人类生活和社会发展的资源[1],中国可供利用的水资源量仅有约 8400 亿 m³,水资源处于较短缺的状态[2],中国水资源除了整体短缺外还存在空间上严重分布不均,占国土面积 30% 以上的西北地区是我国水资源最为匮乏的区域[3],青海省地处我国西北地区青藏高原的东北部,属于干旱半干旱区,自然条件恶劣,社会经济落后,水资源短缺不仅制约该地区的发展,还导致该地区的生态环境恶化形势越发严峻[4-5]。

事实上大气降水是地球上水资源的根本来源[6],开发云水资源是解决水资源短缺问题的重要途径,需要通过人工增雨提高降水效率来开发云水资源。青海省早在 1977 年在东部农业区开展了飞机人工增雨工作,由 1997 年以前的一架飞机,到 2017 年实现的双机作业,再到 2020 年实现三架飞机同时段不同区域的联合作业,在水资源条件相对较好的"关键"区域,如:三江源地区、祁连山区、环湖地区及东部农业区等等,在青海省约 54 万 km² 范围内实施增雨作业,作业规模及范围逐渐扩大,近 40 年来,飞机人工增雨为水源涵养、生态修复及抗旱减灾等方面发挥了重要的作用,成为人影重要常规业务之一。

随着青海省人工影响天气作业能力的提升,以及"三适当""靶向"作业的要求,实现安全、精准、科学作业,提高人工增雨(雪)作业效率,用历史轨迹文件绘制出多架次飞机增雨作业航线三维动态图,能准确、直观了解各飞机在增雨(雪)作业期间不同时段、不同区域及不同高度的三维时空布局,后期可叠加云图、雷达等图像资料,使之成为评判飞行方案合理性的重要依据,有利于提升飞机的协同作业水平及作业指挥能力。

本文选取 2018 年 7 月 7 日下午双机增雨作业机载 GPS 数据,探讨如何利用 Python 编程语言的功能库实现多架次作业航线的三维动态显示功能。

2　2018年7月7日双机增雨作业简介

2.1　增雨需求分析

　　2018年6月26日青海省综合气象干旱指数(MCI)监测显示(青海省气候中心提供):青海省青海湖水源涵养保障区、湟水谷地抗旱减灾保障区和黄河谷地抗旱减灾保障区(图1),出现不同程度的干旱,其中,平安、乐都、海晏、互助为特旱,湟源、尖扎、湟中、民和、循化为重旱,贵德、西宁为中旱,大通为轻旱(图2)。

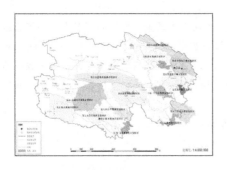
　　　　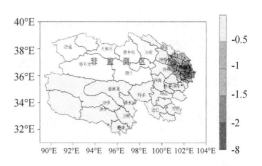

图1　青海省人工增雨(雪)重点保障区区划图　　图2　青海省综合气象干旱指数(MCI)监测图

2.2　过程及监测分析

　　2018年7月6—7日受高原槽东移影响,全省范围内将出现一次明显的适合增雨的天气过程。6日开始,青海省人工影响天气办公室加强监测预警,实时关注目标区天气变化,7日午后13:30,目标区卫星反演云顶温度(图3a)约为-30~-5 ℃,过冷层厚度(图3b)为2~8 km,系统进入目标区并伴有对流生成,为保证飞机作业安全,最终锁定云系后部(如图3b黑色椭圆框)较稳定的层状云系作为作业催化目标。制定了16:00和16:30的双机作业计划,作业区域为:青海湖水源涵养保障区、湟水谷地抗旱减灾保障区和黄河谷地抗旱减灾保障区,制定的飞机作业航线如图4。此次过程的作业信息见表1。

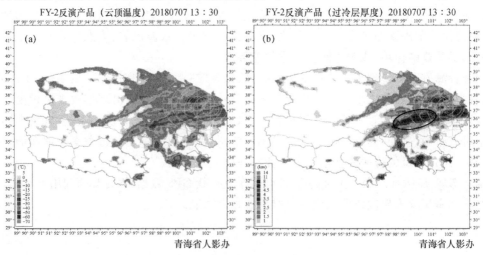

图3　7月7日13:30卫星反演(a)云顶温度,(b)过冷层厚度

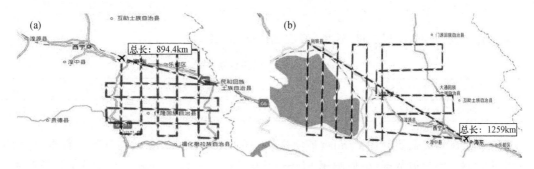

图 4 7 月 7 日(a)16:00,(b)16:30 双机作业预设航线

表 1 2018 年 7 月 7 日下午飞机增雨作业信息

作业日期	起降时间	飞机编号	作业区域	催化剂用量
07-07	16:09—19:01	B3588	黄河谷地抗旱减灾保障区	碘化银烟条 48 根(960.00 克)
07-07	16:36—20:47	B10AR	青海湖水源涵养保障区、湟水谷地抗旱减灾保障区	碘化银烟条 39 根(780.00 克)

3 三维动态航线图绘制方法

3.1 语言介绍及环境搭建

3.1.1 Python 简介

Python 是目前应用于科学计算、数据分析、人工智能和数据可视化等领域最流行的面向对象的编程语言之一,支持 Linux、Windows 和 Mac 系统,且语法简洁、支持动态输入,特别适用于快速应用程序开发以及研究性非计算机专业人士开发使用[7]。NumPy,Pandas 和 Matplotlib 是数据分析和图形化处理最常用的 Python 模块。NumPy 支持复杂多维度数组与矩阵运算,同时针对数组运算提供了大量的数学计算方法。Pandas 与 NumPy 相似,最大区别在于 pandas 的设计目的是处理表格或异构数据。相比之下,NumPy 最适合处理均匀的数值阵列数据。pandas 提供了大量能使我们快速便捷地处理数据的函数和方法[8]。Matplotlib 是 Python 中最著名的绘图库,其制图功能不亚于 Matlab、Grads、NCL 等专业绘图工具,并且借助于 Python 强大的功能和简洁的语法,使其在编程方面要胜于以上绘图工具[9]。

3.1.2 环境搭建

本文中所有开发均在 Windows 系统下进行,使用 Anaconda3.7 搭建 Python 开发环境。Anaconda[10] 是集成了 180+常用科学运算库及其依赖项的 Python 发行版本,同时提供了包及其依赖项和环境管理器,支持 Linux、Windows 和 Mac 系统。安装完 Anaconda3.7 后,默认的 base 环境已包含了本文所需要的库。

3.2 数据处理

两架增雨飞机机载 GPS 设备均使用的是成都国星通讯的北斗设备,GPS 数据以文本文件形式存储,从 GPS 数据文件中选取其中一行举例,格式如下:

#FJZT,19-07-07,14:06:32,0,2131.5,0.0,0.0,102.0178,36.5322

要素有日期、时间、海拔高度、速度、经度和纬度等(表2)。

表2　北斗 GPS 观测数据格式

—	日期	时间	—	海拔	速度	—	经度	纬度
#FJZT	2019/7/7	14:06:32	0	2131.5	0	0	102.0178	36.5322

单航线绘制首先需要利用 Pandas 库将数据中的空值剔除、去除时间重复的数据,然后再按相等的时间间隔提取数据,最后利用 Matplotlib 库绘制三维动态图。多航线主要是针对起飞后有作业时间交集的飞行架次,不仅要剔除空数据、去重,按相等时间间隔提取数据,还要按照时间轴对数据进行时间同步,因为它们并不是同时起飞,最后再将整合的数据绘制成三维动态图。

为了实现以上数据处理方法,本文研究发现 Pandas 提供的 pandas.cut(x,bins,precision,…)[11]方法,可用来把一组数据分割成离散的区间,像是分类装箱一样,故常被称为"分箱操作"。方法中,参数 x 表示要被分割的一维数组;参数 bins 可传入一个整数或一个标量序列,如果传入一个整数 i,则表示将一维数组 x 平均分割成整数 i 个区间,如果传入一个标量序列 s,则表示以该标量序列 s 中的值代表每段区间的边界值,将数组 x 中的每一个值"分箱"到所属的区间,返回的是一个所属区间的列表;参数 precision 用于设置区间边界值的精度。了解了 pandas.cut() 的用法,灵活使用便可实现按相等时间间隔提取 GPS 航迹数据,并完成多架次航线的时间同步操作。

具体操作如下,处理多架次航线数据首先需要从整体考虑,将第一架飞机起飞时间作为起始时间 st,最后一架次飞机落地的时间作为结束时间 et(st 与 et 都要换算成以秒为单位的时间戳),整个时间跨度在 2～5 小时左右。另外,动态图数据的时间间隔不能太长也不能短,会导致图片动画过于冗长或航线失真,经测试,选取 20～50 秒的时间间隔最为合适,这里我们选用 30 秒的时间间隔。按上述方法,得出以下公式,计算出分箱个数 BinsCount:

$$BinsCount = \frac{(et - st)}{30}$$

然后利用 Pandas.cut() 方法对列表[起始时间,结束时间]进行"分箱操作",得到一个平均分割的时间区间序列(categoricals 类型),再用 categories.left 属性计算得到各区间的起始值,也就是按 30 秒间隔平均分割起始时间至结束时间后的时间序列 tl,接着以时间序列 tl 作为 pandas.cut 的 bins 参数,分别对每个架次航线的时间列进行"分箱操作",然后再将同一区间的数据去重,每个区间只保留一条数据,组成该航线数据 ld,最后将各航线数据 ld 按时间序列 tl 做重新索引,没有值得索引将自动以 np.nan 值补全,在动态图中将不被显示。这样所有航线的数据便处理成相同维度的数据了,换句话说就是完成了多航线的时间同步操作。本文将数据处理部分单独写成了一个模块,名为 airline.py,可批量处理所有飞机航线的 GPS 数据,主体代码如下:

…

```
#定义批量处理函数
def sync_format(filenames = [],
        interval_sec = 30,
```

```
            check_point = False,
            out_columns = ['datetime','lon','lat','alt','speed']):
...
    for file in filenames:
        GPS_data = pd.read_csv(file,header = None)
        data = pd.DataFrame(GPS_data,columns = [1,2,4,6,7,8])
        data.columns = ['date','time','alt','speed','lon','lat']
        data_nozero = data.drop(data[data.speed.isin([0])].index)
        data_nozero['datetime'] = pd.to_datetime('20' + data_nozero['date'] + '' + data_nozero['time'])
        data_nozero.sort_values(by = ['datetime'])
        all_data.append(data_nozero)
        data_nozero['No.'] = np.arange(len(data_nozero))
        data_nozero.set_index('No.',inplace = True)
        start_untime = time.mktime(data_nozero.loc[0]['datetime'].timetuple())
        end_untime = time.mktime(data_nozero.loc[len(data_nozero) - 1]['datetime'].timetuple())
        times.append(start_untime)
        times.append(end_untime)
    # 计算总时间差(秒)
    inltime = max(times) - min(times)
    # 计算总分箱个数
    binscount = math.ceil(inltime / interval_sec)
    # 总分箱操作
    bins_data = pd.cut([min(times),max(times)],binscount,precision = 0,right = False)
    # 计算时间序列
    time_list = []
    for t in list(bins_data.categories.left):
        time_list.append(pd.to_datetime(time.strftime("%Y-%m-%d %H:%M:%S",time.localtime(t))))
    i = 0
    result = []
    for dt in all_data:
        cuts = pd.cut(dt['datetime'],time_list,precision = 0,right = False)
        # 分箱后的 codes 去重
        norepeat = cuts.cat.codes.drop_duplicates()
        data = dt.loc[norepeat.index,out_columns]
        data.set_index('datetime',inplace = True)
        # 重新索引
        full_dt = data.reindex(time_list)
        # 将时间索引转为列值
        single_result = full_dt.reset_index()
        result.append(np.array(single_result).T)
    return result,len(time_list),lon,lat,alt
...
```

3.3 绘制三维动态图

利用 Python 绘制飞机航线三维动态图需要用到 matplotlib. pyplot[12]、mpl_toolkits. mplot3d[13] 和 matplotlib. animation[14] 三个模块。其中,pyplot 模块用于创建二维画布,所有内容都展示在该画布上;mpl_toolkits. mplot3d 是 Matplotlib 专门用来绘制三维图的工具包;animation 模块用于实现飞机作业航线的动态效果。本文中还需引入上一节创建的 GPS 数据处理模块 airline,使用其 sync_format()方法批量处理各架次 GPS 数据。

下面介绍绘制三维动态图的方法。首先,创建动态图绘制程序,引入以上四个库及相关模块,然后定义要导入的航线数据,本文以 Python 的字典类型定义了飞机编号与 GPS 数据相对应的变量 filename,其中键值表示飞机编号,每个键对应的值表示该飞机编号的 GPS 数据文件名及路径。利用自定义 airline 库提供的 sync_format()方法,传入上面定义的 filename 变量,即可计算得到返回值 data、line_len、lon、lat、alt,其中 data 为处理好的包含各航线数据的多维列表,用于各条航线绘制、各航线起始点计算与时间标注显示;line_len 为动态图的帧数,也就是表示动态图一共有多少张图组成;lon、lat 和 alt 分别包含各航线经度、纬度和海拔高度的最大最小值,用来计算和设置三维直角坐标系每个轴的取值范围及属性。按上述提供的数据,编写代码如下:

```
# 引入相关模块
import matplotlib. pyplot as plt
import mpl_toolkits. mplot3d. axes3d as p3
import matplotlib. animation as animation
import airline as al
# 定义字典变量
filename = {'B3588': '. /20180707-01GPS(B3588). txt','B10AR': '. /20180707-02GPS(B10AR). txt'}
# 批量处理航线 GPS 数据
data,line_len,lon,lat,alt = al. sync_format(list(filename. values()),20)
# 创建画布
fig = plt. figure()
# 在图像中建立三维坐标系
ax = p3. Axes3D(fig)
# 坐标轴范围增量
offset = 0. 2
# 设置坐标轴的取值范围
lon_min = min(lon) - offset
lon_max = max(lon) + offset
lat_min = min(lat) - offset
lat_max = max(lat) + offset
alt_min = min(alt) - offset
alt_max = max(alt) + offset
# 设置坐标轴属性
ax. set_xlim3d([lon_min,lon_max])
ax. set_xlabel('lon')
```

```
ax. set_ylim3d([lat_min,lat_max])
ax. set_ylabel('lat')
ax. set_zlim3d([alt_min,alt_max])
ax. set_zlabel('alt')
#定义各航线的起始点的坐标
lines = [ax.plot(dat[1,0:1],dat[2,0:1],dat[3,0:1])[0] for dat in data]
#显示时间样式设置
time_template = '% s'
time_text = ax.text(lon_min-0.5,lat_max,alt_max + 50,'',fontsize = 'x-large')
```

接着,使用 animation 模块的 animation.FuncAnimation(fig, unc, frames = None, init_func = None, fargs = None, save_count = None, * * kwargs)[15]方法,绘制动态图。其中,参数 fig 表示上面代码定义的画布对象 fig;参数 func 表示每个帧调用的计算函数,该函数每执行一次绘制一个帧,最终形成连贯的动态图;参数 init_func 是初始化函数,将在第一帧之前调用一次;参数 fargs 表示要传递给 func 函数的附加参数,包含了之前处理好的所有航线数据 data;参数 interval 表示帧之间的延迟,单位是毫秒。主体代码如下:

```
#初始化时间标签函数
def init():
    time_text. set_text('')
    return time_text
#航线动态更新函数
def update_lines(num,dataLines,lines):
    for line,data in zip(lines,dataLines):
        line. set_data(data[1:3,:num])
        line. set_3d_properties(data[3,:num])
        time_text. set_text(time_template % data[0,num])
    return lines
#创建动态对象
line_ani = animation. FuncAnimation(fig,update_lines,line_len,fargs = (data,lines),interval = 60,
blit = False,init_func = init)
#设置航线图例
plt. legend(list(filename. keys()),shadow = True,loc = (0.01,0.85),handlelength = 1.5,fontsize = 12)
#显示三维动态图
plt. show()
#保存为 gif 文件
#line_ani. save("movie. gif",fps = 15)
```

最终生成 2018 年 7 月 7 日下午双机作业的三维动态图(图 5),图 5a 所示,增雨飞机 B3588 已进入播撒区开始增雨作业,B10AR 刚起飞,正前往目标播撒区;图 5b 所示,B10AR 增雨飞机进入播撒区,开始增雨作业;图 5c 所示,增雨飞机 B3588 已作业完成,刚刚降落,此时增雨飞机 B10AR 还在作业;图 5d 为作业结束后完整的双机作业三维航线图。

本研究不仅可以实现多架飞机同时作业的三维动态航线轨迹图,还可以显示从不同角度观察多架飞机在作业区的空间分布情况(图 6),图 6a 为两架飞机同时在作业区播撒时从侧面

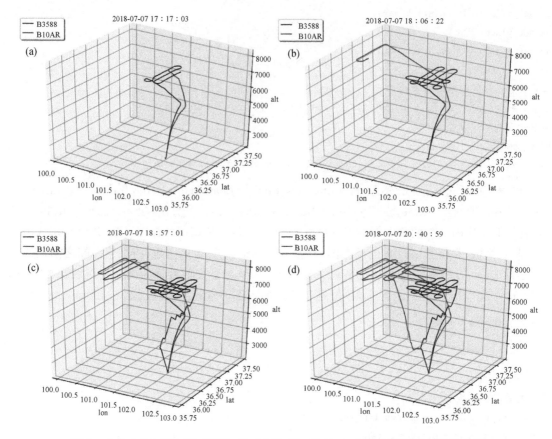

图5　7月7日(a)17:17,(b)18:06,(c)18:57,(d)20:40 双机实际飞行三维航线图

观察的飞机空间分布情况,从图中可以明显看出,该时刻 B3588 作业高度在 8200 m 左右,B10AR 作业高度在 7500 m 左右,两架飞机在不同高度层同时实施增雨作业;图 6b 为从高空俯视整个作业区时,两架飞机的空间分布情况,从图中可以清楚地看出两架飞机的作业轨迹及作业范围。

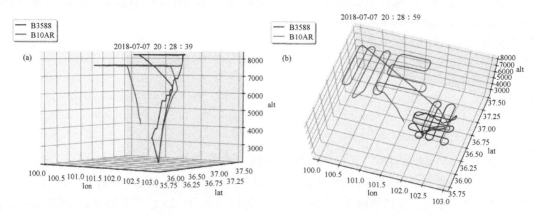

图6　7月7日 20:28(a)侧视,(b)俯视双机三维航线图

4　结论

本文研究绘制多架次飞机增雨航线的三维动态图，主要结论如下：

（1）本文利用 Python 的 Matplotlib 库，以 2018 年 7 月 7 日下午双机增雨为例，用双架次飞行轨迹数据，完整地绘制出三维动态航线图，能准确、直观了解各飞机在增雨（雪）作业期间不同时段、不同区域及不同高度的三维时空布局，并支持任意架次航线的绘制，有利于提升飞机的协同作业水平及作业指挥能力。

（2）处理多架次航线数据要考虑各架次之间时间偏差问题，从整体考虑，整个时间跨度在 2～5 h，动态图数据的时间间隔不能太长也不能短，会导致图片动画过于冗长或航线失真，本文选用 30 s 的时间间隔，能更接近实况的展示飞机作业航线。

（3）灵活利用 Pandas.cut()方法和 categories 类型的相关属性，可将多条航线的数据进行时间同步，统一处理成相同维度的数据。三维动态图绘制的关键是如何使用 animation.FuncAnimation()方法，该方法的 func 参数是一个航线动态更新函数，决定了航线动态更新的方式。

参考文献

[1] 李超. 论保护水资源的重要意义及措施[J]. 环境与发展,2012(1):17-19.

[2] 王熹,王湛,杨文涛,等. 中国水资源现状及其未来发展方向展望[J]. 环境工程,2014:32(7):1-5.

[3] 姚瑶,石小蒙,高樱梅. 关于我国西北地区水资源开发利用的探讨[J]. 科技促进发展,2010:6(3):67-69.

[4] 王根绪,程国栋,徐中民. 中国西北干旱区水资源利用及其生态生态环境问题[J]. 自然资源学报,1999,14(2):110-116.

[5] 雷加强,穆桂金,王立新. 西部干旱区重大生态环境问题研究进展[J]. 中国科学基金,中国科学基金,2005,19(5):268-271.

[6] 叶柏生,李翀,杨大庆,等. 我国过去 50a 来降水变化及其对水资源的影响(I):年系列[J]. 冰川冻土,2004,26(5):587-594.

[7] 张鑫,曹蕾,韩基良. 基于 Python 气象数据处理与可视化分析[J]. 气象灾害防御,2020,27(01):29-33.

[8] 肖明魁. Python 在数据可视化中的应用[J]. 电脑知识与技术,2018,14(32):267-269.

[9] 王亚东. Python 在气象数据可视化中的应用[C]//第 34 届中国气象学会年会 S20 气象数据:深度应用和标准化论文集,2017.

[10] https://anaconda.org/.

[11] https://pandas.pydata.org/pandas-docs/version/0.23.4/generated/pandas.cut.html.

[12] https://matplotlib.org/api/_as_gen/matplotlib.pyplot.html.

[13] https://matplotlib.org/api/toolkits/mplot3d.html.

[14] https://matplotlib.org/api/animation_api.html.

[15] https://matplotlib.org/api/_as_gen/matplotlib.animation.FuncAnimation.html.

青藏高原东部地区多地闪雷暴特征

田建兵[1]　张玉欣[1]　赵　阳[2,3]　张博越[1]

(1. 青海省人工影响天气办公室,西宁 810001;
2. 南京信息工程大学气象灾害预报预警与评估协同创新中心,南京 210044;
3. 南京信息工程大学大气物理学院,南京 210044;)

摘　要　本文利用地闪定位资料及多普勒雷达资料分析了青藏高原东部地区多地闪雷暴的特征,分析结果表明:(1)此类雷暴过程中发生的地闪以负极性为主,地闪发生的时间、位置与强回波出现的时间、位置有较好的对应关系,强回波区域面积与地闪频数之间呈正相关。(2)回波顶高的变化情况与地闪频数变化情况一致,但前者明显提前于后者。(3)在地闪初发阶段及地闪频发阶段垂直积分液态水含量较大,并且地闪的位置与液态水含量大的区域重合。(4)地闪发生时和地闪频数增加之前雷暴云垂直风廓线上会有无数据区(ND区)出现,地闪消失约 40 min 后 ND 区开始恢复。

关键词　雷暴　闪电频数　回波顶高　垂直积分液态水含量　垂直风廓线

1　引言

青藏高原地处我国西南部,平均海拔超过 4000 m,总面积占我国陆地面积的 1/4,是全世界范围最大、海拔最高的高原,其特殊的地理位置与热力作用对亚洲乃至全球的气候与环境都有重要影响[1]。

青藏高原地形复杂,气象观测站点稀疏,进行野外观测较为困难,有关高原雷暴特征的研究较少,多数研究利用了地面测站、卫星等数据。钱正安等[2]提出夏季高原地区对流云云量占总云量的 60% 以上,沿江流域及高原中部达 90% 以上。戴进等[3]利用极轨卫星反演云微物理特征分析青藏高原 3 个雷暴弱降水过程,其中雷暴云的云底温度在 0 ℃ 左右,云底离地面 1～2 km。郭凤霞等[4]模拟青藏高原一次雷暴过程,液态降水主要携带负电荷,固态降水主要携带正电荷,地面出现强正电场时与云在当顶,强固态降水时间吻合。近年来在高原地区开展实验表明高原夏季雷暴有特殊型雷暴结构,雷暴云内放电过程主要发生在中部主负电荷区与下部正电荷区之间[5-7],高原地区闪电放电强度比其他地区要弱[8]。

多普勒天气雷达是观测雷暴结构与演变的一种有效技术,对闪电的预警预报具有重要作用[9-11]。近年来随着多普勒天气雷达的发展,利用雷达资料对雷暴及其闪电活动特征的研究一直受到关注。Karunarathna 等[12]对佛罗里达四个小雷暴闪电的起始位置进行研究,发现云闪和地闪的起始位置在一个小水平区域内紧密聚集,这个区域比 >40 dBZ 的反射率中心区域小得多。Kouketsu 等[13]利用 X 波段偏振雷达资料分析了日本地区夏季孤立雷暴云中固态水成物的分布以及地闪的特征,他们发现负地闪都发生在反射率核心位置,并且负地闪发生时,大多数霰粒子超过了 −10 ℃ 高度;正地闪发生在强反射率核心位置,并且正地闪发生时大多数霰粒子超过了 −45 ℃ 高度。Mattos[14]等分析了有闪电和没有闪电发生的风暴中偏振雷达参数的特点,有闪电发生的风暴在混合层有更高的＋KDP 值,并且在冻结层有更高的－KDP 值。孟青[15]等对那曲地区雷达参量进行分段统计,发现分段平均地闪频次与雷达参量之间相关性较强,并且强回波面积与平均地闪频次的线性相关性最好。

一直以来,对于高原地区雷暴的研究发现青藏高原地区雷暴正地闪比例高且地闪数目较少[16-18]。本文基于全国雷电监测定位系统得到的青海省 2013—2017 年地闪资料,以及西宁市雷达探测资料,对青藏高原东部地区地闪数目较多(超过 100 次)的一类雷暴进行分析,旨在了解其雷暴活动规律及其地闪活动特征,为防雷减灾等工作提供依据。

2 资料

2.1 资料来源

本文所用的闪电资料来源于全国雷电监测定位系统,该系统具有全自动、大范围、高精度、实时监测闪电等特点,可以记录闪击发生的时间、经纬度位置、极性、强度、陡度等信息。文中闪电位置均为地闪回击位置,由于高原雷暴尺度较小,地闪始发位置和回击点水平距离较小,因此使用回击的时间、位置作为地闪的时间和位置。青海省的监测点分布如图 1 所示(2016 年建成的 23 个测站未在图中标出)。

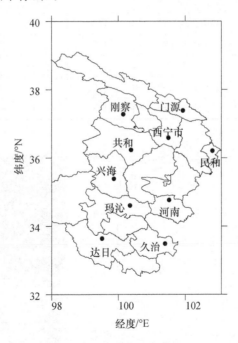

图 1　青海省雷电监测定位系统站点分布图

雷电监测定位系统由 ADTD 雷电探测仪、中心数据处理站和图形显示终端三部分组成,闪电放电过程中主要是回击过程,回击电流大,辐射电磁场强,是故障造成危害的主要原因[19],闪电监测定位系统从理论上讲,其核心是通过几个站同时测量闪电回击辐射的电磁场来确定闪电源的电流参数。根据 Maxwell 方程组和特殊路径上的传播影响,将两者联系起来[20]。

雷达资料取自西宁市的 CINRAD/CD 多普勒天气雷达(36°59′N,101°77′E,海拔高度

2445 m),雷达的探测波长为 5 cm,是 C 波段的多普勒天气雷达,其采用 360°全方位扫描,间距为 1°,体扫模式为 VCP21 模式,包括从 0.5°—19.5°共 9 个仰角的扫描数据。体扫周期约为 6 min 除了能显示常规天气雷达信息外,还能显示多普勒风场结构和频谱宽度等信息。

2.2 多地闪雷暴过程

从 2013—2017 年夏季(6—8 月)的雷达及地闪资料中,本文共筛选出 7 次较为完整的多地闪雷暴过程,这 7 次多地闪雷暴的基本信息如表 1。从表中可以看出多地闪雷暴主要发生在 14:00—20:00(北京时,下同),平均持续时间约为 4.2 h。分析多地闪雷暴的地闪资料发现这 7 次雷暴以负地闪为主,7 次雷暴共发生 1405 次地闪,其中正地闪有 38 次(在数据处理过程中,只有电流强度大于 10 kA 的地闪才认为是正地闪),仅占 2.7%,7 次雷暴中正地闪比例最低仅有 1.4%,最高不超过 7%。正地闪比例最高的雷暴是唯一一次初始地闪为正地闪的雷暴,且雷暴持续时间最短。

表 1   7 次多地闪雷暴过程信息

雷暴编号	日期	雷暴持续时间	总地闪	负地闪	正地闪	第一次地闪
T01	2013.7.19	3 小时 32 分钟	527	516	11	负地闪
T02	2013.8.7	4 小时 18 分钟	101	96	5	负地闪
T03	2015.6.1	4 小时 54 分钟	143	141	2	负地闪
T04	2016.7.14	2 小时 6 分钟	152	142	10	正地闪
T05	2016.8.21	5 小时 30 分钟	121	119	2	负地闪
T06	2017.8.7	4 小时 13 分钟	246	242	4	负地闪
T07	2017.8.8	4 小时 54 分钟	115	111	4	负地闪

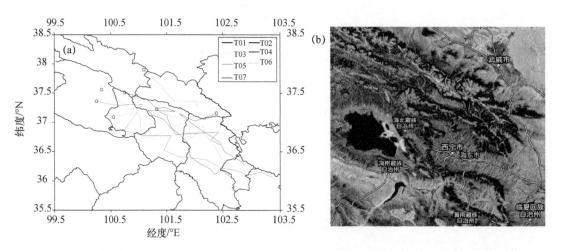

图 2   多地闪雷暴强中心移动路径及对应区域地形图(a 为雷暴强中心移动路径;b 为卫星地形图)

图 2 给出了 7 次雷暴的强中心移动路径,圆圈为雷暴的起始位置。从图 2 中可以看出雷暴多起源于青海湖东北方的刚察、海晏两县,然后沿山脉走向自西北向东南方向移动,强中心平均移动速度为 3.15 km/h,移动距离均超过 10 km。

3 个例分析

为了对多地闪雷暴特征有一个更全面的认识,本文选取发生于 2017 年 8 月 8 日的一次多地闪雷暴过程(雷暴 T07),分析其地闪活动特征以及与雷达回波、垂直积分液态水含量、雷达 VWP 产品(垂直风廓线)之间的关系。此次雷暴过程于 2:30 在刚察县产生,随后东南方向移动,在海晏县雷暴云发展到成熟阶段,6:30 雷暴进入消散期,10 点左右移出雷达观测范围,此时已无地闪发生,全程共经过七个小时。

3.1 闪电活动特征分析

这次雷暴过程共发生地闪 115 次,主要发生在成熟阶段和消散阶段前期,其中正地闪占 3.48%。电流强度如图 3,正地闪的最小峰值电流强度为 37.3 kA,最大为 54.5 kA,平均峰值电流强度为 48.3 kA;负地闪的最小峰值电流强度为 7.8 kA,最大为 69.6 kA,峰值电流强度的平均值为 18.9 kA。从图 3 中可以看出正地闪的电流强度普遍高于负地闪,其平均值约是负地闪的 2.5 倍。

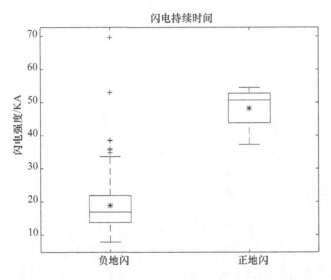

图 3 电流强度箱线图(方框代表第 25 和第 75 百分位数;"+"为异常值;"∗"为平均值)

将此次过程中的地闪数据按每 6 min 为一个间隔,分别统计正地闪数和负地闪数,根据地闪频数随时间的演变情况大致可以分为 5 个时段(图 4)。第一时段是 3:30—5:30,这一时段时间较长,占整个闪电持续时间的 2/5,总共发生地闪 28 次,正地闪全发生在此时段内。此时地闪频数低,无明显的峰值。第二时段是 5:30—6:18,总共发生地闪 53 次,占总地闪数的 46.1%,处于雷暴活动旺盛期。从 5:30—6:06 地闪频数基本保持上升趋势,在 6:06 地闪频数达到峰值 13 次,之后地闪频数突然减少。第三时段是 6:18—6:54,此时闪电进入沉寂期,半个多小时内只有 3 次地闪发生。第四时段是 6:54—7:36,此时闪电频数又开始增大,在 7:12 时达到最大值 6 次,随后开始减少。第五时段是 7:36—8:24,此期间总共发生地闪 3 次,雷暴消散。

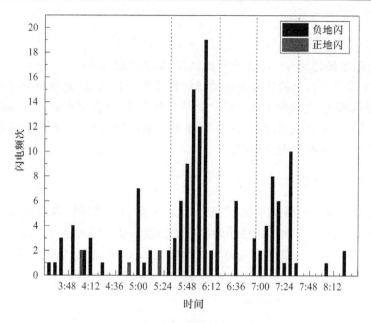

图 4 负地闪和正地闪数随时间变化图

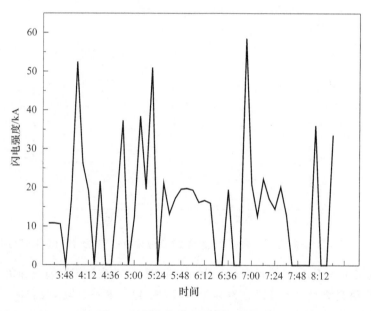

图 5 平均电流强度随时间变化图

图 5 为每 6 min 的平均电流强度图,结合地闪频数变化情况可以看出,地闪频数较高的第二时段和第四时段平均电流强度较小,地闪活动较少时平均电流强度反而较大,原因可能是雷暴云内的电荷积累到了一定程度,使得电流强度较大。

3.2 闪电活动与雷达回波之间的关系

雷达回波的面积大小、强度和地闪频数的高低有很强的相关性[21]。闪电定位系统在 3:26 第一次探测到地闪,发生在海晏县。从雷达图 6a 中可以看出此时存在两块回波,第一次地闪回击位置在上方回波的强回波中心附近,此时最大反射率为 35 dBZ,此时回波顶高达到了 8.5km 高度。图 6b 是 5:49 时 6km 高度的 CAPPI(constant altitude plan position indicator,等高平面位置显示)雷达反射率因子图,此时雷暴云已经进入成熟期,回波大体上为西南—东北走向,回波面积和强度明显增加,最大反射率达到了 45 dBZ。回波依然存在三个明显强回波中心(图 6b 中的 1、2、3),强中心 1 位于湟中县,强中心 2 位于西宁境内,地闪位置主要集中在强回波中心 1 的附近,30 dBZ 以上的强回波区域与地闪活动对应较好。8:21 时雷暴已经进入消散期,其 6 km 高度的 CAPPI 雷达反射率因子图如图 6c,此时雷达回波强中心已经进入民和境内,回波面积明显减小,且多为弱回波区域,强回波中心减弱到 30 dBZ,两次地闪都发生在弱回波区域。

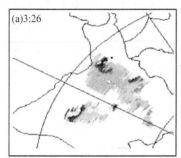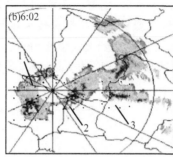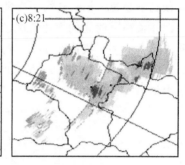

图 6　雷达反射率因子叠加前后 6 min 地闪数据图(雷达图为 6 km 高度 CAPPI 图)

在第二时段 5:30—6:18 期间,地闪频数出现跃增,为了定量研究地闪频数与雷达回波的关系,统计了这期间的最大反射率和强回波区域面积。如图 7a 所示,在地闪频数开始跃增的前 20 min 里,最大回波强度一直处于上升的趋势,直到 5:30 回波强度达到最大值,随后在整个第二时段内最大回波强度一直保持在 47 dBZ 左右,6:18 即地闪进入第三时段以后,最大回波强度便呈现递减状态。图 7b 分别为 30 dBZ 和 40 dBZ 回波的面积,30 dBZ 回波面积在 5:11 时出现突增,到 5:17 时 30dBZ 回波面积达到了 109 km²,并且在地闪次数较多的时间段内,30dBZ 回波面积一直较大,维持在 90 km² 以上,到 6:15 时,地闪频数减少时,30 dBZ 回波面积也出现骤减。40 dBZ 回波面积在 5:17 时出现并跃增,在 5:30 达到最大值 13 km² 之后便开始减小,之后便一直处在消失或者面积较小的状态。

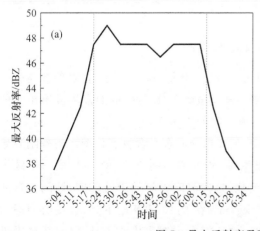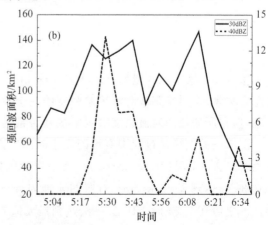

图 7　最大反射率及强回波面积随时间变化图

综上所述,高地闪频数出现之前,雷达强回波中心的强度和面积都会增加,30 dBZ 回波面积在地闪频发时段一直维持较大值,而 40 dBZ 回波面积在地闪快速增加时段较大,大多数地闪都发生在回波较强的区域,但并不是所有的强回波区域都会有地闪发生。

3.3 闪电活动与回波顶高及垂直液态水含量的关系

高的云顶高度是产生大量冰相粒子的条件和静电荷分离的起电机制,对流发展的越旺盛,云顶高度越高,就越有利于闪电的发生,回波顶高虽然与云顶高度存在差别,但回波顶高与闪电的发生之间也存在一定程度上的关系。

图 8 是该雷暴过程的回波顶高(18 dBZ 回波到达的最大高度),2:20 雷暴云刚产生时其回波顶高不超过 6 km,到第一次地闪发生时,雷暴云最大回波顶高达到了 8 km。从图中可以看出回波顶高随时间的变化情况与地闪频数的变化情况较为相似,同样存在两个极值,但前者提前于后者。一个极值在 4:00 时回波顶高达到最大值 9 km,而地闪频数在约 90 min 后才达到最大值;另一个极值是 6:15 时回波顶高达到 8 km,而地闪频数是在 60 min 后才达到第二个最大值。

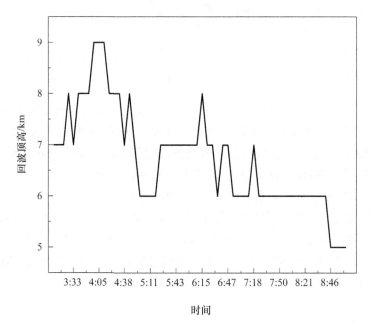

图 8　最大回波顶高随时间变化图

垂直积分液态水含量(vertically integrated liquid,VIL)定义为某单位底面积垂直柱体内的总含水量,是用来判断对流风暴强度的一个重要参量。虽然 VIL 与闪电的发生没有绝对的关系,但它所表征的对流强度对闪电的预警预报有着一定的指示作用[22]。

图 9 是此次雷暴过程中有地闪发生时间段内的垂直积分液态水含量变化图。雷暴刚开始发生时最大 VIL 只有 10 kg/m²,到第一次地闪发生时,VIL 增加到了 25 kg/m²,之后继续增加在 3:33 达到了 45 kg/m²,对照图 4 地闪频数变化,这段时间雷暴处于发展期,地闪频数还很低。之后在 5:24 时 VIL 又一次达到最大值 45 kg/m²,在 6:40 才开始下降,这一时间段雷暴已经处在成熟期,地面闪电分布集中,密度较大,并且闪击位置集中在 VIL 大的区域附近

（如图 10a），说明地闪强烈活动时雷暴云内含有丰富的液态水。到 7:12 时，云团内最大 VIL 已经降到 15 kg/m²，此时地闪的发生位置并不是 VIL 大的区域（如图 10b），雷暴开始逐渐消散，之后 VIL 一直保持在 25 kg/m² 以下。

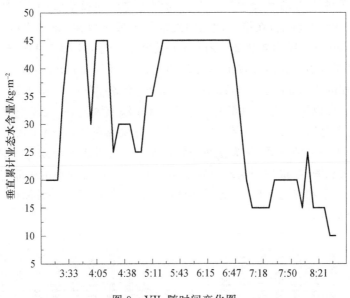

图 9　VIL 随时间变化图

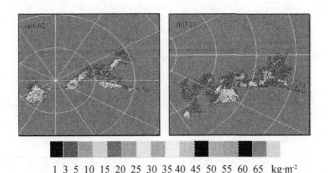

图 10　VIL 叠加前后 6 min 地闪数据图

　　从 VIL 和地闪频数演变分析来看，无论从空间分布还是时间分布而言，它与地闪特征都有一定的关系。当 VIL 最高值低于 25 kg/m² 时，可以认为雷暴开始消散，因为强烈的闪电活动需要 VIL 保持在一定数值之上，这样才能提供足够的水汽，雷暴云才能发展起来。

3.4　垂直风廓线与闪电的关系

　　多普勒天气雷达风廓线（VAD wind profile，VWP）产品是通过 VAD 技术，利用雷达体扫资料，反演出不同高度上的平均风向和平均风速，再以风向杆的形式把不同体扫各个高度的平均风向风速绘制在一张图上，最多可显示 11 个体扫时刻 30 个高度层（0.3～12.6 km，每 0.3 km 一层）的垂直风廓线。VWP 图上经常出现无数据区，即 ND 区，"ND"表示此高度上没有可靠的 VWP 产品。一般出现 ND 区有两个原因：（1）干区没有对流云发展；（2）被探测区域内液态水粒子运动杂乱无章,无法反演出风向和风速[23]。第二种原因产生的 ND 区往往是短时且局部的,不可能形成一定厚度连续无回波区,因此可以认为 VWP 产品中的连续 ND 区表示为干区[24]。

图 11a 显示了此次雷暴过程中第一次地闪发生前后的风廓线图,从图中可以看出上方 ND 区最低在 4.8 km 高度上,在第一次地闪发生的附近时段在 0.9～3 km 高度上也出现了 ND 区,并且 2.7 km 以上风力要比 2.7 km 以下风力强。图 11b 是 5:11—6:15 的垂直风廓线图,此时雷暴正处于发展旺盛阶段,ND 区比较稳定,在 0.6～5.4 km 范围内均无 ND 区出现,但在地闪频数增加的 40 min 之前(4:18—4:45 期间,图略),在 0.9～3.6 km 高度层上再次出现了 ND 区,2.7 km 以下风力依旧普遍低于 2.7 km 以上风力,并且风速发生了改变,1.5～2.7 km 之间多为东北风,2.7～4.5 km 之间多为东南风或东风,这表明雷暴云中存在明显的风切变,这有利于雷暴云的发展,并为雷暴的触发提供了大量水汽和能量。图 11c 是最后一次地闪发生后的风廓线图,在最后一次地闪发生 40 min 后 ND 区分别由底部往上和由上部往下出现,直至所有高度层都变为 ND 区,此时 ND 区的出现是由于第一种原因:干区没有对流云发展,雷暴云完全消散。

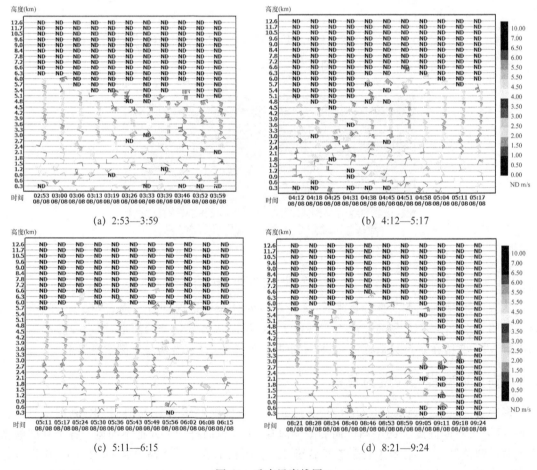

(a) 2:53—3:59

(b) 4:12—5:17

(c) 5:11—6:15

(d) 8:21—9:24

图 11　垂直风廓线图

可见,在第一次地闪发生时以及地闪频数增加之前,在雷达垂直风廓线图上中低空都会有非连续 ND 区的出现,即区域内液态水粒子在杂乱无章的运动,为雷暴的发生发展提供了充足的水汽。随着地闪频数的增加,ND 区又趋于稳定。因此,不连续 ND 区的出现对地闪的发生及地闪频数的增加有一定的指示意义。

4 结论与讨论

本文分析发现青藏高原东部地区多地闪雷暴过程以负地闪为主,这可能是因为内陆高原地区主要以特殊型雷暴为主,由于底部大的正电荷区与主负电荷区(两者似乎很接近)之间有大的场强,放电主要在它们之间发生,因此较难产生正地闪。另外的原因可能是由于 LPCC 下部缺少一个激发其对地放电的负电荷区。由于青藏高原海拔较高,雷暴云底高度一般只有几百米,因此 LPCC 下部不可能存在负电荷区,因此很难发生正地闪。

通过对发生在青藏高原东部地区的多地闪雷暴的地闪资料及雷达资料的多项参数进行对比分析,本文得出以下结论:

(1)青藏高原多地闪雷暴以负地闪为主,多位西北—东南走向,雷暴平均持续时间为 4.2 h,正地闪电流强度普遍高于负地闪。

(2)闪电回击位置主要集中在强回波区域及附近,在地闪频数持续上升阶段回波最大值及强回波面积都出现突增,并且 30 dBZ 回波面积在地闪频发时段一直维持较大值,而 40 dBZ 回波面积在地闪快速增加时段较大。雷达最大反射率及 30 dBZ、40 dBZ 回波面积峰值时间均提前于地闪频数峰值出现的时间。在地闪频发的时段内平均电流强度较低。

(3)回波顶高随时间的变化情况与地闪频数的变化情况有较好的相关性,但前者的变化时间提前与后者。在地闪初发阶段以及地闪频发阶段垂直液态水含量较大,雷暴成熟阶段地闪的回击位置与液态水含量大值区域有较好的一致性。

(4)地闪始发时及地闪频数开始增加之前,雷暴云内会有 ND 区的出现,最后一次地闪发生 40 min 以后,ND 区开始恢复,因此可以认为 ND 区的出现对地闪的发生具有一定的指示作用。

参考文献

[1] 徐祥德,陈联寿. 青藏高原大气科学试验研究进展[J]. 应用气象学报,2006(6):756-772.

[2] 钱正安,张世敏,单扶民. 1979 年夏季青藏高原地区对流云的分析[M]//青藏高原气象科学实验文集(一). 北京:科学出版社,1984:241-257.

[3] 戴进,余兴,刘贵华,等. 青藏高原雷暴弱降水云微物理特征的卫星反演分析[J]. 高原气象,2011,30(2):288-298.

[4] 郭凤霞,张义军,言穆弘,等. 青藏高原雷暴云降水与地面电场的观测和数值模拟[J]. 高原气象,2007,26(2):257-263.

[5] Kong X Z,Qie X S,Zhao Y,et al. An Analysis of Discharge Process of One Cloud-to-Ground Lightning Flash on the Qinghai-Xizang Plateau[J]. Chinese Journal of Geophysics,2006,49(4):878-885.

[6] Qie X,Zhang T,Zhang G,et al. Electrical characteristics of thunderstorms in different plateau regions of China[J]. Atmospheric Research,2009,91(2-4):0-249.

[7] 张廷龙,郄秀书,言穆弘,等. 中国内陆高原不同海拔地区雷暴电学特征成因的初步分析[J]. 高原气象,2009,28(5):1006-1017.

[8] 郄秀书,Ralf Toumi. 卫星观测到的青藏高原雷电活动特征[J]. 高原气象,2003,22(03):288-294.

［9］ Davey M J,Fuelberg H E. Using radar-derived parameters to forecast lightning cessation for nonisolated storms[J]. Journal of Geophysical Research：Atmospheres,2017.

［10］ Mosier R M,Schumacher C,Orville R E,et al. Radar nowcasting of cloud-to-ground lightning over Houston,Texas[J]. Weather & Forecasting,2010,26(2)：199-212.

［11］ Seroka G N,Orville R E,Schumacher C. Radar Nowcasting of Total Lightning over the Kennedy Space Center[J]. Weather & Forecasting,2011,27(1):189-204.

［12］ Karunarathna N,Marshall T C,Karunarathne S,et al. Initiation locations of lightning flashes relative to radar reflectivity in four small Florida thunderstorms：Flash Initiation Locations in Florida[J]. Journal of Geophysical Research,2017,122(12)：6565-6591.

［13］ Kouketsu T H,Uyeda T. Ohigashi,and K. Tsuboki. Relationship between cloud-to-ground lightning polarity and the space-time distribution of solid hydrometeors in isolated summer thunderclouds observed by X-band polarimetric radar[J]. Journal of Geophysical Research：Atmospheres,2017,122：8781-8800.

［14］ Mattos E V,Machado L A T,Williams E R,et al. Polarimetric Radar Characteristics of Storms With and Without Lightning Activity［J］. Journal of Geophysical Research Atmospheres,2016,121（23）：14201-14220.

［15］ 孟青,樊鹏磊,郑栋,等. 青藏高原那曲地区地闪与雷达参量关系[J]. 应用气象学报,2018,29(5)：14-23.

［16］ 张义军,葛正谟,陈成品,等. 青藏高原东部地区的大气电特征[J]. 高原气象,1998,17(2)：135-141.

［17］ 赵阳,张义军,董万胜,等. 青藏高原那曲地区雷电特征初步分析[J]. 地球物理学报,2004(3)：405-410.

［18］ 张荣,张广庶,王彦辉,等. 青藏高原东北部地区闪电特征初步分析[J]. 高原气象,2013,32(3)：673-681.

［19］ 李红斌,麻服伟. 黑龙江省冰雹天气气候特征及近年变化[J]. 气象,2001(8):49-51.

［20］ 胡先锋. 江西省雷暴活动时空变化特征及雷电灾害的研究[D]. 南京:南京信息工程大学,2007.

［21］ 赖悦,张其林,陈洪滨,等. 深圳一次强飑线过程的闪电频数与天气雷达回波关系分析[J]. 热带气象学报,2015,31(4)：549-558.

［22］ 李南,魏鸣,姚叶青. 安徽闪电与雷达资料的相关分析以及机理初探[J]. 热带气象学报,2006,22（3）：265-272.

［23］ 史珺,赵玉洁,王庆元,等. 风廓线雷达在一次短时暴雨过程中的应用[J]. 气象与环境科学,2017,40(4)：83-89.

［24］ 孙自胜,冯民学,谭涌波. 雷达、闪电资料在典型雷暴单体中的应用[J]. 气象科学,2014,34(5)：573-580.

第三部分　人工影响天气
作业效果评估

一种与作业效率相关的人工防雹物理检验方法的探究

郑博华　李　斌

(新疆维吾尔自治区人工影响天气办公室,乌鲁木齐 830002)

摘　要　本文运用新一代天气雷达基数据、NECP 逐 6 h 再分析资料,基于数学算法分析了 2011年 5 月 24 日新疆阿克苏地区一次防雹作业过程的物理参数动态变化。使用编程软件解析新一代天气雷达基数据,用递推、排序、深度优先搜索等算法计算冰雹云"体积",模拟冰雹云"形态",发现体积为极大值时,冰雹云呈上宽下窄型。建立数学方程与数学拟合多项式,一次方程斜率可近似反映冰雹云生长速率、衰减速率和单位时间内地面作业速率,拐点可作为区分冰雹云生长过程与衰减过程的临界点,结果表明:衰减与生长速率、衰减与作业速率比值越大,防雹作业效果越显著。根据不同高度层的斜率值可推断:仰角越大,斜率值越大,即随着碘化银增量的不断增加,冰雹云最先从顶部塌陷,且塌陷的速率最快。上述数理模型对识别早期雹云、何时开展人影作业、选取作业方位角以及合理使用作业剂量提供重要的参考依据。

关键词　冰雹云　人工防雹　效果检验　物理参数检验法

1　引言

新疆是典型的温带大陆性干旱气候,光热资源丰富,但干旱、冰雹等气象灾害频发,是我国西北地区冰雹灾害多发地区之一[1]。阿克苏地区的渭干河流域和阿克苏河流域是新疆九个主要冰雹发生区域其中之二[2]。南疆的阿克苏地区地处天山山脉中段南麓、塔里木盆地西北边缘,地貌类型复杂[2],夏季炎热干燥,其北部为山地,南部为沙漠,中间是平原、绿洲、河流、水库等,起伏不平的下垫面极易造成冰雹天气。阿克苏每年因冰雹、洪水等自然灾害造成的经济损失达数亿元之多,严重制约经济发展,适时开展有效的人工影响天气作业有举足轻重的作用。随着全球气候变暖,近几年阿克苏地区的强冰雹天气呈增多趋势[2-3],人工影响天气科技技术水平也随之发展提高。1994 年,阿克苏地区有了新疆第一部中频相参的 C 波段多普勒天气雷达,1996 年正式投入业务使用。2011 年新型人工影响天气作业火箭发射系统 148 套以及 X波段双偏振天气雷达投入使用,阿克苏地区建立了较为完善的人工防雹作业体系。

2000 年以来,国内学者对各地冰雹天气的气候特征、时空分布、冰雹形成机制和催化防雹作业理论等展开了诸多研究。肖辉[4]、樊鹏等[5]在识别早期冰雹云时提出了 45 dBZ 雷达强回波高度作为指标;郭学良等[6-8]研究表明:高炮防雹抑制雹云有效减少冻滴的平均直径和质量并有利于地面降水的产生。王雨曾等[9-15]表明:防雹作业后雷达回波顶高、雷达回波强度以及30 dBZ 强回波顶高明显比作业前小,通过了显著性水平 $\alpha = 0.5$ 的检验。新疆作为冰雹灾害的多发区,为冰雹研究提供了充足的个例,陈洪武[17]、王旭、马禹等[18-19]研究了新疆降雹出现的时间,并统计分析了系统性冰雹天气的环流形势;王秋香等[16]系统地阐明了新疆雹灾的分布特征,指出新疆阿克苏地区为雹灾最严重区域,必须提前联防、着力防御、重点保护;李丽华等[20]借助 ArcGIS 完成了阿克苏地区冰雹灾害 5 个风险区的区划。这些研究成果基本揭示了新疆冰雹天气的发生规律和变化特征。

自 20 世纪 70 年代新疆昭苏开始实施人工防雹作业以来,每年全疆各地州不断加大投入,作业装备和作业水平有着显著提升,但如何评估作业效果仍是新疆人工防雹工作中亟待解决的一项课题。近几年,有一些针对统计效果评估检验的方法探究,如李斌等[21]运用序列检验、不成对秩和检验以及 Welch 检验等统计学方法,对阿克苏地区科学开展人工防雹作业 1996 年前后各 18 年的年雹灾面积差异进行分析,得出非参数性不成对秩和检验显著性水平为 0.05,参数性 Welch 检验显著性水平高达 0.01,雹灾面积相对减少率为 43.14%;李斌等[22]以喀什地区作为对比区,采用统计学的区域回归分析法,得出阿克苏地区雹灾面积相对减少率为 54.5%,统计显著性水平高达 0.01。毋庸置疑,统计效果检验方法在一定前提条件下可以说明其效果,但存在两点不足:(1)要求资料年代较长;(2)只考虑最后结果,不管冰雹云的变化过程,未能深入认识冰雹云的变化规律。为了提高对冰雹云的认识,本文采用能反映雹云特征的某些物理量进行对比分析的物理参数统计检验法,利用作业前后雷达回波参数,结合地面作业量以及单位时间内地面作业效率,建立雷达回波参数与作业量、作业速率特征变化之间的数模关系。选取 2011 年 5 月 24 日新疆阿克苏地区一次冰雹天气过程,利用新一代天气雷达(CINRAD/CC)基数据,分析作业前后冰雹云"体积""形态"的变化,拟合冰雹云生长、衰减、作业增量的数学拟合多项式,定量分析地面人工防雹作业效果,进而为人工防雹物理检验方法提供重要参考依据。

2 冰雹天气概况

2011 年 5 月 24 日,受中纬度弱波动影响,阿克苏地区共 4 站产生降雨(图 1)。24 日 00 时至 25 日 00 时,新和累积降水量 5.7 mm、阿克苏 1.2 mm、温宿 0.5 mm、库车 0.4 mm。14 时前后,阿克苏地区多站出现强对流天气,拜城、库车、新和、沙雅出现雷暴。19:10—20:15,在温宿县恰格拉克乡三大队出现强对流天气,伴有雷暴和软冰雹,19:24 左右开始降雹,冰雹持续时间约 5 min,最大直径约 2 mm,造成 110 亩棉花受灾,经济损失 0.5 万元;19:30 左右,阿克苏市拜什吐格曼乡出现冰雹,24 大队 1 小队 1000 亩棉花受灾,20%棉花叶子被打掉,直接经济损失 20 万元。

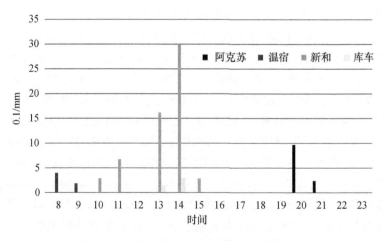

图 1　2011 年 5 月 24 日阿克苏地区降水实况

回顾当日阿克苏地区雷达回波,19:10 起,雷达回波逐渐形成"V"形,至 20:15,温宿县位于"V"形回波顶端(图 2),而正是在这个时段内,温宿县恰格拉克乡三大队出现强对流天气,且伴有大雨和软冰雹。这与冰雹云雷达回波形态识别已有认知(冰雹云回波类似"人"字形排列、"V"形缺口顶端常常会出现降雹)相符[24]。

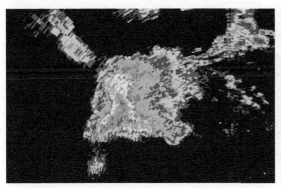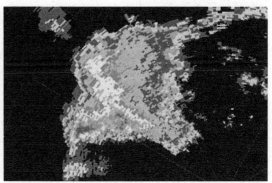

图 2　(a)2011 年 5 月 24 日 19:09 新疆阿克苏雷达组合反射率;
(b)2011 年 5 月 24 日 19:15 新疆阿克苏雷达组合反射率

早期研究认为[23],阿克苏地区冰雹云组合反射率因子达 50 dBZ 以上,45 dBZ 强回波核高度大于等于 9 km 可作为冰雹云识别指标,也有研究指出[4-5]冰雹云初期,回波和强回波都会出现在 0~−5 ℃之间,在云体的中上部,强冰雹云 45 dBZ 回波顶高大于 8 km,弱冰雹云 45 dBZ 回波顶高为 7~8 km。按此标准来看,本次雹云开始发展时 47.3 dBZ 强回波顶高已经超过 8 km(18:09),51.6 dBZ 强回波核高度达 8.8 km(18:20),前期雷达回波已有所反映,有较大降雹概率。

5 月 24 日 20 时 500 hPa 高空天气图(图 3)上,欧亚范围为纬向环流,西西伯利亚为一稳定的低值区,阿克苏地区处于低压底部的锋区上,低压外围不断分裂短波东移南下。同时在 40°~45°N 之间有较弱的南支锋区,锋区东移过程中与西伯利亚低槽底部分裂波动相结合,造成此次阿克苏地区的降水及局地冰雹天气。分析低层热力条件也能看到明显的冷暖气流交汇:23 日 20 时,低层 850 hPa 阿克苏受弱温度脊控制,24 日 08—09 时,北支冷空气南下,温宿县产生降水,24 日白天,天空晴好,受太阳辐射作用,温宿县气温逐步回升,最高温达 26 ℃,底层有较好的热力条件。24 日 20 时,850 hPa 温度槽南压,温宿处于低槽底部,冷空气入侵,地面气温高,低层气温低,形成不稳定层结。从 850 hPa 风场上看,阿克苏有 14 m/s 的偏东风,加之其西部山脉地形阻挡作用,利于上升运动的产生,为强对流天气提供了良好的动力条件和触发机制。当日 08 时的探空 K 指数为 27,沙氏指数 SI 为 1.11,0 ℃层高度为 3767 m,不稳定指数都是利于对流发生的,0~6 km 垂直风切变约 24 m/s,大气层结不稳定,具有一定强对流潜势。

3　防雹作业效果分析

3.1　防雹作业效果检验方法

科学的检验防雹效果对提高作业效率、改进防雹技术至关重要[25]。效果分析的方法众

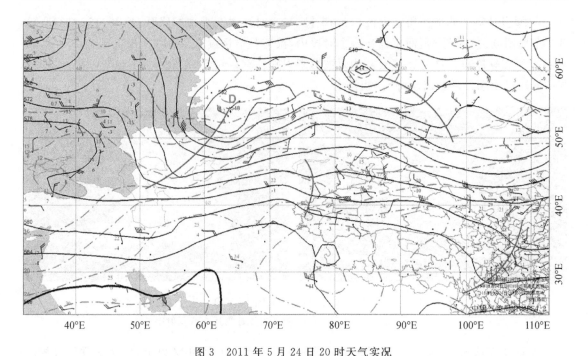

图 3 2011 年 5 月 24 日 20 时天气实况
(实线为 500 hPa 位势高度,虚线为 850 hPa 温度,矢量风为 850 hPa 风)

多,统计检验法与物理参数检验法较为常用[25],后者可选择两种方式进行作业前后对比检验:
(1)对比同一块雹云作业前、后某些物理参数的变化;(2)选择大致相同的两块雹云,一块作业,
另一块不作业,对这两次过程进行相关比较。但由于降雹是小概率事件,且降雹时空变速很
大,受不同地域不同时间影响,选择两块大致相同的雹云并不是一件易事。此次人工防雹效
果检验采用对比同一块雹云物理参数检验方法,运用基于雷达基数据的数理模型对同一块
雹云进行定量分析,暂且认为雹云的自然生长速率等同于自然衰减速率(无人工防雹作业
情况下)。

3.2 核心算法的设计

新一代天气雷达(CINRAD/CC)原始数据由文件头和基于极坐标系的原始数据(512 个径
向)组成。经解析得到文件头中雷达基数据基本信息,如国家、省份、站点名、雷达型号、经度和
纬度等。在细化每层数据结构时,挑选出 45~48 dBZ 的雷达回波强度,并找到其对应的极坐
标,在程序代码中通过输入角度区间坐标范围来遴选对应冰雹云(例如同一张雷达图中有二到
三块不同雹云区域)以确保对同一块雹云实施作业与分析,由此统计出满足条件的点数,并挑
选出此层中回波强度最大的值,利用数学公式计算出这一层中最强回波对应的高度。至此,可
以根据每层满足条件值的点数量近似模拟出这块冰雹云的"体积"发展过程(图 4)。在体积点
数最大时(19:21)根据不同仰角层点数可以近似的描绘这块冰雹云垂直高度上的形态分布(图
5),19:21(上宽下窄)自第 8 层(仰角:7.5°)到第 12 层(仰角:14.0°)有比较明显点数聚合,且
高度均在 7 km 以上,再次说明有降雹趋势[4-5],10 min 之后,19:31(上窄下宽)在 8~12 层聚
合点数急剧下降,几乎消失。

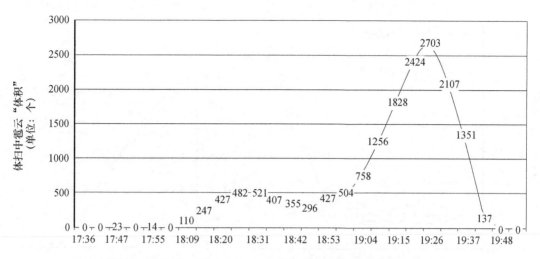

图 4　雹云生成、衰减过程中满足算法的点数随着时间的变化
（考虑地物干扰每个时刻中不加入第一层（0.5°）扫描中的点数）

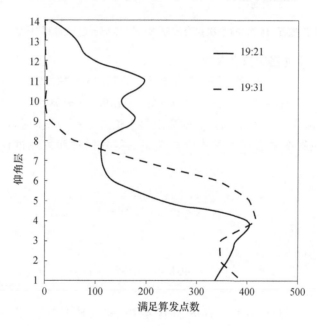

图 5　19:21 与 19:31 冰雹云"体积"每层点数的分布

3.3　数学关系的推算

在得到冰雹云"体积"随时间变化特征后，根据冰雹云生长和衰减的特征，可以把整个冰雹过程划分为两个阶段，即 18:09—19:26 的生长过程（图 6a）和 19:26—19:48 的衰减过程（图 6b），将生长过程与衰减过程曲线进行多项式拟合，（对于非线性模型，其多项式方幂值越大，误差越小），本文使用三次拟合多项式，利用三次多项式的二阶求导可作为曲线的拐点（即：连续曲线上凹的曲线弧和凸的曲线弧的分界点叫做曲线的拐点），用拐点作为区分冰雹云的增长过程或衰减过程的临界点。

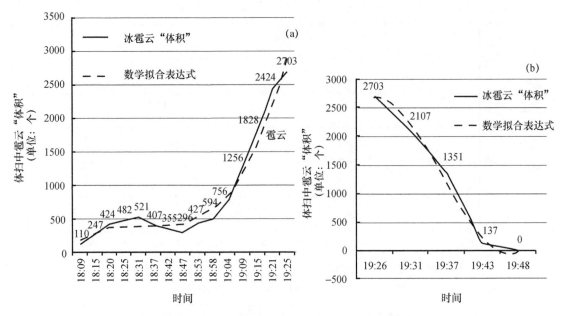

图6 (a)冰雹云生长过程"体积"的三次拟合多项式；(b)冰雹云衰减过程"体积"的三次拟合多项式

推导出生长与衰减过程的拟合多项式为：

$$y_1 = 3.123x^3 - 51.635x^2 + 273.34x - 66.775$$
$$y_2 = 103.08x^3 - 894.89x^2 + 1498x + 1970.6$$

式中，y_1 函数中拐点值在 $x = 18:42$ 时，y_2 函数中拐点值在 $x = 19:31$ 时，以此两点为临界点在多项式中计算出近似斜率来表征增长或衰减速率。得到增长和衰减过程的一次方程表达式如下。

冰雹云生长过程：

$$y_1 = 372.67x - 402.5$$

生长过程的斜率：372.67。

冰雹云衰减过程：

$$y_2 = -601.43x + 3154.7$$

衰减过程的斜率：601.43。

斜率比约为 601.43/372.67 = 1.6138，即作业中衰减的速度与生长速度之比为 1.6138。

为探究防雹作业量的变化，用上述方法计算碘化银累积量随时间的变化。这次冰雹天气过程中防雹作业点共 27 个，均使用 37 mm 高炮或火箭弹，集中作业时间 18:41—20:00，累计发射炮弹 650 发，火箭弹 112 枚。图7为将炮弹和火箭弹的碘化银含量均匀插值到时间后得到已作业碘化银累积量随时间的变化图。

计算开始作业后碘化银累积量的数学方程拟合及斜率，得到一次方程：$y = 358.13x + 932.41$，斜率为 358.13，反应了单位时间内作业增量的速率。由此得到：冰雹云生长、衰减、碘化银增量三者之间的比例为：372.67：601.43：358.13，即：1.04：1.68：1。衰减速率大于碘化银增量，可推断出人工防雹作业对冰雹衰减有一定积极作用。

在这次防雹整个过程中，根据核心算法中每一层最强回波对应的高度选取了四层（L6，L7，L10，L11）作为计算对象，分别得到四层方程分别为：

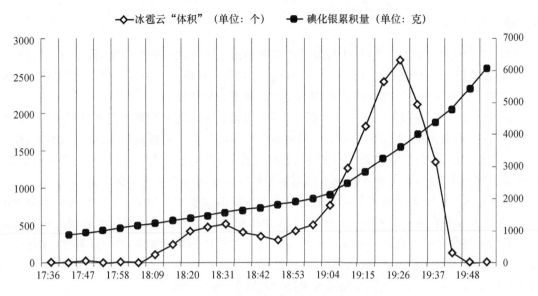

图 7　冰雹云"体积"与碘化银累积量的变化

L6：	$y=-0.3135x+9.5864$
L7：	$y=-0.3883x+11542$
L10：	$y=-0.6642x+17.897$
L11：	$y=-0.7069x+19.349$

4 个不同仰角（5.3°, 6.7°, 10°, 11°）（图 8）强中心高度的变化可以拟合出上述方程,即得到了 4 个不同斜率值：0.3115, 0.3883, 0.6642, 0.7069。从这 4 个斜率值上可以看出仰角越大其方程斜率值越大,即随着碘化银增量的不断增加,冰雹云最先会从顶部塌陷,且塌陷的速率最快。从另一方面也可以看出,持续对冰雹云的作业即随着碘化银含量的持续增加可以较为明显地降低冰雹云（顶部）强中心高度。

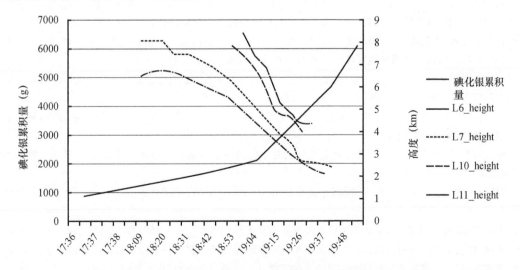

图 8　L6, L7, L10, L11 层强中心高度随着碘化银累积量之间关系图

4 结论与讨论

本文通过分析 2011 年 5 月 24 日新疆阿克苏地区一次冰雹过程的演变,得出以下结论。

(1)雷达回波图与炮点实时指挥作业为这次防雹作业提供了有力技术保障;实况作业信息与灾情快报信息为作业后效果评估提供了有效的参考分析依据。

(2)通过解析新一代天气雷达基数据,运用数理模型对冰雹云的整个发展过程进行了定量分析,推算出冰雹云"体积"、计算出不同仰角强中心回波顶高等参数和冰雹云生成、衰减、作业增量三者之间的斜率比,衰减与生长速率、衰减与作业速率比值越大,防雹作业效果越显著。但本文只有一个个例,用斜率比来反映防雹效果的指标还有待更多的个例来量化。

在冰雹云"体积"与碘化银累积量的变化中可以看出冰雹云在 19:15 后体积有较为突显的下坠,设想如果将作业时间提前 6 min(一个雷达体扫时间),是否会对冰雹云的快速生长起到更为有效抑制作用还有待进一步论证。在对雷达基数据不同仰角数据进行分析时,发现在碘化银含量持续增加的情况下,仰角 L11 回波层强中心高度从 19:04 急剧衰减,衰减斜率为所选四层中之最。即从雹云顶部开始迅速塌陷,即达到防雹作业效果。

(3)从雷达基数据进行分析的物理参数检验方法不仅可以定量分析冰雹云生成、衰减、作业增量三者之间的斜率比,还可以作为防雹作业的有效阈值,如雹云"体积"阈值、不同仰角层中强中心顶高阈值等。受不同地区、地形影响,基于雷达基数据的物理参数检验方法受限于很难找到完全相似的两块冰雹云进行数据分析,相关参数检验等,但可以通过较早的历史数据找寻完全没有进行防雹作业的雹云进行物理参数检验方法验证,这也是今后需努力的方向。

参考文献

[1] 刘德祥,白虎志,董安祥. 中国西北地区冰雹的气候特征及异常研究[J]. 高原气象,2004,23(6): 795-803.

[2] 热苏力·阿不拉,牛生杰,王红岩. 新疆冰雹时空分布特征分析[J]. 自然灾害学报,2013,22(2): 158-163.

[3] 张俊兰,张莉. 新疆阿克苏地区 50a 来强冰雹天气的气候特征[J]. 中国沙漠,2011,31(1):236-241.

[4] 肖辉,吴玉霞,胡朝霞,等. 旬邑地区冰雹云的早期识别及数值模拟[J]. 高原气象,2002,21(2):159-166.

[5] 樊鹏,肖辉. 雷达识别渭北地区冰雹云技术研究[J]. 气象,2005,31(7):16-19.

[6] 崔雅琴,肖辉,王振会,等. 三维对流云催化数值模式人工冰晶参数化方案的改进与个例模拟试验[J]. 高原气象,2007,26(4):798-810.

[7] 郭学良. 三维强对流云的冰雹形成机制及降雹过程的冰雹分档数值模拟研究[D]. 北京:中国科学院大气物理研究所,1997:44-49.

[8] 周非非,肖辉,黄美元,等. 人工抑制上升气流对冰雹云降水影响的数值试验研究[J]. 南京气象学院学报,2005,28(2):10-19.

[9] 刘治国,陶健红,王学良,等. 一次高炮防雹效果的 CINRAD/CC 产品分析[J]. 干旱气象,2006,24(3): 23-30.

[10] 王雨曾,刘新元,赵宗然,等. 人工防雹效果差异分析[J]. 气象,1996,22(12):31-34.

[11] 王婉,姚展予. 2006 年北京市人工增雨作业效果统计分析[J]. 高原气象,2009,28(1):195-202.

[12] 王雨曾,郁青. 多物理量检验防雹效果的研究[J]. 气象,1995,21(10):3-9.

[13] 高子毅,张建新,廖飞佳,等. 新疆天山山区人工增雨试验效果评价[J]. 原气象,2005,24(5):734-740.

[14] 李桂华,金少华. 雹云识别的物元可拓模型在低纬高原的构造及其效果检验[J]. 高原气象,2005,24

(02):280-284.

[15] 李祚泳,邓新民,张辉军. 基于神经网络 B-P 算法的雹云识别模型及其效果检验[J]. 高原气象,1994,13(1):44-49.

[16] 王秋香,任宜勇.51a 新疆雹灾损失的时空分布特征[J]. 干旱区地理,2006,29(1):65-69.

[17] 陈洪武,马禹,王旭,等. 新疆冰雹天气的气候特征分析[J]. 气象,2002,29(11):25-28.

[18] 王旭,马禹. 新疆冰雹天气过程的基本特征[J]. 气象,2002,25(1):10-14.

[19] 马禹,王旭,赵兵科,等. 新疆冰雹的时空统计特征[J]. 新疆气象,2002,25(1):4-5.

[20] 李丽华,陈洪武,毛炜峄,等. 基于 GIS 的阿克苏地区冰雹灾害风险区划及评价[J]. 干旱区研究,2010,27(2):221-229.

[21] 李斌,郑博华,史莲梅,等. 新疆阿克苏地区人工防雹作业效率研究[J]. 新疆农业科学,2016,53(5):942-948.

[22] 李斌,郑博华,史莲梅,等. 利用区域回归分析法对阿克苏地区人工防雹作业效果再分析[J]. 新疆农业科学,2017,54(9):1756-1764.

[23] 张磊,张继东,热苏力·阿不拉. 南疆阿克苏冰雹天气的判识指标研究[J]. 干旱气象,2014,32(4):629-635.

[24] 郭恩铭,宋达人,刘万军,等. 冰雹云图集[M]. 北京:气象出版社,1996:134-136.

[25] 徐秀玲. 通过多种途径探讨西藏人工防雹效果检验方法[J]. 西藏科技,2007,(1):54-57.

基于区域自动站资料的巴音布鲁克山区人工增雨效果评估

李 刚 习 鹏 杨 波

（新疆维吾尔自治区巴音郭楞蒙古自治州气象局，库尔勒 841000）

摘 要 根据国内现有理论成果并结合巴音布鲁克地区特殊的地形和气候，利用现有技术条件对巴音布鲁克区域的人工增雨作业效果进行研究与评估。通过运用 2010—2017 年的区域自动资料，结合期间 8 年的人工增雨作业数据对其进行多种统计方法分析对比，评估检验出单作业点在人工增雨作业时，某些作业会产生负效果，使降水减少，有些作业效果明显，有些不明显；并且多种统计方法分析均表明，历年增雨效果为 5.57%，平均降雨增量 0.06 mm，表明巴音布鲁克山区增雨效果比较明显，而且在统计性显著水平 $\alpha = 0.035$ 的情况下，就可以得到这一结果。应用这种评估方法结合个例进行单次实际分析，进一步验证人工增雨取得的具体效益。

关键词 人工增雨 效果评估 统计检验 个例分析

巴音布鲁克地区的巴音布鲁克草原既是我国第二大草原，也是中国最大的高山草原。其位于和静县西北，伊犁谷底东南，中部天山南麓，海拔约 2500 m，面积约 2.38 万 km²，由大小珠勒图斯两个高位山间盆地和山区丘陵草场组成，草原东西长 270 km，南北宽 136 km，总面积 23835 km²。而草原水源补给以冰雪溶水和降雨混合为主，部分地区有地下水补给，形成了大量的沼泽草地和湖泊。因此巴音布鲁克地区不仅有闻名全国的天鹅湖自然保护区，而且巴州的母亲河开都河也起源于此。所以在巴音布鲁克区域进行人工增雨具有重要实际意义。

效果评估是人工增雨中不可或缺的重要环节[1]，但由于云和降水的自然变率大，不同时间、空间条件下各种因素复杂，利用划定目标区和对比区的非随机化方法，同时使用多种统计推断方法对资料进行统计分析，对业务作业来说是一种相对合理有效的方法，已在世界范围内广泛应用[2]。随着巴音布鲁克地区自动雨量站的布设完成并投入业务运行，对巴音布鲁克区域内的实时降水分布情况有了全面、直观和相对精确的掌握，能够有足够的雨量分布资料对人工影响天气的效果作出相对合理的统计分析评估。

1 人工增雨效果评估方法确定

人工增雨是人们利用现有科学技术对云体撒播催化剂，促进云体变化，从而达到增加降水的目的[3]。对于基层来说，人工增雨的最终效益就是作业影响区平均雨量是否大于非作业区的平均雨量。如果作业影响区平均雨量大于非作业区的平均雨量，则说明人工增雨有效果；否则说明人工增雨是无效果。因此，确定作业影响区将对评估人工增雨效益具有重要的实际意义。而催化剂入云后形成冰晶如何扩散，扩散时间和速度有多大，扩散范围有多广等因素都与增雨的作业影响区有直接关系[4]。

因此作业影响区的确定重点有两方面的内容，一是作业影响区与对比区的划分和选择。二是增雨作业点影响范围的确定。

1.1 对比区与作业受益区的划分和选择

由于巴音布鲁克的海拔高,全年只有 5—9 月属于降雨季节,其余月份为冰雪天气,以火箭增雨为主的人工影响天气作业模式,只能在降雨季节进行增雨;为保证数据的有效性,减少误差,选取 2010 年以来,每年 5—9 月增雨期,巴音布鲁克山区的增雨作业数据与区域自动站数据进行人工增雨作业效果的研究与评估。

巴音布鲁克地区由大小珠勒图斯两个高位山间盆地和山区丘陵草场组成,两个盆地之间有山脉隔开,沼泽草地及湖泊多位于大珠勒图斯盆地之中,地处巴音布鲁克地区的天气上游也经常在大珠勒图斯盆地之中,考虑到山地的影响及人影作业数据,结合多年作业经验及气候数据情况综合考虑,提取区域自动站每小时降水数据,按照各年区域自动站 5—9 月作业期日均降雨量(表 1)及地域分布相近的原则分为 A、B 两个区域进行分析对比,A 区包括江巴口子(5828),巴音郭楞乡(5808),B 区包括巴音乌鲁乡(Y5803),德尔比勒金(Y5826)(由于巴西里克(Y8304)区域站点数据缺失较多,不适合作为对比站点)。作业效果评估根据作业点的选择按照区域自动站点为单位划分影响区即增雨目标区和对比区进行对比分析。

表 1   各区域自动站点 2010—2017 年增雨期日平均降雨量(单位:mm/d)

区域站点	年份							
	2010	2011	2012	2013	2014	2015	2016	2017
江巴口子	2.920	1.910	1.383	1.677	1.446	0.909	0.995	0.291
巴音郭楞乡	2.353	1.975	1.276	1.613	1.466	1.548	0.742	1.319
巴音乌鲁乡	1.946	1.905	1.382	1.630	1.571	3.501	1.189	1.807
德尔比勒金	1.499	2.163	1.495	1.158	1.906	1.986	0.968	1.864

1.2 单点影响范围的确定

单个火箭作业点的影响范围主要由以下方面确定,由于本文主要考虑催化剂的覆盖面积,因此本文只需考虑催化剂的水平扩展,设计的前提是本文发射的火箭弹量足以满足增雨过程对催化剂浓度的要求。

1.2.1 风

风包括风向和风速。风向决定了系统的移动方向,也就基本确定了催化剂扩展的方向,从而大致确定了作业目标区方位,而风速表征了催化剂的扩展速率,风速大,催化剂扩展的速度就快,作业目标区的范围就大。

国内外专家常把 −10～−24 ℃视为人工播云的温度窗口[2]。如果地面温度为 20 ℃,由于大气温度的垂直递减率为每升高 100 m 降温 0.65 ℃,那么最佳播云高度就应在 5000 m 左右。以巴音布鲁克地区主要增雨的 5—9 月份为例,根据巴音布鲁克气象站的 2010—2017 年的数据进行统计分析(表 2),可知巴音布鲁克地区 5—9 月地面日平均温度在 14.1 ℃,因此最佳播云高度应在 4000 m 左右,所以利用相近的 500 hPa 的风向风速确定催化剂的水平扩展方向和扩散速度。

表 2　巴音布鲁克气象站 2010—2017 年增雨期日平均温度及日均风速

类别	2010	2011	2012	2013	2014	2015	2016	2017
日均温度(℃)	13.3	13.4	14.2	13.2	14.0	13.8	15.2	15.5
日均风速(m/s)	3.63	3.25	3.38	3.27	3.29	3.39	3.14	3.10

1.2.2　所使用增雨火箭的具体性能参数

对照表 3,根据火箭的射高、射程、发射仰角、发射方向等,可以确定该火箭对催化剂的有效播撒宽度 W。

表 3　RYI-6300 型火箭 2500 m 海拔高度弹道表

时间(s)	10	15	20	25	30	35
距离(km)	4.67	5.37	6.13	6.61	7.22	7.78
高度(km)	3.78	3.90	4.14	3.79	3.73	3.53

以海拔高度在 2458 m,主要使用 RY-6300 型的巴音布鲁克地区为例,根据该型火箭弹道数据表(表 3),当火箭仰角为 45°时,火箭的播撒高度为 3778～4144 m,整个播撒过程绝大部分处于最佳催化高度范围内,此时火箭的播撒宽度(始播点到终播点的水平距离)为 3111 m。由于催化剂的水平扩展范围主要受 500 hPa 高空风速的影响,因此应考虑发射方向与水平风向的交角(β)所带来的影响,因此火箭的有效播撒宽度为:

$$W = 3.11(\text{km}) \times \sin\beta \tag{1}$$

作业点增雨播撒影响面积为:

$$S = W \cdot V \cdot T \tag{2}$$

式中:W 为火箭的有效播撒宽度,V 为 500 hPa 高空风速,T 为有效扩散时间。为了不夸大、不贬低催化剂的影响,因此本文有效扩散时间 T 选取为 3 小时。

2　多种效果统计检验分析

一般来说,现有的人工增雨效果检验方法有物理检验、统计检验和数值模式检验[5]。对于统计检验,目前国际科学界普遍接受随机试验的人工增雨效果统计评估方法,这种方案是经过严格科学设计来实施的效果检验,原则上可以做到符合随机抽样规则,定量地检验出效果并指明其可靠程度,但由于这类试验需要放弃一半左右的作业机会,人们在抗旱增雨的业务实践中是难以接受的,因此国内人工增雨作业大多为非随机化试验[6]。现有的非随机化试验方案有序列试验、区域对比试验、区域历史回归试验、区域控制模拟试验等。

为了能够更客观的评估巴音布鲁克山区人工增雨作业效果,提高作业效果评估的可信度,并且结合巴音布鲁克山区人工增雨作业实际与评估方案的可行性,采用多种统计检验方法进行增雨效果检验分析,进一步精确的得到巴音布鲁克山区人工增雨作业效果。

2.1　回归分析方法试验

人工增雨效果检验中所谓"回归分析",是在人工增雨目标区之外,再选择一个或多个不受催化影响的对比区。由于对比区、目标区两区的地形、面积与目标区大体相仿,试验期两区的天气影响相同且两区均布设了雨量观测点。一般一次降水过程总降雨量的 80% 都可以在两区内观测到。因此采用"横比"统计检验方法中的区域回归分析法进行分析。

由以上论述可知,本文根据区域站点分布(图 1)及作业点的分布,选取上游地区的江巴口子与巴音郭楞乡为对比区,下游地区的德尔比勒金与巴音乌鲁乡为目标区,为进一步减少误差及保证数据的精确度,提取只在巴音郭楞乡作业点作业开始时的对比区区域自动站的小时雨量数据以及作业后目标区区域自动站的小时雨量数据进行统计分析。

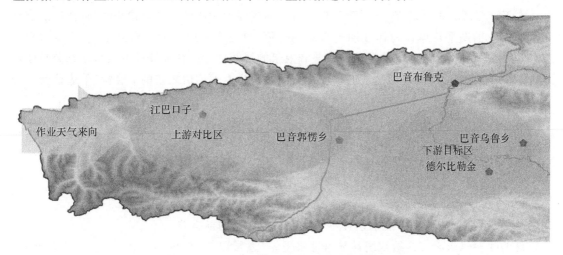

图 1　作业天气上游对比区与下游目标区示意图

首先利用历史资料,建立目标区统计变量依对比区的回归方程;然后在增雨期间,将对比区统计变量的自然值代入回归方程,求出目标区的自然期待值,再与实测值比较以确定效果。因此根据表(1)可得出历年增雨期间雨量的自然期待平均值公式为:

$$y_{0k} = \frac{1}{k} \sum_{i=1}^{k} (y_I - 0.966x_i + 0.002) \tag{3}$$

式中:x_i 为对比区作业期间的实测值;y_I 为目标区作业期间统计变量的期待值;y_{0k} 为作业期间目标区如果不实施播云时雨量的自然期待平均值。

当历年统计变量服从正态分布时,目标区实测值与目标区期待值之差的平均值可用多个事件的 t 检验法进行显著性检验(单边检验),公式为

$$t = d_k \bigg/ \sqrt{\frac{(1-r^2)(n-1)}{n-2} s_k^2 \left[\frac{1}{k} + \frac{1}{n} + \frac{(y_k - y_n)^2}{(n-1)s_n^2} \right]} \tag{4}$$

$$d_k = \frac{1}{k} \sum_{i=1}^{k} (y_i - y_I) = y_k - y_{0k}$$

式中,y_i,y_I 分别为目标区作业期间统计变量的逐个实测值和期待值;r 是对比区与目标区统计变量的相关系数;n 和 k 分别是对比区和目标区的样本容量;s_n,s_k 分别是对比区样本和目标区样本的标准差;y_n,y_k 分别是对比区样本和目标区样本的平均值;自由度计算公式为:$\nu = k + n - 2$。

给定统计显著性水平 α,当由公式(4)计算出 $t \geqslant t_{2\alpha}$ 时,平均差值显著,于是可再给定置信水平 $(1-\alpha)$ 对增值的置信区间进行估计,公式为:

$$y_k - y_{0k} > (y_k - y_n) - t_{2\alpha} \cdot S \tag{5}$$

式中,S 为公式(4)的分母部分。

从公式(4)和(5)可知,当平均差值 d_k 一定时,决定显著性水平大小的 t 值和决定区间估计值大小的 (y_k-y_n) 值,取决于样本的容量和标准差大小外,还与相关系数大小有关,即样本容量愈大,标准差愈小,相关性愈好,则效果的显著性愈高,区间估计值愈大。

2.2 序列分析方法试验

人工增雨试验中所谓"序列试验",是只有目标区而无对比区。效果检验时,将目标区统计变量的作业前期平均值作为作业期的自然期待值,再与作业期后期实测值比较,确定增雨效果。效果检验主要包括差值的显著性检验和效果的区间估计。在统计样本服从正态分布条件下,作业期间实测值与期待值差值的显著性采用两个样本平均值之差的 t 检验(单边检验),公式为:

$$t=(y_k-y_n)\,/\,S\sqrt{\frac{1}{k}+\frac{1}{n}} \tag{6}$$

式中,y_k,k 和 y_n,n 分别是目标区作业后期样本和作业前期样本的平均值和容量,得:

$$S=\sqrt{\frac{(k-1)s_k^2+(n-1)s_n^2}{k+n-2}} \tag{7}$$

式中,s_n,s_k 分别是目标区作业前期样本和作业后期样本的标准差。

自由度 $\nu=k+n-2$。给定统计显著性水平 α(通常取 $\alpha=0.05$),当由公式(6)计算出 $t\geqslant t_{2\alpha}$ 时,两个样本平均值之差显著,此时可再以一定的置信水平 $(1-\alpha)$,对增值的置信区间进行估计,公式为:

$$y_k-y_{0k}>(y_k-y_n)-t_{2\alpha}\times S\sqrt{\frac{1}{k}+\frac{1}{n}} \tag{8}$$

式中,y_{0k} 是作业期间假如不实施播云时目标区作业后期的自然平均值。在人工增雨效果检验中,置信水平 $(1-\alpha)$ 通常取 0.90 或 0.95。

由公式(6)、(7)可知,当实测值与期待值的差值 $d_k=(y_k-y_n)$ 一定时,决定显著性水平大小的 t 值和决定效果区间估计值大小的 (y_k-y_{0k}) 值,都取决于样本的容量和标准差大小,即样本容量愈大,标准差愈小,则效果的统计显著性愈高,区间估计值愈大。

3 人工增雨效果检验

3.1 增雨效果的区域回归分析检验

在公式(4)和(5)中代入由对比区和目标区资料计算出的有关参数值,得到目标区在区域回归试验中的效果检验结果(表4)。表中概率为 90% 的雨量增量和增率分别为 $E=y_k-y_{0k}$,$R=(y_k-y_{0k})/y_k(\%)$。

表 4　大珠勒图斯盆地增雨效果的回归分析

地区	d_k/y_n	r	t	α	E	R
大珠勒图斯盆地	5.81%	0.966	1.797	0.035	0.06	5.57%

表 4 结果表明,巴音布鲁克大珠勒图斯地区在增雨作业期间内降水量均显著增加,显著性水平为 $\alpha=0.035$;90% 概率的增量为 0.06 mm/h,增率为 5.57%。

3.2 增雨效果的序列分析检验

选取 2010—2017 年历年在巴音郭楞乡的作业数据共计 155 次,对其使用 Welch 检验,计算统计量 z 的公式,得:

$$z=\frac{y_k-y_n}{\sqrt{\dfrac{s_k^2}{k}+\dfrac{s_n^2}{n}}} \tag{9}$$

自由度计算公式为:

$$v=\frac{\left[\dfrac{s_k^2}{k}+\dfrac{s_n^2}{n}\right]^2}{\dfrac{1}{k^2}\dfrac{(s_k^2)^2}{k-1}+\dfrac{1}{n^2}\dfrac{(s_n^2)^2}{n-1}} \tag{10}$$

估计降雨量增值置信区间的计算公式仍采用公式(7),但公式中的 $S\sqrt{\dfrac{1}{k}+\dfrac{1}{n}}$ 用公式(8)的分母部分代替。

在公式(9)、(10)和(8)中带入由作业前期和作业后期资料计算出的有关参数值,得到目标区在序列试验中增雨效果检验结果(表 5)。表中 $d_k/y_n=(y_k-y_n)y_n$,概率为 90% 的雨量增量和增率分别为 $E=y_k-y_{0k}$,$R=(y_k-y_{0k})/y_k(\%)$。

表 5 大珠勒图斯盆地增雨效果的序列分析

地区	d_k	d_k/y_n	z	v	α	E	R
大珠勒图斯盆地	0.167	18.32%	1.3606	304.4	0.087	0.063	5.86%

表 5 结果表明,巴音布鲁克大珠勒图斯地区在增雨作业期间内降水量均显著增加,显著性水平为 $\alpha=0.087$;90% 概率的增量为 0.0663 mm/h,增率为 5.86%。

将表 4 与表 5 中的 d_k/y_n 列进行对比,可看出区域回归试验比序列试验有更高的检验功效,例如在序列试验中,当增雨期雨量的实测值与期待值之差(增值)为对比区平均值的 18.32% 时,才能以 $\alpha=0.087$ 的显著性水平将效果检测出来;而在区域回归试验中,当这一增值仅为对比区平均值的 5.81% 时,就以 $\alpha=0.035$ 的显著性水平将效果检测出来。最终不论是序列试验还是区域回归试验,其检测出其 90% 概率的雨量增量和增率分别都在 0.06 mm 和 5% 上下。

4 区域雨量站的降雨变化统计分析

分析表明,2010—2017 年增雨期间,大珠勒图斯盆地受同一天气影响的上下游地区,在中游增雨作业,下游地区与其会有一定的相关性,下游作业影响的相关系数 $r=0.6387$,通过了 $\alpha=0.035$ 显著性水平检验。同时本文对照 2010—2017 年(5—9 月)巴音郭楞乡作业点作业 155 次的作业数据,得出下游目标区(德尔比勒金与巴音乌鲁乡)作业前后 1 h 降水量数据变化(图 2—图 4)。

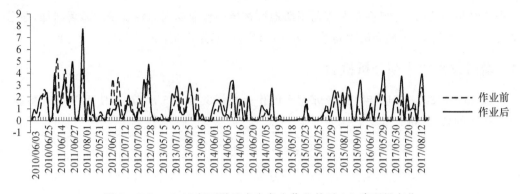

图 2　2010—2017 年下游巴音乌鲁乡作业前后 1 h 降雨量变化

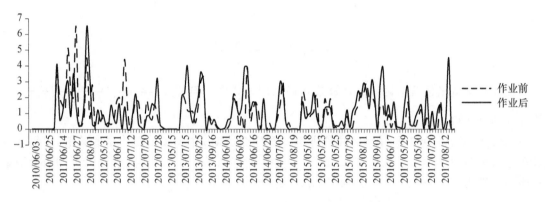

图 3　2010—2017 年下游德尔比勒金作业前后 1 h 降雨量变化

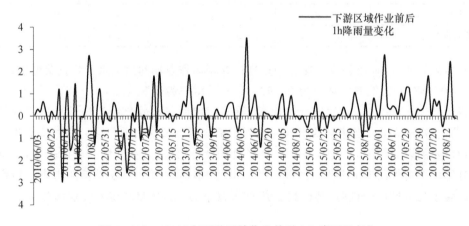

图 4　2010—2017 年下游区域作业前后 1 h 降雨量变化

由图2、图3、图4可得,2010—2017 年在巴音郭楞乡作业点的 155 次人工增雨作业中,下游地区 1 h 前后降雨量变化趋势为增长,满足线性关系 $y=0.0041x-0.1537$。其中可参照增雨数据得出:差值>0,表明人工增雨有效,共有 103 次,差值≤0,表明人工增雨无效,共有 52 次。其下游地区差值平均之和为 25.85 mm,这表面 2010—2017 年在巴音郭楞乡作业点的人工增雨共计增雨 25.85 mm,平均每年 5—9 月增雨期间下游地区人工增雨效益为 3.23 mm。其下游 1 h 降雨量变化中,降雨量增加量最大为 3.55 mm,降雨量减少量最大为 2.95 mm。

5 利用雷达进行个例效果分析

运用上文的检验方法,结合雷达体扫回波资料(图5),对 2015 年 8 月 14 日的增雨作业进行评估,评估结果见表 6。

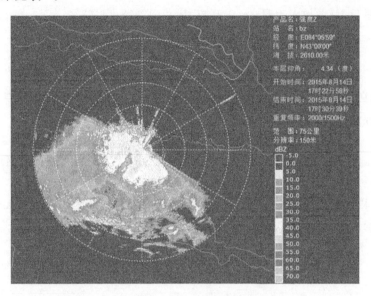

图5　2015 年 8 月 14 日 17 时作业前雷达资料

表6　2015 年 8 月 14 日一次大范围增雨作业信息与效果

项目	巴音郭楞乡	卫星牧场	巴音郭楞乡	卫星牧场
时间	17:15	17:15	18:27	18:27
方位与仰角/°	96/45	96/45	103/45	103/45
高空风向/风速/(°)/(m/s)	280/3.4	280/3.4	193/2.7	193/2.7
目标区降水量/mm	1.3	0.3	2.0	2.3
对比区降水量/mm	1.3	0.4	1.6	0.9
目标区自然期待值/mm	1.26	0.39	1.55	0.87
增雨量/mm	0.04	−0.09	0.45	1.43
影响面积/km²	97.0	97.0	77.1	77.1
增加雨水量/kt	4.07	−8.73	34.69	110.25
增雨效率/%	3.23	−29.46	22.6	62.17

2015 年 8 月 14 日,受西伯利亚地区高压影响,巴音布鲁克山区受高空低槽携带冷空气过境,巴州气象台和模式预报表明,8 月 14 日 08 时至 15 日 08 时,巴州北部山区有一次分布不均匀的降水天气过程。巴州人影办抓住这次有利的增雨作业机会,根据雷达回波资料,确定在大珠勒图斯盆地中的云量达到 25 dBZ 以上,于 17:15 和 18:27 分别在巴音郭楞乡,卫星牧场等进行了增雨作业。此次增雨作业方位均为西北方向,仰角 45°。17 时巴音郭楞乡站、巴音乌鲁乡站、德尔比勒金站 3 站高空 500 hPa 平均风向 280°,风速 3.4 m/s,18 时 3 站高空 500 hPa 平均风向 193°,风速 2.7 m/s。雨量统计时段采用整点到整点的 1 小时雨量,开始时间用作业

四舍五入的时间。

由表6可以看出，对于4次增雨作业平均增雨量为0.46 mm，平均增水量3.502万吨，此次增雨过程增雨总效率为14.63%。但从表6中还可以发现，对于每次增雨作业并不是都有正效果，也有可能增雨作业后使降水量减少，或增雨效果为负。

此次增雨过程，总增加雨水量14.0万吨，增雨总效率14.63%。而一般认可的增雨效率为15%～20%。因此巴音布鲁克山区增雨的进行效果检验是可行的。

6 结论

（1）本文的研究结果表明，采用区域自动站的雨量数据进行效果检验是完全可行的，对单次人工增雨作业能较客观的定量估计出人工降雨效果。

（2）对2010—2017年的巴音布鲁克山区人工增雨效果检验，回归分析、序列分析结果均表明巴音布鲁克山区人工降雨取得平均相对增雨5.57%左右（$\alpha=0.035$），增雨增量0.06 mm，这一结果是可信的。

（3）人工增雨作业效果检验中，其作业数据中有33.5%的概率出现增雨无效的情况，这可能与增雨作业模式有关，如空域申请不许可等，错失最好增雨时机，这还有待通过进一步试验证实。

参考文献

[1] 李大山，章澄昌，许焕斌，等．人工影响天气现状与展望[M]．北京：气象出版社，2002：325-355．

[2] 马秀玲，杨雷斌，彭九慧，等．基于区域雨量站资料的人工增雨效果评估系统[C]．中国气象学会2008年会，2008：56-58．

[3] 福建省气象局气象科学研究所，南京大学气象系．古田水库地区人工降水效果的统计分析[J]．大气科学，1979.3（2）：131-140．

[4] 陈光学，等．火箭人工影响天气技术[M]．北京：气象出版社，2008：39-43．

[5] 叶家东，范培芬．人工影响天气的统计数学方法[M]．北京：科学出版社，1982.137-139，147-149，293-297．

[6] 高子毅，张建新，廖飞佳，等．新疆天山山区人工增雨试验效果评价[J]．高原气象，2005，24（5）：734-740．

2016 年 1—4 月玛柯河林区森林防火人工增雨(雪)效果评估

康晓燕　　马学谦　　周万福　　韩辉邦　　王黎俊　　张博越

(青海省人工影响天气办公室,西宁 810001)

摘　要　基于 2016 年 1—4 月青海省果洛州玛柯河林区森林防火人工增雨作业情况,利用经典的区域历史回归统计方法,对该时段玛柯河林区人工增雨效果进行了客观定量的评估。结果表明:在 1—4 月的作业期内,通过增雨作业为该地区增加降水 5.9 mm,相对增雨率为 7.27%,增雨效果明显,为降低林区森林火险等级,增加土壤含水量起到了积极的作用。

关键词　玛柯河林区　森林防火　人工增雨(雪)　效果评估

森林火灾是世界八大自然灾害之一,具有突发性强、危害性大、处置救助困难等特点。据统计,全世界平均每年大约发生森林火灾 22 万次,受灾森林面积达 1000 万 hm²,约占森林总面积的 0.25%[1]。玛柯河林区是青海省林业厅直属的重点林区,属于三江源自然保护区的核心区之一,是青海省最大的林场,也是全国海拔最高的林场,是全国重点生态公益林区。为了防止火灾发生和减少火灾损失,除了根据气象条件规定重点防火期外,还可通过其他有效途径增大林区的含水量来达到防火减灾的目的。人工增雨技术是通过在恰当的时间、有效的作业方式和合理的播撒手段使经过林区的空中云水资源转化为降水。而如何客观、科学、定量地评价人工增雨效果既是人工影响天气研究和作业的关键性问题,也是人工影响天气研究中最困难的科学问题之一[2-4]。

统计检验能在一定显著性水平上得出定量的增雨(雪)结果,便于评价人影作业有效性,是国内外广泛用于人工增雨(雪)效果检验的基本方法。国内外学者们开展了不少有关增雨效果的统计检验新技术与方法的探索[5]。张连云等[6]以逐时降雨量为历史序列资料,采用区域控制试验法对山东部分地区的飞机人工增雨效果进行了检验。房彬等[7]在前人研究的基础上,引入了整层大气可降水量作为协变量,对非随机区域历史回归试验进行了改进,提出了"基于聚类的浮动对比区历史回归人工增雨效果统计检验方法"。王婉等[8]用自然复随机化方法对北京市人工增雨作业非随机化试验进行功效数值分析,结果表明不同统计检验方案功效差别较大。

为降低森林火险等级,预防森林火灾发生,2016 年 1—4 月在果洛州玛柯河林区进行了地面火箭人工增雨(雪)作业。本文结合近年来适用于青海省人工增雨效果评估的方法-区域历史回归分析法,合理选取统计变量和计算参量,利用逐年累加的降水量,对 2016 年玛柯河林区人工增雨的催化效果进行客观定量的评估,为气象防灾减灾提供数据支持和科学指导。

1　资料与方法

1.1　区域概况

玛柯河林区位于玛柯河流域,位于 100.37°—101.35°E,32.61°— 32.81°N,东南部与四川省阿坝、壤塘、色达县接壤,西部与四川省色达县和州属达日县相邻,北部与州属久治县相连。林区地处青海和四川边沿,属高寒山地,海拔 4000～5000 m。林区东西长 49 km,南北宽 21 km,面积为 10.16 万 hm²,林区平均海拔在 4000 m 以上,以天然林为主,其中柏树居多。

1.2 区域历史回归统计检验方法

区域历史回归统计检验方法是一种经典的效果评估方案,也是我省增雨效果分析中常用的方法。其技术路线为:首先确定合理的作业区和对比区,并对所确定的作业区和对比区的历史资料进行正态分布检验;其次进行相关系数检验;而后进行线性回归分析,确定回归方程,最后根据回归方程,以作业期对比区降水推算得到作业区的期望值,并视为目标区自然降水估计值,与作业区催化后的实测降水量相比较,即可得到目标区作业期人工增雨净增加降水量和相对增雨率[9-11]。该方法通过 2007 年以来在青海省东部地区、三江源地区等人工增雨效果评估中的应用,具有较好的适用性。

1.3 作业区与对比区的选取

作业区与对比区的选取,一般遵循以下原则:(1)基本的气候指标具有可比拟性;(2)出现的降水系统和主要云系条件具有相似性;(3)地理形势、特征相似;(4)对比区不受目标区催化剂的影响;区域面积相近;(5)区内资料台站具有代表性,分布合理;(6)历史资料保持一定的长度和持续性。以位于玛柯河林区附近达日探空站 500 hPa 高空风向来统计分析 2016 年作业期玛柯河林区降水日的天气系统主要来向,从图 1 可以看出,引导气流来向主要集中在 240°—330°,日数分别占总降水日数的 92.8% 和 86.8%,即本地降水系统主要以西北影响为主。

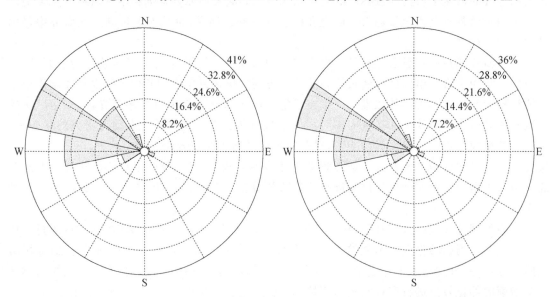

图1　2016 年 1—4 月 08:00(左)和 20:00(右)玛柯河林区降水日探空 500 hPa 风向统计

玛柯河林区位于青藏高原东南侧,32.7°N 左右的狭小范围内,此位置为高原性天气系统生成和发展的下游地区,也是大尺度天气系统移出高原时变化巨大区域。根据历年在该区域发生的降水天气系统统计发现,林区产生降雨(雪)主要大气环流形势包括两槽一脊型、西高东低型、东高西低型等[12]。

基于以上天气背景,结合林区气象观测站分布与地面增雨作业站点分布情况,将未进行增雨作业且处于上风方向的达日、甘德两个气象站设定为对比区,而将玛柯河林区所在班玛定为作业区(图 2)。2016 年 1—4 月在玛柯河林区进行增雨(雪)作业 47 次,共耗用火箭弹 123 枚。因此选取 1—4 月累计降水量为统计单元,历史资料选取 1981—2010 年 30 年整编资料。

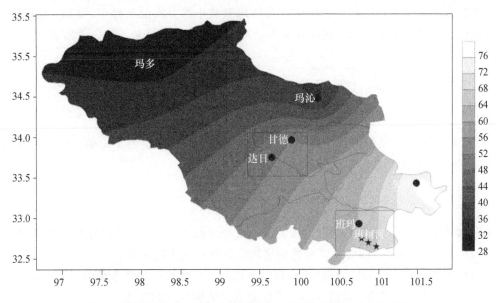

图 2　果洛州常年平均降水量分布及作业区与对比区位置示意图
(圆形为气象站,五角星为火箭作业点)

2　结果与分析

2.1　正态分布检验

首先采用柯尔莫哥洛夫分布函数拟合度检验法分别对历史期作业区和对比区的区域平均降水量进行正态分布拟合度检验[13]。对于对比区,即 X_i,有经验分布函数:

$$F_n(X_i) = (i-1)/n$$

式中,n 为所选历史资料步长。

标准正态分布函数:

$$F(X_i) = \Phi(X_i)$$

拟合度:

$$1 - k(X_0) = 1 - k(\sqrt{n}\ \mathrm{SUP}(|F_n(X_i) - F(X_i)|))$$

式中,$k(X_0)$ 为 X_0 的柯尔莫哥洛夫分布函数(k 分布函数)值。

k 分布函数:

$$K(x) = \sum_{k=-\infty}^{\infty} (-1)^k e^{-2k^2 x^2}$$

通过计算得到对比区 $X_0 = 0.44$,柯尔莫哥洛夫函数数值表中查得,对应于显著性水平 $\alpha = 0.05$ 的 $X_{0.05} = 1.35$。显然,对比区降水量的检验值小于 1.35,所以接受假设,即对比区降水量服从正态分布。同理，目标区通过计算 $Y_0=0.49$，其检验值小于 1.35。可见，对比区和目标区降水量均满足正态分布，根据数理统计学原理，可以对两个区域的统计变量做进一步统计检验并建立回归方程。

2.2 相关性及回归分析

在所选取的对比区和目标区资料序列总体均服从正态分布的条件下，采用 t 检验法检验对比区和目标区资料序列总体是否存在显著的相关性。检验统计量 t 的公式如下[14-15]：

$$t=\frac{\overline{Y}-\overline{X}}{\sqrt{(n_1-1)S_Y{}^2+(n_2-1)S_X{}^2}\cdot\sqrt{\frac{1}{n_1}+\frac{1}{n_2}}}$$

$$\nu=n_1+n_2-2$$

式中，$\overline{Y}$ 和 $\overline{X}$、$S_Y{}^2$ 和 $S_X{}^2$、n_1 和 n_2 分别是统计目标变量和对比变量的平均值、方差、样本容量。当 $n_1=n_2=n$ 时，上式可简化为

$$t_{2a}=\frac{\overline{Y}-\overline{X}}{\sqrt{s_Y{}^2+s_X{}^2}},\nu=2n-2$$

取显著性水平 $\alpha=0.05$，结合自由度 ν，查 t 分布表可知 $t_{0.05}=2.00$。通过计算得到相关系数 t 检验值 $t_0=3.07$，$t_0>t_{0.05}$，即对比区和目标区的统计变量相关性显著。

利用作业区和对比区的历史雨量资料，以对比区历史区域平均降水量为自变量，作业区历史区域平均降水量为因变量，采用最小二乘法建立一元线性回归方程

$$y=a+bx$$

其中系数

$$b=\frac{S_{xy}}{S_x{}^2}=\frac{\sum_{i=1}^{n}x_iy_i-n\bar{x}\bar{y}}{\sum_{i=1}^{n}x_i{}^2-n\bar{x}^2}$$

$$a=\bar{y}-b\bar{x}$$

式中，x_i，y_i 分别表示对比区、作业区历史区域降水量；$\bar{x}$，$\bar{y}$ 表示平均值；S_{xy} 为协方差；S_x 为方差。

通过计算确定回归方程为：$Y=0.54X+36.44$。

最后，运用方差分析法，即 F 检验，检验所确定的一元线性回归方程的显著性。对于样本容量相等（$n_x=n_y=n$）的两独立样本，等方差 F 检验[13,16]

$$F=\frac{S_Y^2}{S_X^2}$$

线性回归方程显著性 F 检验

$$F=\frac{b^2S_X^2/\nu_2}{(S_Y^2-b^2S_X^2)/\nu_1}$$

如表 1，计算得到 $F_0=9.41$，由自由度 ν_1，ν_2 查 F 分布函数表对应显著性水平 $\alpha=0.05$ 的 $F_{0.05}=4.173$。$F_0>F_{0.05}$，表明上述建立的一元线性回归效果显著。

表 1　区域历史回归主要参数

均值		方差			K-S 检验		t 检验		回归方程 F 检验			
x	y	S_X	S_Y	S_{XY}	X_0	Y_0	t	ν	F	ν_1	ν_2	回归方程
51.5	64.1	16.68	17.86	149.41	0.44	0.49	3.07	58	9.41	1	28	$Y=0.54X+36.44$

2.3　玛柯河林区人工增雨作业增加降水量的确定

将作业期对比区实测的区域平均降水量代入回归方程求出作业期作业区自然降水量的估计值 y_1。再将作业区自然降水量的估计值 y_1 与作业期作业区的实测降水量 y 进行比较确定绝对增雨量。

绝对增雨量表示为:

$$\Delta Y = Y - Y_1$$

相对增雨率表示为:

$$R = (\Delta Y)/Y$$

从表 2 的统计分析可知,2016 年 1—4 月玛柯河林区人工增雨增加降水 5.9 mm,相对增雨 7.27%。

表 2　2016 年 1—4 月玛柯河林区增雨效果

X(mm)	Y_1(mm)	Y(mm)	ΔY(mm)	R(%)
72.4	75.3	81.2	5.9	7.27

3　结论与讨论

(1)采用区域历史回归方法对 2016 年 1—4 月青海省果洛州玛柯河林区森林防火人工增雨作业效果进行统计检验,选择玛柯河林区所属县站班玛站为目标区站点,选择上风方的达日、甘德为对比站点,建立区域历史回归方程,得到增加降水 5.9 mm,相对增水 7.27%。该次增雨作业取得了较好的效果,对于玛柯河林区森林防火,涵养水分起到了积极的作用。

(2)2016 年玛柯河林区人工增雨作业是针对森林防火进行的试验性增雨作业。从作业效果来看,不失为预防森林火灾,增加林区地表及地下水含量甚至改善林区生态环境的一个重要手段。

(3)由于该地区地面观测设备的缺乏,未能实现统计检验结果与物理检验证据的有机结合。随着近年来三江源人工增雨工程的建设完成,这将成为我们以后工作的一个努力方向。

参考文献

[1] 王海忠.夯实基础做好森林防火这篇大文章[J].森林防火,2016(3):1-4.

[2] 郑国光,陈跃,王鹏飞,等.人工增雨天气研究中的关键问题[M].北京:气象出版社,2005:27-31.

[3] 蒋年冲,曾光平,袁野,等.夏季对流云人工增雨效果评价方法初探[J].气象科学,2008,28(1):100-104.

[4] 陈钰文,王佳,商兆堂,等.一次人工增雨作业效果的中尺度数值模拟[J].气象科学,2011,31(5):613-620.

[5] 邵振平,杜春丽.APESTS 效果评估系统在河南省春季人工影响天气作业中的应用[J].河南科学,2014,32(8):1594-1598.

[6] 张连云,蔡春河,王以琳.用区域控制模拟试验方法检验飞机人工增雨效果的探讨[J].山东气象,1996,16(3),56-59.

[7] 房彬,肖辉,王振会,等.聚类分析在人工增雨效果检验中的应用[J].南京气象学院学报,2005,28(6):739-745.

[8] 王婉,姚展予.非随机化人工增雨作业功效数值分析和效果评估[J].气候与环境研究,2012,17(6):855-861.

[9] 李宏宇,嵇磊,周嵬,等.北京地区人工增雨效果和防雹经济效益评估[J].高原气象,2014,33(4):1119-1130.

[10] 王黎俊,刘彩红,孙安平,等.青海省人工增雨效果统计分析系统的设计与开发[J].青海气象,2006(2):62-93

[11] 贾烁,姚展予.江淮对流云人工增雨作业效果检验个例分析[J].气象,2016,42(2):238-245.

[12] 王江山,李锡福.青海天气气候[M].北京:气象出版社,2004:10-39.

[13] 叶家东,范蓓芬.人工影响天气的统计数学方法[M].北京:科学出版社,1982:138-220.

[14] 黄美元,亢雪巧.关于我国人工防雹的统计分析[J].大气科学,1978,2(2):124-130.

[15] 李斌,胡寻伦.新疆博乐垦区人工防雹效果的统计评估[J].气象,2006,32(12):56-60.

[16] 王黎俊,银燕,郭三刚,等.基于气候变化背景下的人工防雹效果统计检验:以青海省东部农业区为例[J].大气科学学报,2012,35(5):524-532.

黄河上游河曲地区植被变化及人工增雨生态效应检验

韩辉邦　　林春英　　康晓燕　　马学谦　　张博越

（青海省人工影响天气办公室,西宁 810001）

摘　要　利用 1982—2013 年 GIMMS 第 3 代 NDVI 数据集(GIMMS NDVI 3g),用趋势分析方法揭示黄河上游河曲地区近 30 年植被覆盖变化及人工增雨对该地区植被覆盖的影响。结果表明:黄河上游河曲地区植被覆盖空间差异明显,总体呈现从东向西递减趋势;32 年来,黄河上游河曲地区大部分地区 NDVI 呈增加趋势,植被覆盖趋于改善;1982—1996 年,黄河上游河曲地区植被覆盖状态持续改善;1997—2007 年,黄河上游河曲地区植被覆盖状况呈下降趋势;2008—2013 年,黄河上游河曲地区植被呈增加趋势;总体来看,32 年间黄河上游河曲地区植被覆盖变化呈现增加—减小—再增加的趋势。人工增雨对黄河上游河曲地区降水的影响,在增加该地区降水量及径流量的同时,改善了植被覆盖。

关键词　植被覆盖　空间变化　NDVI　人工增雨

1　引言

全球变化与陆地生态系统响应是当前全球变化研究的重要内容,有关地表植被覆盖与环境演变的关系是全球变化中最复杂、最具活力的研究内容[1]。植被是陆地生态系统最重要的组成部分,连接了土壤圈、水圈和大气圈的物质循环和能量流动,在调节陆地生态系统碳平衡和气候系统方面发挥了重要作用[2]。植被变化作为生态环境变化的直接结果,能够反映地表生态变化和区域环境总体状况,在全球变化研究领域受到高度关注[3]。植被与气候关系是全球变化研究中重要的组成部分,了解当前植被与气候之间的关系有助于分析、预测未来陆地生态系统对全球变化的响应。基于遥感方法监测植被动态变化和分析植被变化与气候的关系已成为当前全球变化研究的一个重要领域[4-5]。卫星遥感数据以其覆盖范围广、时空连续性好等特点,为研究植被变化提供了非常有效的数据源,其中,归一化差值植被指数(normalized difference vegetation index,NDVI)具有良好的植被信息表达能力和较强的抗干扰能力,是公认的陆地植被生长状况的最佳表征指标[6]。

目前,常用的 NDVI 时间序列数据集包括 SPOT (Systeme Probatoire d'Observation de la Terre) VEGETATION NDVI、MODIS (Moderate-resolution Imaging Spectroradiometer) NDVI、GIMMS (Global Inventory Monitoring and Modeling Studies) NDVI 等。这些数据集被广泛应用于植被覆盖动态变化监测与驱动力分析研究中。如 Zhang 等[7]利用 SPOT VGT NDVI 数据对喜马拉雅波曲河地区植被生长变化进行了分析。Tian 等[8]利用 MODIS NDVI 数据对蒙古地区植被动态变化及其气候的响应进行了分析。Fensholt 等[9]利用 GIMMS ND-VI 数据对全球半干旱区植被变化及驱动因子进行了分析。近年来,由于单一的遥感数据源限制了对植被长期稳定的变化趋势及规律的研究,由多源遥感数据重构的长时间序列 NDVI 数据集成为近年研究植被变化的热点[10-12]。然而,由于多源遥感数据源之间的差异,重构后的

NDVI 数据集难免存在一定的误差。最近，NASA(National Aeronautics and Space Administration)发布了最新版本的 GIMMS NDVI 3g 数据集，旨在提高高纬度地区的数据质量，以便更适合北半球生态系统植被活动变化的研究[13-14]。目前可获得 1982—2013 年长达 32 a 的 GIMMS NDVI 3g 数据，能够更准确地反映植被长期稳定的变化趋势，因而被广泛应用于全球和区域尺度的植被动态变化分析中[15-17]。

  黄河上游河曲地区位于黄河上游第一弯，20 世纪 90 年代以来，黄河上游遭遇连续枯水段，作为黄河"龙头"的龙羊峡水库来水减少，除个别年份外，均为枯水年或特枯年，特别是 1996 年夏季到 1997 年春季出现了四季连旱，而 2002 年黄河上游又出现有实测资料以来的最枯值，龙羊峡入库站唐乃亥断面年来水量较历年同期偏少近 50%。2003 年 5 月 12 日，龙羊峡水库水位降到 4 台机组全部发电以来的最低水位 2530.38 m，逼近极限死水位 2530 m。同时，黄河下游用水矛盾进一步突出，20 世纪 90 年代黄河断流时间不断延长，因此开发空中水资源、增加黄河径流量成为迫在眉睫的任务[18-19]。

2 研究区概况与研究方法

2.1 研究区概况

  黄河上游河曲地区主要包括青海省果洛藏族自治州久治县、班玛县，甘肃省甘南藏族自治州玛曲县，四川省阿坝藏族羌族自治州若尔盖县、阿坝县和红原县(图 1)。该地区处在多层、多源水汽相汇的地区。高空水汽由孟加拉湾翻越喜马拉雅山脉，经西藏东部进入黄河上游地区，水汽充足，侵入次数多、范围广，因此该地区降水过程多，云中液态水含量高，年均降水量为 590.4~762.2 mm[20]。此外，该地区河流纵横，地势平坦，沼泽遍布，径流模数远大于流域的其他地区，是黄河产流的高值区，自然降水极易形成径流，是黄河上游最理想的人工增雨作业区[21]。

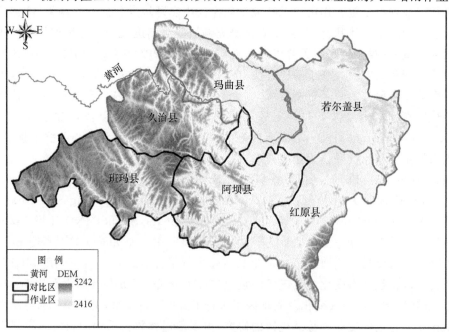

图 1 黄河上游河曲地区示意图

2.2 数据来源

GIMMS NDVI 3g 是 NASA 发布的第 3 代 NDVI 数据集,空间分辨率为 0.083°×0.083°,时间分辨率为 15 d,目前可获得 1982—2013 年数据。该数据是经过天顶角、气溶胶、云层覆盖等因素的影响校正后发布的相对标准的数据,较其他的 NDVI 数据精度更高、误差更小,适用于植被覆盖变化的长期监测[15]。本文所用数据经格式转换,镶嵌,裁剪等预处理过程,将原数据制作成青海地区数据集,采用国际上通用的最大化合成法(maximum value composites,MVC)对每旬的 NDVI 数据进行最大化处理,进一步消除云、大气、太阳高度角等的干扰。

2.3 研究方法:趋势分析

一元线性回归分析法可用来模拟每个栅格多年最大化 NDVI 的变化趋势,并估计 NDVI 的变化幅度。本文采用 Stow 等[22]提出的绿度变化率(greenness rate of change,GRC)来研究植被覆盖变化的空间特征,GRC 被定义为某一时间段内季节合成植被指数的年际变化,k_{slope} 即是这一趋势的斜率,其计算公式为:

$$k_{slope} = \frac{n \times \sum\limits_{i=1}^{n} i \times \mathrm{NDVI}_i - \sum\limits_{i=1}^{n} i \sum\limits_{i=1}^{n} \mathrm{NDVI}_i}{n \times \sum\limits_{i=1}^{n} i^2 - (\sum\limits_{i=1}^{n} i)^2} \tag{1}$$

式中:变量 i 为年序号;NDVI_i 表示第 i 年的季节合成 NDVI 值;n 为所研究的时间序列长度。其中,$k_{slope} > 0$ 则说明 NDVI 变化为增加趋势,反之则是减少。所以 1982—2013 年 NDVI 总的变化幅度 RANGE 为:

$$\mathrm{RANGE} = k_{slope} \times (n-1) \tag{2}$$

3 黄河上游河曲地区植被空间分布特征

GIMMS(Global Inventory Monitoring and Modeling Studies)NDVI(Normalized Difference Vegetation Index)3g 是 NASA 发布的第三代 NDVI 数据集,空间分辨率为 0.083°×0.083°,时间分辨率为 15 d。该数据是经过天顶角、气溶胶、云层覆盖等因素的影响校正后发布的相对标准的数据,较其他的 NDVI 数据精度更高、误差更小,适用于植被覆盖变化的长期监测。

图 1 为 1982—2013 年黄河上游河曲地区生长季(5—9 月)月均 NDVI 空间分布图(NDVI>0.05,一般认为高原地区生长季 NDVI 达到 0.05 以上表示有植被覆盖,NDVI 增加表示绿色植被的增加;0.05 以下则表示地表无植被覆盖,如裸土、沙漠、戈壁、水体、冰雪和云)。如图 2 所示,黄河上游河曲地区植被覆盖空间差异明显,总体呈现从东向西递减趋势。东部的若尔盖、红原县及玛曲、阿坝县的东部地区植被覆盖较好,西部的久治、班玛县植被覆盖较差,植被覆盖低值区出现在久治县附近。

4 黄河上游河曲地区植被动态变化特征

采用一元线性回归分析逐像元计算 1982—2013 年生长季(5—9 月)黄河上游河曲地区植被线性趋势(图 3),32 年来,黄河上游河曲地区大部分地区 NDVI 呈增加趋势,植被覆盖趋于

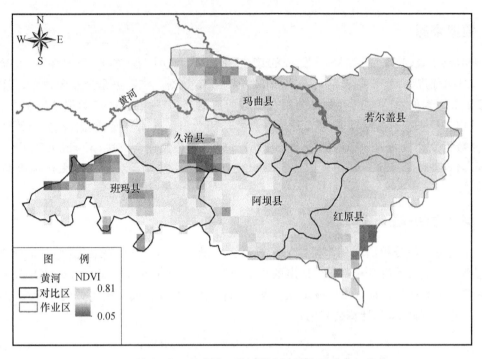

图 2　1982—2013 年黄河上游河曲地区植被覆盖空间分布

改善,NDVI 增加的区域占全省总面积的 72.12%(表 1),NDVI 增加区域主要集中在玛曲、若尔盖、红原及阿坝大部分地区,其中,玛曲和若尔盖交界处增加最为明显。NDVI 减少区域主要集中在久治、班玛部分地区及若尔盖东部地区,大部分地区为轻度减少区域。

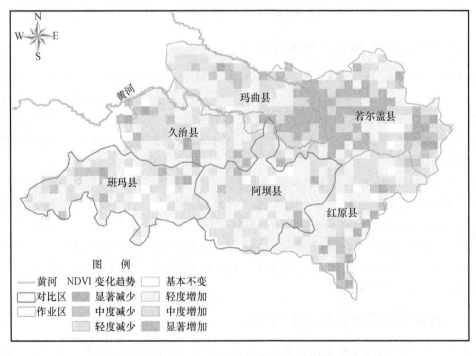

图 3　1982—2013 年黄河上游河曲地区植被空间变化趋势

表1 黄河上游河曲地区 NDVI 变化趋势统计

NDVI 变化幅度	变化等级	面积比例（%）			
		1982—2013	1982—1996	1997—2007	2008—2013
<−0.05	显著减少	0.92	0.00	9.69	3.53
−0.05～−0.03	中度减少	1.96	0.79	22.38	5.76
−0.03～−0.001	轻度减少	21.73	4.97	53.14	25.52
−0.001～0.001	基本不变	3.27	1.05	1.57	3.14
0.001～0.03	轻度增加	43.32	40.58	12.04	35.99
0.03～0.05	中度增加	19.37	36.39	0.79	16.62
≥0.05	显著增加	9.42	16.23	0.39	9.42

5 黄河上游河曲地区植被年代际变化特征

将 32 年来黄河上游河曲地区植被变化分为未开展人工增雨时期（1982—1996 年），人工增雨前十年（1997—2007 年）及人工增雨后期（2008—2013 年）三个时间段，对黄河上游河曲地区植被覆盖的年代际变化特征进行分析（图4）。

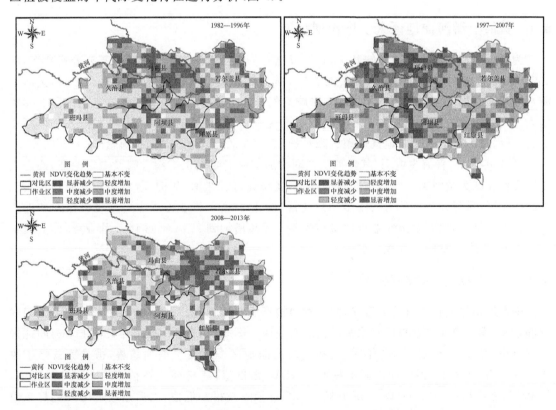

图4 1982—2013 年黄河上游河曲地区植被年际变化趋势

未开展人工增雨时期（1982—1996 年），黄河上游河曲地区植被覆盖呈明显增加趋势，NDVI 增加面积占区域总面积的 93.19%，有 16.23% 的区域植被 NDVI 呈显著增加趋势

(表1)。除阿坝县西部、若尔盖县中部及班玛久治部分地区外,其他地区植被NDVI均呈明显的增加趋势。人工增雨前十年(1997—2007年),黄河上游河曲地区植被退化严重,NDVI增加面积仅占区域总面积的13.22%,大部分地区植被NDVI呈减少趋势。已有的研究证明,受气候影响,20世纪90年代,黄河上游地区植被覆盖呈减少趋势。人工增雨虽能在一定程度上增加区域降水量,从而改善区域植被覆盖,但相比气候变化的影响,人工增雨对植被覆盖的影响相对较弱,因此,在人工增雨前十年,人工增雨对植被覆盖的改善无法改变黄河上游河曲地区植被退化的整体趋势。人工增雨后期(2008—2013年),黄河上游河曲地区植被覆盖呈增加趋势,NDVI增加面积占区域总面积的62.04%,NDVI减少地区主要集中在若尔盖及红原东部地区、玛曲北部、久治西部及班玛部分地区。NDVI增加地区主要集中在玛曲和若尔盖地区,大部分地区呈显著增加趋势,植被显著增加面积占区域总面积的9.42%。

总体来看,32年间黄河上游河曲地区植被覆盖变化呈现增加—减小—再增加的趋势。1982—1996年,黄河上游河曲地区大部分地区植被覆盖状态持续改善。1997—2007年是黄河上游河曲地区植被覆盖退化严重的10年,研究区大部分地区植被覆盖状况呈下降趋势。2008—2013年,植被覆盖状况有所改善。这与张亚玲、褚琳、王兮之[23-25]等的研究结果类似。

6 植被变化与人工增雨的关系分析

6.1 黄河上游河曲地区人工增雨现状

为缓解黄河流域水资源短缺状况,青海省电力公司与青海省人工影响天气办公室合作,从1997年开始,在黄河上游河曲地区实施了3年人工增雨试验,取得了初步成果。之后,黄河上游水电开发有限责任公司与青海省人工影响天气办公室合作,从2001年起在河曲地区继续实施人工增雨作业。据青海省人工影响天气办公室统计,1997—2013年,通过实施人工增雨作业,共计增加黄河上游河曲地区增雨区降水量173.26亿 m^3,增加黄河径流量44.895亿 m^3。

1997年1月,青海省电力、气象部门共同参加黄河上游人工增雨考察及专家论证,确定人工增雨作业区为黄河第一弯的河曲地区,即本文研究区。久治、玛曲、若尔盖和红原县为人工增雨作业区,班玛和久治县为人工增雨对比区(图1)。增雨作业方式主要为飞机作业和地面火箭作业相结合,地面增雨作业点由最初的4个逐步增加到2016年的14个作业点,作业面积达3万 km^2,人工增雨力度逐年加大。

6.2 人工增雨生态效应检验

降水对植被生长具有重要意义,降水对植被形成的影响,主要是通过改善植被根系土壤的湿润状况,满足植被光合作用对水分的需求来完成。图5为1982—2013年黄河上游河曲地区植被年均NDVI变化趋势,32年来,黄河上游河曲地区NDVI呈增加趋势,植被覆盖趋于改善。1989年为黄河上游河曲地区植被年均NDVI最低值,1998年为植被年均NDVI最高值,达0.57,之后植被年均NDVI有所下降,至2000年降至第二低值,之后呈缓慢增加趋势。值得注意的是,1992年后,植被年均NDVI不断下降。1997年,青海省人工影响天气办公室开始在黄河上游河曲地区开展人工增雨作业,1998年,植被年均NDVI达到近30年来最大值,植被对降水的响应具有滞后性,从另一方面验证了人工增雨对该地区植被覆盖的改善。1998年后,植被覆盖受气候变化影响呈下降趋势,人工增雨对植被覆盖的改善作用也因此减弱。

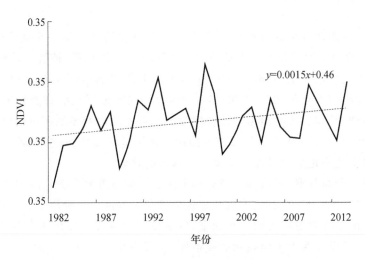

图 5　黄河上游河曲地区植被年均变化趋势

图 6 为黄河上游河曲地区作业区(久治、玛曲、若尔盖、红原)与对比区(班玛、久治)年均 NDVI 对比图,由图可见,32 年来(1982—2013 年),作业区 NDVI 明显高于对比区。将植被变化分为未开展人工增雨时期(1982—1996 年),人工增雨前十年(1997—2007 年)及人工增雨后期(2008—2013 年)三个时间段,三个时段作业区植被 NDVI 均高于对比区。

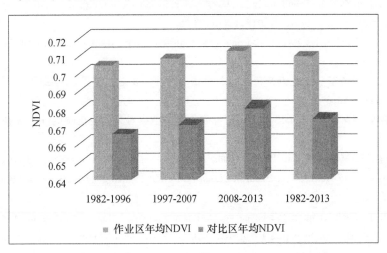

图 6　黄河上游河曲地区作业区与对比区年均 NDVI 变化

1997—2013 年,青海省人工影响天气办公室与黄河上游水电开发有限责任公司合作开展黄河上游河曲地区人工增雨作业,据青海省人工影响天气办公室统计,15 年间,共增加黄河上游河曲地区降水 173.260 亿 m^3,增加黄河径流 44.895 亿 m^3。人工增雨对黄河上游河曲地区降水的影响,在增加该地区降水量及径流量的同时,改善了植被覆盖。

7　结论与讨论

利用 1982—2013 年 GIMMS 第 3 代 NDVI 数据集(GIMMS NDVI 3g),揭示黄河上游河曲地区近 30 年植被覆盖变化及年代际变化特征及人工增雨对该地区植被覆盖的影响,主要结论如下。

(1)黄河上游河曲地区植被覆盖空间差异明显,总体呈现从东向西递减趋势。

(2)32年来,黄河上游河曲地区大部分地区NDVI呈增加趋势,植被覆盖趋于改善。

(3)未开展人工增雨时期(1982—1996年),黄河上游河曲地区大部分地区植被覆盖状态持续改善;人工增雨前十年(1997—2007年),黄河上游河曲地区植被覆盖状况呈下降趋势,相比气候变化对植被的影响,人工增雨对植被覆盖的改善无法改变该地区植被退化的整体趋势。人工增雨后期(2008—2013年),黄河上游河曲地区植被呈增加趋势;总体来看,32年间黄河上游河曲地区植被覆盖变化呈现增加—减小—再增加的趋势。

植被变化是一个与气温、降水和人类活动等多重因素有着复杂关系的生态耦合过程,植被的时空演变是气候变化、水土保持、土地利用等自然和人类活动多种因素综合作用的结果。本研究是对人工增雨生态效应检验的初步探索,目前尚不能对人工增雨生态效应做出十分可信和精确的评估,今后要改善人工增雨的试验条件,积累更多的可比性资料,进一步探讨人工增雨生态效应检验的途径和方法。

参考文献

[1] 刘军会,高吉喜,王文杰.青藏高原植被覆盖变化及其与气候变化的关系[J].山地学报,2013,31(2):234-242.

[2] Peng J,Liu Z,Liu Y,et al. Trend analysis of vegetation dynamics in Qinghai – Tibet Plateau using Hurst Exponent[J]. Ecological Indicators,2012,14(1):28-39.

[3] Rees M,Condit R,Crawley M,et al. Longterm studies of vegetation dynamics[J]. Science,2001,293(5530):650-655.

[4] 温晓金,刘焱序,杨新军.恢复力视角下生态型城市植被恢复空间分异及其影响因素[J].生态学报,2015,35(13):4377-4389

[5] 邵怀勇,武锦辉,刘萌,等.MODIS多光谱研究攀西地区植被对气候变化响应[J].光谱学与光谱分析,2014(1):167-171.

[6] Han Huibang,Ma Mingguo,Yan Ping. Periodicity analysis of NDVI time series and its relationship with climatic factors in the Heihe River Basin in China[J]. Remote Sensing Technology & Application,2011,28(1):466-471.

[7] Zhang Y,Gao J,Liu L,et al. NDVI-based vegetation changes and their responses to climate change from 1982 to 2011:A case study in the Koshi River Basin in the middle Himalayas[J]. Global & Planetary Change,2013,108(3):139-148.

[8] Tian H,Cao C,Chen W,et al. Response of vegetation activity dynamic to climatic change and ecological restoration programs in Inner Mongolia from 2000 to 2012[J]. Ecological Engineering,2015,82(4):276-289.

[9] Fensholt R,Rasmussen K,Nielsen T T,et al. Evaluation of earth observation based long term vegetation trends:Intercomparing NDVI time series trend analysis consistency of Sahel from AVHRR GIMMS,Terra MODIS and SPOT VGT data[J]. Remote Sensing of Environment,2009,113(9):1886-1898.

[10] Mao D,Wang Z,Luo L,et al. Integrating AVHRR and MODIS data to monitor NDVI changes and their relationships with climatic parameters in Northeast China[J]. International Journal of Applied Earth Observation & Geoinformation,2012,18:528-536.

[11] Xu Y,Yang J,Chen Y. NDVI-based vegetation responses to climate change in an arid area of China[J].

Theoretical & Applied Climatology,2015(2):1-10.

[12] Zhou W,Gang C,Chen Y,et al. Grassland coverage inter-annual variation and its coupling relation with hydrothermal factors in China during 1982 – 2010[J]. Journal of Geographical Sciences,2014,24(4): 593-611.

[13] Pinzon J E,Tucker C J. A non-stationary 1981-2012 AVHRR NDVI 3g time series[J]. Remote Sensing, 2014,6 (8) : 6929-6960.

[14] Xu G,Zhang H F,Chen B Z,et al. Changes in vegetation growth dynamics and relations with climate over China's landmass from 1982 to 2011[J]. Remote Sensing,2014,6 (4) : 3263-3283.

[15] Anyamba A,Small J,Tucker C,et al. Thirty-two years of Sahelian Zone growing season non-stationary NDVI3g patterns and trends[J]. Remote Sensing,2014,6(4):3101-3122.

[16] Eastman J R,Sangermano F,Machado E A,et al. Global trends in seasonality of normalized difference vegetation index (NDVI),1982 – 2011[J]. Remote Sensing,2013,5(10):4799-4818.

[17] Miao L,Ye P,He B,et al. Future climate impact on the desertification in the dry land asia using AVHRR GIMMS NDVI3g Data[J]. Journal of the American Chemical Society,2015,7(3):871-872.

[18] 德力格尔. 从一项野外科学试验到一个国家级生态保护区的诞生——纪念青海省气象部门实施黄河上游人工增雨试验二十周年[J]. 青海气象,2016(2):2-5.

[19] 周陆生,德力格尔,孙安平,等. 1997—1999年黄河上游玛曲地区人工增雨生态效应的检验[J]. 高原气象,2002,24(4):20-26.

[20] 马万里,靳少波. "空中南水北调":论黄河上游人工增雨的实施及意义[J]. 青海电力,1999(3):1-4.

[21] 靳少波,沈延青. 1997—2016年黄河上游河曲地区人工增雨综述[J]. 人民黄河,2017,39(1):54-56.

[22] Stow D,Deaschner S,Hope A,et al. Variability of the seasonally integrated normalized different vegetation index across the north slop of Alaska in the 1990s[J]. International Journal of Remote Sensing,2003, 24(5):1111-1117.

[23] 张亚玲,苏惠敏,张小勇. 1998—2012年黄河流域植被覆盖变化时空分析[J]. 中国沙漠,2014,34(2):597-602.

[24] 褚琳,黄翀,刘高焕,等. 2000—2010年黄河源玛曲高寒湿地生态格局变化[J]. 地理科学进展,2014,33(3):326-335.

[25] 王兮之,梁钊雄,周显辉,等. 黄河源区玛曲县植被覆盖度及其气候变化研究[J]. 水土保持研究,2012,19(2):57-61.

第四部分 人工影响天气
装备应用

新一代天气雷达产品在阿克苏一次冰雹天气过程中的应用

曹立新

（新疆维吾尔自治区阿克苏地区人影办，阿克苏 843000）

摘　要　通过对阿克苏地区一次强冰雹天气过程的新一代天气雷达产品分析得出：反演产品在冰雹云识别、演变和移动过程中具有丰富的提前预警信息，对作业指挥中流动作业车辆布局、固定作业点火力配置和指示冰雹落区等有较好的指示作用。

关键词　雷达产品　冰雹天气　产品应用

2017 年 6 月 7 日，阿克苏地区八县一市在 14：20—23：55 时间段，经历了一场自西向东的强冰雹天气过程。天气过程中，阿克苏雷达一站、沙雅雷达二站和拜城雷达站提前预警、果断下达指令，派出流动作业车辆待命、拦截，固定作业点提早备战，为各人影办防雹部署、指挥作业赢得了时间。天气过程中阿克苏雷达一站应用新一代天气雷达产品对冰雹天气的发展演变进行了诊断、分析，得出了较好的预警信息，对指挥人影防雹作业车辆派遣、作业备战等提供了准确依据。

1　天气预报情况

6 月 7 日早晨根据地区气象台天气预报、自治区人影办地面防雹作业指导意见，以及当天本地 0 ℃、−6 ℃层高度、探空物理量分析得出结论：随着前日雨后天气转晴，当日出现对流天气的可能性较大。从卫星云图上看防区上空有大面积的云体影像，水汽含量充沛，大气层结不稳定。综合上述指标分析判断：地区大部为晴间多云天气为主，午后出现对流天气的可能性较大。

2　雷达预警、人员车辆部署和作业情况

7 日下午 14：00，雷达一站探测发现在乌什县南部、阿克苏市防区西北部出现局地弱对流复合单体。在分析确认对流单体不断增强并有合并发展的趋势后[1]，雷达站于 14：40 向阿克苏市发出指令，派出流动车辆赶赴前沿，于 15：59 向乌什县发出派车指令，16：42 向温宿县派车，16：50 再次向阿克苏、阿瓦提派出流动车。雷达一站在 14：20—21：00 云体移出西部防区、历时近 8 个小时的天气监测过程中，严密监视天气变化，加强作业指挥力量，作业后将大部分冰雹拦截在农作物区以外。其中阿瓦提防区部分地区出现冰雹灾害。

3　新一代天气雷达回波与产品分析

3.1　VCS(任意垂直剖面)R(强度)与 V(速度)特征分析

(1)15：59，雷达一站向乌什县、温宿县和阿克苏市、阿瓦提县人影办发出预警信息，并指挥

流动车辆出动赴前沿进行拦截。16：53西北方向不断在生成对流单体,而向西南方向移动的复合单体逐渐合并,继续发展后面积不断在扩大。在RHI图上可以看出冰雹云的特征十分明显:云顶高度接近12 km、50 dBZ强中心高度达7 km,云体边缘密实,轮廓清晰,顶部出现尖顶状假回波。速度图中,大面积的负速度中出现正速度区,形成了云体的辐合,预示云体将进一步发展[2](图1)。

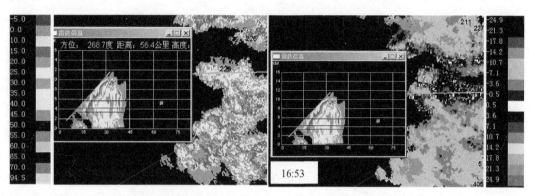

图1　2017年6月7日16：53时VCS和V特征分析

(2)18：30,云体RHI图中强度出现减弱趋势,强中心高度开始降低,云体面积扩大,整体有分离的迹象。速度图中,大片正速度区包围了负速度区,即云体中的逆风区仍然存在,速度图中清晰可见正负两个大值区,表明对流运动还在继续(图2)。

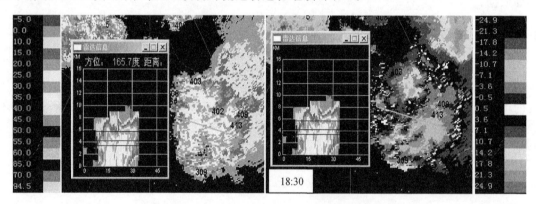

图2　2017年6月7日18：30时VCS和V特征分析

(3)19：43,CR图中,回波面积合并,RHI图显示云顶高度已经下降到8 km,强中心接地、云体结构松散。速度图中正速度区面积大于负速度区,东北部正速度区中还出现了速度模糊,表明辐散运动大于辐合运动,云体内部的对流运动将快速减弱。

3.2　CR(组合反射率)特征分析

如图4,对流单体在发展的不同时期所对应的CR值也有明显差异。16：53云体处于发展旺盛时期,根据色标显示可以看出目标云CR值为55 dBZ。18：30,云体处于维持阶段,CR值依然较高,维持在52 dBZ。19：43,此时的CR值为48 dBZ,云体处于减弱状态。通常情况下云体减弱是因为释放出了能量,根据CR色标显示的大值区,可以判断冰雹云降水或冰雹的落区,实况与作业点反馈的情况基本吻合。

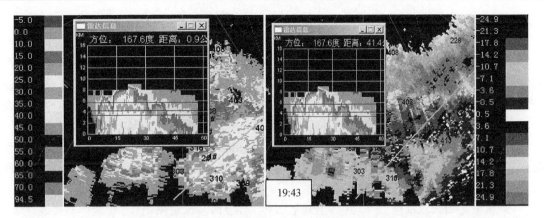

图 3　2017 年 6 月 7 日 19：43 时 VCS 和 V 特征分析

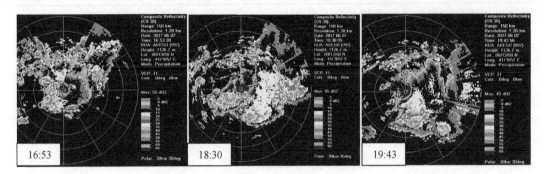

图 4　2017 年 6 月 7 日 CR 特征分析

3.3　*VIL*（垂直液态水含量）和 *HI*（冰雹指数）特征分析

根据 *VIL* 图可以看出（图 5），在发展旺盛时期的 16：53，*VIL* 值出现跃增，为 17 kg/m² ，随着云体的逐渐减弱其值也相应减小，18：30 已降为 10 kg/m²。*HI* 值在 *VIL* 对应的大值区有大冰雹和小冰雹的预警概率指示出现，与作业点实况对应较吻合。

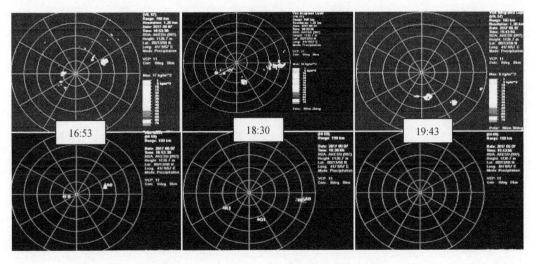

图 5　2017 年 6 月 7 日 *VIL* 和 *HI* 特征分析

4 小结

(1)在这次天气过程中,当对流云体组合反射率(CR)值接近 35 dBZ 时,雷达站进行了严密监测,根据时间序列的 CR 产品变化,分析识别此对流多单体云不断加强,向防区移动的过程中一直处于发展状态,由此,指挥员向各县市发出了预警信息,并外推雹云的移向、移速以及天气发展的强弱,提前向回波强中心附近及沿途作业点发出备战调度及流动作业车辆的部署。

(2)径向速度场(V)中的逆风区与反射率因子强中心对应关系较好,而且逆风区总是先于反射率因子增强。逆风区的出现往往对对流单体有维持和加强的作用,对于冰雹云的识别和及早预警具有非常重要的意义。

(3)冰雹云的云顶高度(ET)值高于其他云体,结合回波反射率因子,在云体高度达 7 km 时,需要提高警惕,严密监测,应用雷达多参数和反演产品进行识别。在识别冰雹时,回波顶高参数要根据不同月份和天气实况进行具体分析。

(4)任意垂直剖面(VCS)是判别冰雹云非常有效的指标。通过回波强中心做 VCS 剖面观察,当出现前悬球状回波、回波墙、穿窿回波及尖顶假回波等特征时即判定为冰雹云。

(5)垂直累积液态含水量(VIL)出现急剧增加的现象时,将有冰雹出现的可能。在防雹作业指挥中,要严密监测强对流回波的 VIL 值的跃增时段,及时确定作业时机。VIL 值的大小和 VIL 高值的范围可以预测冰雹的大小和降雹区域。通常 VIL 值越大,VIL 高值区越大,则冰雹直径越大,降雹范围也越大。

(6)冰雹指数(HI)对冰雹预警具有较好的指示作用,可以判断对流回波是否产生冰雹,但直接利用 HI 预报冰雹天气会出现虚警现象。本次天气过程中,HI 指示出现与降雹时间间距约 40 分钟,总体来说,预警信息超前于实况。

参考文献

[1] 中国气象局科技发展司. 人工影响天气岗位培训教材[M]. 北京:气象出版社,2003:184-190.
[2] 张培昌,杜秉玉,戴铁丕,等. 雷达气象学[M]. 北京:气象出版社,2000:276-325.

人工增雨中天气雷达及 EVAD 等特征的释用

郭良才[1,2]　朱彩霞[1]　胡新华[1]　武明锋[1]　王冰瑞[1]　李伟峰[1]

(1. 甘肃省酒泉市气象局，酒泉 735000；2. 中国气象局云雾物理环境重点实验室，北京 100081)

摘　要　对 2015—2018 年降水天气过程的酒泉多普勒雷达资料进行了统计和分析，得到：冷暖平流与辐合辐散运动叠加的特征；由零线正负速度面积径向速度大小判断辐合辐散的特征；速度场与回波强度特征对降水变化及人工增雨作业的影响。总结了速度场的零速度线呈"S 形"、"反 S 形"及速度不对称型等的分布特征，提炼出对人工增雨潜力、作业条件判别的辅助指标。应用 EVAD 技术与变分法定量计算大气平均散度和垂直速度方法，对 2016 年初夏一次人工增雨作业过程进行了分析，得到速度场及回波强度特征与计算的平均散度和垂直速度较好的对应关系，可作为区域内人工增雨(雪)潜力分析决策的定量指标。

关键词　多普勒雷达　径向速度　回波强度　人工增雨

多普勒天气雷达应用最多的是暴雨冰雹龙卷等强对流天气的识别和预测预报，在这些方面，研究人员做了大量的工作，总结出了各类灾害性天气的雷达回波特征。但是，利用多普勒天气雷达对大面积降水的研究跟踪探测的文献比较少。而对于素有"十年九旱"之称的西部地区来说，研究稳定的大面积较强降水有着非常重要的意义。酒泉位于甘肃西部的河西走廊中段，形成降水的云系主要是以冷云或混合性云为主。冷云的自然降雨云里通常过冷水较多，冰晶较少，因此不能产生充分降水，使自然云中存在一定的增雨潜力。有关研究表明：春夏季的层状云中平均冰核浓度为 3～6 个/L，积层混合云中平均冰核浓度为 7～11 个/L[1]。要使稳定性冷云充分降水，云中的冰晶数浓度需要 20～100 个/L[2]。而要使增雨作业科学有效，除了要适量地播撒人工催化剂，同时应选择云体发展的合适时机，对云中的适宜部位实施催化。因此，作业前对增雨潜力的分析和判断是抓住最佳作业时机进行科学作业的前提。

对于大范围稳定性的降雨云系，增雨作业最佳时机应选择在降水云系发展的旺盛阶段[3]，此时的云系中存在使云和降水维持发展的较强的上升运动和充足的水汽[4]，水汽的输送使云中具有充足的过冷水，具备进行人工催化的增雨潜力，也是人工增雨作业宏观场分析的增雨潜力条件之一[5]，即增雨潜力分析和作业时机选择是科学进行增雨作业的前提，最佳作业时机的选择是增雨作业成败的关键。近些年，随着新一代天气雷达的迅速发展，雷达探测所获得的数据产品为人工增雨作业的科学指挥提供了更加丰富、准确的科学依据，其中多普勒雷达径向速度和回波强度在人工影响天气中的应用也得到不断的深入[6-8]，一些先进的地区较早开展了人工增雨作业技术的开发研究，统计和分析了以雷达不同参数[9-10]为主的作业判别指标，主要从云降水微物理过程进行了研究和探索，但利用雷达径向速度和强度特征分析在人工增雨潜力宏观分析和作业决策中的应用却很少。

本文分析和总结了近年来酒泉市人工增雨作业中几种常见的雷达径向速度和回波强度场特征，结合 EVAD 技术和变分法计算大气平均散度和平均垂直速度[11-13]，作为人工增雨潜力宏观分析决策的辅助指标，并在 2015—2018 年的人工增雨作业中进行了应用。同时以河西走廊中部的酒泉市 2017 年夏季的一次稳定性降水天气过程为例,将人工增雨潜力分析和作业时机选择从动力场的变化中更详尽、完整地展现出来。

1 径向速度和回波强度特征在人工增雨潜力分析中的判据

通过对酒泉市大范围、稳定性降水的多普勒雷达历史观测资料进行统计和分析总结,得到了几种常见的雷达径向速度场和相对应的回波强度特征,可作为对增雨潜力分析和作业时机选择的辅助判据指标。常见的径向速度场特征有"S" 形、"反 S" 形和不对称形的速度场特征。

1.1 锋面过境降水回波特征

1.1.1 回波强度特征

通常由紧密排列成带的许多回波单体组成,当冷锋由远处移至距雷达站约 300 km 时,在平显(PPI)上,一般先能看到排成一行的离散回波块。当冷锋移近时,雷达波束能够扫视到云的下部比较宽大的部分,这时,回波带中的单体变大,形成一条比较连贯的回波带。在冷锋经过雷达站而向远处移去时,回波的变化则与上述过程相反。通常,一个完整的冷锋降水系统的长度,可以达到 600 km 以上,因此一个站仅能探测到整个冷锋系统的一部分。有时雷达观测到的冷锋系统不止包含一条雨带。

1.1.2 回波径向速度特征

冷锋的回波带一般自西北向东南方向移动,但锋前或冷锋上空的暖区常吹西南风,因而回波带中的单体常向东北或偏东方向移动,与回波带的整体移动方向之间有一夹角。

1.2 层状云降水回波特征

1.2.1 回波强度特征

在平显(PPI)上,层状云降水回波表现出范围比较大、呈片状、边缘零散不规则、强度不大但分布均匀、无明显的强中心等特点。回波强度一般在 20~30 dBZ,最强的为 45 dBZ。

1.2.2 回波速度特征

由于层状云降水范围较大,强度与气流相对比较均匀,因此相应其径向速度分布范围也较大,径向速度等值线分布比较稀疏,切向梯度不大。在零径向速度型两侧常分布着范围不大的正、负径向速度中心,另外还常存在着流场辐合或辐散区。

2 几种径向速度特征及回波强度分析判据指标

2.1 S形

在大范围稳定性降水云系中,当 PPI 速度场出现了对称的 S 形分布(图略)特征时,测站周围上空为暖平流,降雨云系将进一步发展,此时降雨云系具有增雨潜力,也是实施增雨作业的有利时机[3]。反之,当 PPI 速度场出现了对称的反 S 形(图略)时,则测站周围上空有冷平流,将产生下沉气流,降雨云系处于减弱消亡阶段,此时降雨云系不具有增雨潜力,是作业结束的指标判据。

2.2 "反 S"形

在大范围稳定性降水云系中,当 PPI 径向速度场出现了"反 S"形分布特征时,对人工增雨潜力分析有两种指示意义:

(1)若"反 S"形速度场呈辐散流场时(图略),对应测站周围存在下沉运动,降水云系处于减弱消亡阶段不具有增雨潜力是作业结束指标。

(2)当"反 S"形径向速度出现辐合流场时(图略)测站周围空气是上升运动,云系发展加强,有增雨潜力[5],也是作业时机选择的判据指标。

2.3 不对称型

在大范围稳定性降水过程中,出现概率最大的是径向速度不对称型,即速度场中出(入)流面积或速度大小不等。经过统计分析,速度场不对称型增雨潜力分析有两种指示意义。其一,当入流区面积大于出流区面积,且入流速度大于出流速度时(图略),表明近地面层辐合加强,云系将发展加强,该降雨云系具有增雨潜力[5],是实施作业的有利时机。

反之,若速度场的出流面积大于入流面积,且出流速度大于入流速度(图略),表明测站附近底层为辐散流场,预示降雨云系正在减弱消亡,其降雨云系不具有增雨潜力,是作业结束的判别指标。

3 多普勒雷达计算平均散度和垂直速度

3.1 采用改善的 EVAD 方法计算大气的平均散度

EVAD(扩展速度方位显示技术)方法最关键的假设是在某一高度层中,水平散度和垂直速度在较小的高度间隔内不变,为一常数。雷达的体扫数据中的径向速度资料,首先被分成一个个水平距离圈,每一圈数据由同一仰角的不同径向速度组成,这样就能应用在此间隔内不同的仰角或不同距离的径向速度资料,然后利用最小二乘法提取散度信息。根据 EVAD 理论和均匀风场假设条件,由文献[15]可知,在某一薄层内,某个仰角 α 在半径 r 上的径向速度、水平散度和垂直速度之间的函数关系式为:

$$\hat{Y} = \sum_{i=1}^{2} P_i g_i \tag{1}$$

$$\hat{Y} = 2\alpha_1/(r\cos\alpha), P_1 = D, P_2 = w_p, g_1 = 1, g_2 = 2\sin\alpha_1/(r\cos\alpha)$$

式中,α_1 为 Fourier 系数,D 为平均水平散度,w_p 为探测到的水成物的垂直速度(定义垂直向上为正),r 为距离圈半径 α 为探测仰角。利用最小二乘法拟合即可得到大气的平均散度(D)和垂直速度(w_p)。

由(1)式可以看出,在应用某一个距离圈上径向速度积分求得的水平平均散度时。当缺测区较大时,比如说某一方向缺口大于 30°或是总的缺口大于 60°,质量控制会剔除该距离圈不参与计算。如果雷达各个仰角观测到的回波面积缺口都较大,则散度无法提取,不会给出结果,不会影响人工增雨作业技术分析和应用。

EVAD 技术的假设条件为线性风场,计算雷达上空一定半径范围内(可设置,一般设为30 m)各个高度层的平均散度和垂直速度,定量化判断出中低层大气是否存在辐合上升运动,以及其大小强弱等,从而得到是否有利于进行人工影响天气作业的宏观动力场背景条件。在径向速度场上出现较多奇异点时,在质量控制中如果这些奇异点方差大于给定的阈值,这些奇异点可能被平滑,或者是滤除。

3.2 用变分法计算大气的平均垂直速度

求解(1)式即可得到各个高度层的水平平均散度。但是,由于散度的误差随高度积分,越到高层散度的误差越大,故用变分法对散度进行变分调整,再利用调整后的散度及连续方程,计算大气垂直速度[14-16]。

根据边界条件:雷达站点海拔高度处和大气层顶的大气垂直速度 W_{bot} 和 W_{top},将大气按 Δz 等高地分成 L 层,利用由 EVAD 计算得到各层的散度值 D_i,计算调整后的各层大气的平均水平散度值。

故目标函数定义为:

$$
\begin{cases}
E(\rho_i D'_i, \lambda) = \sum_{i=l}^{L} \frac{1}{2\mathrm{var}(\rho_i D_i)^2} (\rho_i D'_i - \rho_i D_i)^2 + 2\lambda F \\
F = \sum_{i=l}^{L} \rho_i D'_i + (W_{bot} - W_{top})
\end{cases}
\tag{2}
$$

式中, λ 为拉格朗日系数; ρ_i, D_i 分别为第 i 层的大气密度和平均水平散度。

(2)式分别对 $\rho_i D'_i$, λ 求一阶偏导数,令其等于零,得:

$$
\begin{cases}
\rho D'_i - \rho D_i = -\dfrac{\lambda}{k_i}, i = l, \cdots\cdots, L \\
\sum_{i=l}^{L} \rho D'_i = -(W_{bot} - W_{top})
\end{cases}
\tag{3}
$$

求解(3)式得到调整后第 j 层的散度值为:

$$
\rho_j D'_j = \rho_j D_j - \left[\frac{\mathrm{var}(\rho_j D_j)}{\sum_{i=l}^{L} \mathrm{var}(\rho_i D_i)\Delta z} \right] \left(\rho_{top} w_{top} - \rho_{bot} w_{bot} + \sum_{i=l}^{L} \rho_i D_i \Delta z_i \right)
\tag{4}
$$

再根据调整后的散度值和连续方程 $\dfrac{\partial w}{\partial z} + \dfrac{\partial u}{\partial x} + \dfrac{\partial v}{\partial y} = 0$,计算出第 j 层的大气垂直速度 w'_j 为:

$$
\rho_j w'_j = \rho_{bot} w_{bot} - \sum_{i=l}^{j} \rho_i D_i \Delta z_i
\tag{5}
$$

在实际作业中,通过上述计算方法,结合雷达速度场的定性分析,实时判断降雨云系上升运动的变化情况,从宏观动力场上判断云中增雨潜力。如定量计算结果为:高层水平辐散大于低层水平辐合,可形成两侧的垂直环流促进低层辐合加强。由质量守恒定律可知,可更有利于垂直方向上的抽吸运动的机制,使上升运动更有利于进一步发展。底层的水汽输送将有利于云中过冷水的维持和加强,该云中具有一定增雨潜力。而低层辐合大于高层辐散,可能是上升运动的开始阶段,如果两者数值均减小,或者高层的辐散层下降,则表明降水系统的减弱。因此,根据计算的高、低层水平辐合、辐散数值变化及垂直速度变化可实时判断云中增雨潜力和作业时机。从以上定性、定量两种方法的优势互补分析,可为人工增雨作业实时指挥提供辅助判据指标。

4 实例分析

利用雷达径向速度的零速度线特征,结合应用 EVAD 技术和变分法,作为人工增雨潜力分析和作业时机选择的辅助判别,依据在 2015—2018 年河西走廊几次大范围降水天气过程的人工增雨作业中进行了应用,取得较好应用效果。

4.1 2016 年 5 月 20 日降水过程分析

2016 年 5 月 20 日,受高原暖湿气流和北方冷空气共同影响,酒泉市出现了一次全区范围的小到中雨过程,酒泉市人影办组织全市各县沿祁连山一线进行了联合增雨作业。指挥中心采用增雨作业指挥系统结合雷达速度场和定量计算垂直速度的方法相结合的作业判据指标分析,实时开展了火箭人工增雨作业,从体扫雷达回波图像看,降雨云系以大范围的层状云为主,部分夹杂积云对流泡,作业后回波明显加强。从自动站降雨量资料分析发现,增雨效果明显,最大降雨中心出现在作业区下风方的丰乐、黄草坝、屯升,降水量为 18.0 mm、16.7 mm、12.8 mm,其他区域降水均为 2.2~11.0 mm。作业前,位于下风方的东洞、西洞两个镇自动站雨量变化不大;作业后 25 min,自动站雨量逐渐增大,40~50 min 时出现了最大降雨量,10 min 内平均降雨量分别为:2.2 mm 和 2.4 mm,之后逐渐减小。同时分析作业对比区的清泉、新添墩农场、总寨科技园等自动站雨量,始终没有明显增大,表明增雨效果明显。

4.2 多普勒雷达特征

2016 年 5 月 20 日 01 时,肃州区开始出现降水,低层 120 km 内的雷达荧光屏上充满降雨回波,降水分布均匀;01:10 左右,4.3°仰角的 PPI 速度图上出现了零速度线呈"S"形的分布特征,风随高度顺转,有暖平流存在系统将继续发展;01:18,PPI 速度图上的"S"形特征变得清晰,暖平流加强,此时速度图上出现了正负面积不对称,负速度区面积大于正速度区面积,即辐合流场,预示降雨云系将发展加强[4],是作业的有利时机[5]。酒泉市人影办请示空域后立即对肃州区沿祁连山边坡两个作业点发出作业指令,作业仰角 65°方位角 225°和 60°方向上各发射 10 枚火箭弹。作业 10 min 后,自动站雨量记录增大,在 20~35 min 时达最大。

此次降水为层状云回波,如图 1 所示:01:01 的 4.3°仰角多普勒雷达图上,回波强度表现出范围比较大、呈片状、边缘零散不规则、强度不大但分布均匀、无明显的强中心。回波速度显示底层为东北风暖平流,中层为偏南风,高层西南风的冷平流。零速度线:0~15 km 为 S 形有暖平流,15~30 km 为凹状,呈辐合的偏南风,30 km 以上为反 S 形,为冷平流。

图 2 为 01:52 的 4.3°仰角多普勒雷达图,显示回波强度的范围逐渐移出甘肃省,其特征无明显变化。回波速度显示底层为暖平流,中高层为冷平流。零速度线:0~30 km 为 S 形有暖平流,30 km 以上为反 S 形;零速度线已向东南收缩,其左右的正、负速度面积已变为正面积大于负面积的分布特征,转为暖平流和辐散流场叠加,预示降雨云系将减弱消亡。由于低层暖平流的存在,后期转为正常小雨至降水结束。另外,回波强度自云系进入本区域后,一直维持在 35~30 dBZ,最大值出现在 01:35(46 dBZ)。

此次降水过程由于暖平流与辐合场叠加,降雨云系发展加强,云层具有增雨潜力;当暖平流与辐散场叠加时,云层将逐渐减弱,云系没有增雨潜力,是作业结束的辅助判据。

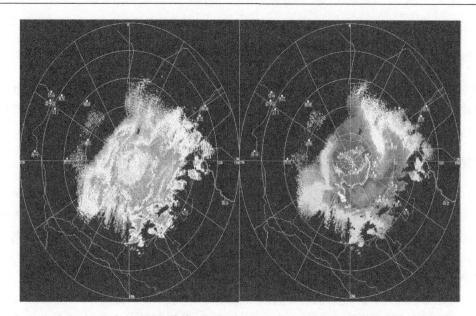

图 1   零速度线回波特征(2016-05-20,01:01,4.3°仰角)

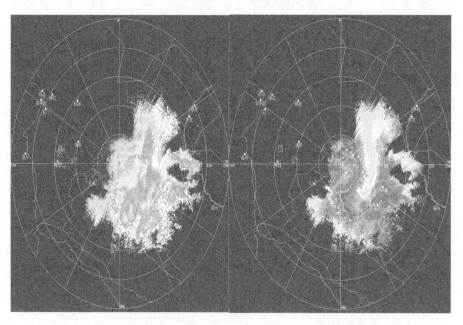

图 2   零速度线回波特征(2016-05-20,01:52,4.3°仰角)

4.3   垂直速度和水平散度的定量分析

利用酒泉多普勒雷达 6 min 一次的基数据资料,采用 EVAD 技术和变分法计算本次增雨的平均散度和垂直速度(为便于分析,将散度和垂直速度放在同一张图上比较,将散度放大 100000 倍,单位 10^{-5}/s;垂直速度放大 100 倍单位:10^{-2} cm/s;垂直速度定义在 z 坐标系下,上升运动为正,下沉运动为负)。在降水初期,由于回波缺口较大,计算的平均散度 D 和垂直速度(w)代表性差。但随着回波移入的面积不断增大,D 和 w 的可信度增加。

图 3 是 01：10 计算的平均散度和垂直速度随高度变化曲线，可以看出低层有较强的辐合，中高层为水平辐散、且辐散层的厚度略大于低层辐合，而在更高层 5 km 以上是较弱的辐合，大气整层表现为以低层辐合和中高层较强的辐散为主，因此降雨云系发展加强；对应的垂直速度（图 3 中实线）均为正值，为上升运动，且上升速度随高度增大，在 2.2 km 处达最大，为 0.33 cm/s，之后减小，在 4.3 km 处达最小，是较强的水平辐散所致。图 4 是 01：55 平均散度和垂直速度的变化曲线，可以看出：低层辐合仍很强，但中高层的辐散明显减弱，且高层 4.3 km处的辐合加强，大气整层散度则表现为辐合大于辐散；从对应时刻计算的垂直速度随高度分布图（图 4 实线）看，低层存在上升运动，但速度值明显减小，而中高层以上已转为下沉运动，下沉速度在 4.2 km 处达最大。由计算的水平散度和垂直速度的配置看到，此刻的降雨云系处于减弱消亡阶段，由于低层暖空气辐合上升运动的维持，使降水缓慢持续到 02：40 结束。

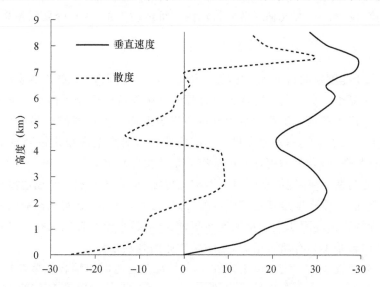

图 3 散度、垂直速度随高度变化(2016-5-20,01:10)散度(×10⁻⁵s⁻¹)；垂直速度(×10⁻²cm·s⁻¹)

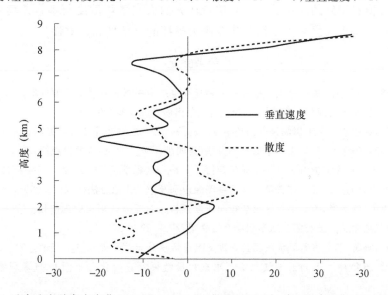

图 4 散度、垂直速度随高度变化(2016-5-20,01:55)散度(×10⁻⁵s⁻¹)；垂直速度(×10⁻²cm·s⁻¹)

4.4　定性与定量分析比较

降雨过程开始,多普勒雷达 PPI 回波速度场零速度线呈不对称分布特征分析,负的速度面积大于正面积,大气低层存在暖平流,为辐合流场,即形成中低层为暖平流叠加辐合流场;01:52,零速度线特征清晰但速度图上出现了速度正面积大于负面积,即表现为水平辐散,有暖平流与辐散流场叠加,大气将转为下沉运动,降雨减弱消亡。从计算降雨开始时的平均散度和垂直速度随变化曲线分析,在 2 km 以下的大气低层为明显的水平辐合,中高层为水平辐散流场,此时的垂直速度均为正值,表明大气整层存在着较强的上升运动;由降水趋于结束时计算的平均散度和垂直速度随高度变化曲线看,2 km 以下仍有较强的水平辐合,其垂直速度为正值,存在上升运动,而中高层以上垂直速度则变成负值,并随高度增大,表明中高层出现了较强的辐合下沉气流,说明此时大气整层转变为辐散下沉运动为主,预示降雨云系将减弱消亡。

5　结论

利用雷达 PPI 速度径向特征和回波强度定性分析,结合 EVAD 技术和变分法定量计算方法对酒泉 2016 年夏季一次大范围降水天气过程的增雨作业进行分析得到以下结论:

(1)动力和水汽输送是人工增雨潜力分析的宏观条件。雷达回波的强度和径向速度场特征在一定程度上反映了大气的动力和热力场结构特点。对大范围稳定性降水过程,零速度线分布特征的分析判据,对人工增雨作业决策有一定的指导意义。

(2)增雨作业初期,零速度线呈明显不对称型特征,负速度面积大于正速度面积,低层为暖平流与辐合场叠加,回波强度维持在较强区间,降雨云系将发展,是实施作业的有利时机后期,当出现回波速度场正速度面积大于负速度面积,低层为暖平流与辐散场叠加,回波强度由高值逐渐降低时,降雨云系不具有增雨潜力,是结束作业的判别指标。

(3)雷达径向速度场在一定程度上定性反映了大气近地面的辐合辐散与冷暖平流的配置关系,通过多普勒雷达径向速度定性的散度、垂直速度分析其与通过 EVAD 技术定量提取的散度、垂直速度值有很好的对应关系。且定量计算的大气平均散度与垂直速度随高度的变化及回波强度演变,将大大提高人工增雨作业决策指挥的科学性和高效性。

参考文献

[1] 王维佳,董晓波,石立新,等 . 一次多层云系云物理垂直结构探测研究[J]. 高原气象,2011(5):72-76.
[2] 李大山 . 人工影响天气现状与展望[M]. 北京:气象出版社,2002:209-215.
[3] 中国气象局培训中心 . 人工影响天气岗位培训教材[M]. 北京:气象出版社,2003:156-172.
[4] 朱乾根,林锦瑞,寿绍文,等 . 天气学原理和方法(第四版)[M]. 北京:气象出版社,2011:89-99.
[5] 毛节泰,郑国光 . 对人工影响天气若干题的探讨[J]. 应用气象学报,2006,17(5):643-646.
[6] 胡志群,夏文梅,汤达章,等 . 多普勒雷达速度图像识别及散度提取方法研究[J].2007,(4):125-130.
[7] 王丽荣,胡志群,汤达章,等 . 多普勒雷达径向速度资料在对流天气预报中的应用[C]//中国气象学会雷达气象学与气象雷达委员会第二届学术年会论文集,2007:89-94.
[8] 徐芬,夏文梅,吴蕾,等 . 多普勒天气雷达速度 PPI 图散度分布信息提取[J]. 气象,2007,33 (11):4-8.
[9] 袁野,王成章,蒋年冲 . 不同云天气条件下水汽含量特征及其变化分析[J]. 气象科学,2005,25(4):394-398.
[10] 白卡娃 . 江苏盛夏飞机人工增雨作业的雷达气象学分析[J]. 气象科学,1999,19(4):321-325.

[11] 徐芬,王博妮,夏文梅,等.长江中下游地区一次春季暴雨过程的多普勒雷达速度特征分析与研究[J].
    2014,(2):46-49.

[12] 胡志群,汤达章,梁明珠,等.用改善的 EVAD 技术和变分法计算大气垂直速度[J].南京气象学院学
    报,2005,28(3):344-350.

[13] 刘淑媛,陶祖钰.从单多普物雷达速度场反演散度场[J].应用气象学报,1999,10(1):41-48.

[14] 徐芬,夏文梅,胡志群,等.多普勒天气雷达风场产品在螺旋度计算中的应用[J].气象科学,2007,27
    (5):495-501.

[15] 臧增亮,吴海燕,黄泓.单多普勒雷达径向风场反演散度场的一种新方法[J].热带气象学报,2007,23
    (2):46-51.

[16] 李红斌,周德平,濮文耀.火箭增雨作业部位和催化剂量的研究[J].气象,2005,31(10):42-46.

SCRXD-02P 型双偏振雷达方位电机故障排查分析

张继东

(新疆维吾尔自治区阿克苏地区人工影响天气办公室,阿克苏 843000)

摘　要　针对阿克苏 SCRXD-02P 型双偏振雷达频繁出现的方位电机故障,从伺服系统的组成、功能和工作原理出发,根据故障现象,逐一检查和排除故障,保障了双偏振雷达在汛期人工防雹减灾中的正常运行。

关键词　双偏振　雷达　伺服系统　方位电机

阿克苏 SCRXD-02P 型双偏振雷达是新疆首部用于人工影响天气业务的双偏振雷达,在阿克苏防雹减灾和短时临近预报工作中发挥了非常重要的作用。但使用过程中,双偏振雷达伺服系统常常出现故障,严重影响了汛期气象服务和冰雹天气的观测和人影作业指挥指挥工作。本文通过对阿克苏双偏振雷达一次方位电机故障进行排查分析和处理,为双偏振雷达维护维修提供参考。

1　伺服系统组成

双偏振雷达伺服系统由伺服分机的伺服控制板、方位和俯仰驱动器、方位和俯仰 R/D 变换板、本地控制键盘、天线转台方位和俯仰旋转变压器、方位和俯仰电机、传感器、开关电源等组成[1],见图 1。

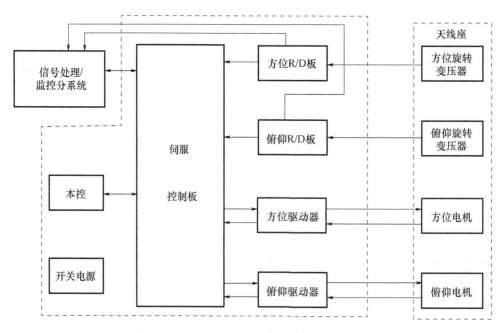

图 1　SCRXD-02P 型双偏振雷达伺服系统组成

2 伺服系统工作原理和功能

双偏振雷达伺服系统开机后,伺服控制软件首先对硬件电路进行初始化,判断有无故障,判断结果回馈给雷达监控系统。若无故障进入等待状态,接收经本地控制键盘或雷达终端发出的操作指令,经运算处理送出一定频率的脉冲信号驱动方位/俯仰电机控制天线做指定的扫描运动。同时,方位/俯仰旋转变压器产生代表天线方位角/仰角信息的信号,经方位/俯仰板变换为 14 位二进制数字信号,回馈给伺服控制板,送至信号处理器。伺服系统用其内部的BITE 对本分系统的故障信息进行检测,并将故障信息送往监控分系统,进而在雷达终端显示器上进行显示[2]。

3 故障分析和处理

3.1 故障现象

做 PPI 扫描时,频繁出现天线方位突然停止不转现象,监控终端面板显示方位电源故障。雷达终端重新设置方位角,发出指令后天线无动作。在重启伺服分系统电源后,故障消除,但是在短时间内故障又再次出现。检查方位驱动器故障码显示 22# 错误代码,同时,伺服控制板方位故障灯亮,表明出现方位故障。

3.2 故障分析

根据伺服系统工作原理,判断故障出现的原因可能为软故障、汇流环短路、线路接触不良、方位电机故障等。

3.3 故障处理

3.3.1 重新启动系统

双偏振雷达伺服系统有些故障为软故障,因伺服系统或终端计算机死机、软故障造成,重启上述系统后会自动恢复正常,但是在对上述系统进行重启后故障依旧存在。

3.3.2 重新调校方位 R/D 板

由于天线位置的偏移或者方位 R/D 板出现故障也可能造成伺服系统工作异常。首先判断天线位置是否与架设时位置是否一致,更换了备用方位 R/D 板后,故障仍然没有排除。

3.3.3 检查汇流环

首先,检查汇流环上是否有积碳存在,由于汇流环长时间使用,摩擦产生的碳粉堆积,导致汇流环对地短路造成故障;其次,检查汇流环触点是否有老化、接触不良和打火现象。在对汇流环触点进行仔细检查及碳粉清洁后,故障依然存在,说明故障点不在汇流环上。

3.3.4 信号干扰

由于阿克苏站双偏振雷达与新一代天气雷达架设的直线距离不到 100 m,汛期时两部雷达经常同时开机。考虑两部雷达同时开高压时,它们的高频信号互相干扰,也可能造成伺服系统故障。于是,对双偏振雷达采取了以下措施:使用锡纸屏蔽了其方位电机和俯仰电机;断开方位、俯仰电缆两端地线连接。然而,雷达还是频繁出现此故障,表明不是干扰造成的故障。

3.3.5　检查方位电机

根据方位驱动器所报故障及故障号,参照伺服电路图,依次测量方位输入端与汇流环之间是否存在短路或断路现象,方位电机电源插头是否松动,电机转动是否正常等。当检查到电机时,将方位电机拆卸去除负载,用手转动电机轴,发现电机在转动时阻力较大,并伴有非常轻微的"卡塔、卡塔"异响声,由此可以判定方位电机故障。更换方位电机后,故障排除。

4　结论

通过此种故障分析可以看出,伺服分系统是通过相应软件的运算和处理,提供驱动信号控制天线进行相应的扫描运动,因此对雷达整机的运行也是非常重要的。在实际工作中,机务保障人员还要加强学习、总结和积累,定期按照要求对伺服系统进行校对和维护,定期清理汇流环。在故障定位时,要胆大、心细,善于观察细节。一些故障其实在起初有细小的反映,如果不及早发现解决,使小隐患演变成故障,不仅增加故障排查的难度,而且在关键时刻不能发挥雷达的千里眼作用,影响到业务的正常运行。

参考文献

[1] 安徽四创电子股份有限公司.SCRXD-02P 型 X 波段双通道双线偏振全相参脉冲多普勒天气雷达技术说明书.

[2] 郑洪,柴秀梅,余加贵,等.CINRAD/CC 雷达伺服系统的故障分析与处理方法[J].气象与环境科学,2011,34(1):91-95.

第五部分 人工影响天气
管理工作经验和方法

《DB 65/T 4046—2017：人工影响天气地面作业站验收规范》解读

王红岩　樊予江　廖飞佳　史莲梅　郭　坤

（新疆维吾尔自治区人工影响天气办公室，乌鲁木齐市 830002）

摘　要　本文是对《DB 65/T 4046—2017：人工影响天气地面作业站验收规范》从编制目的、意义、原则依据及规范内容进行的详细解读，使该规范更易于理解和指导相关人员执行与使用。

关键词　作业站　验收　规范　解读

1　引言

2016 年 3 月，新疆维吾尔自治区人工影响天气办公室（以下简称新疆人影办）通过新疆气象标准化委员会，向新疆维吾尔自治区质量技术监督局提交了《人工影响天气地面作业站验收规范》编制申报书，2016 年 6 月，根据《关于下达 2016 年第一批自治区地方标准制（修）订项目计划的通知》（新质监标函〔2016〕11 号）文件获批该标准的编制任务。

2017 年 9 月 15 日，新疆人影办负责起草的《DB 65/T 4046—2017：人工影响天气地面作业站验收规范》，经新疆维吾尔自治区质量技术监督局审查批准，于 2017 年 9 月 15 日发布，同年 10 月 15 日起正式实施。该标准规范了人工影响天气地面作业站点建设竣工验收的内容及程序，为新疆人工影响天气标准化作业站点验收工作有章可循，标准的出台统一了要求、提供了执行依据、提高了工作效率。

2　标准编制的目的意义

新疆是我国开展人工影响天气工作最早的省区之一，是实施人工增雨防雹地面作业的大区，随着新疆人工影响天气事业的不断发展，人影作业站点日趋增多，形式各异的作业场所，使人影安全隐患问题日益突出，为提高人影作业站点的安全性能、规范建设要求、保障人民生命财产安全，2011 年新疆发布实施了《DB 65/T3286—2011：人工影响天气地面作业点建设规范》地方标准，根据该标准的建设要求，新疆开启了人影作业站点的标准化建设进程，2016 年已建成近 150 个地面固定标准化作业站点，各级政府经费投入 9000 余万元，而与之配套的地面作业站点验收规范编制工作作为工程建设的重要环节，也成为人影业务规范化管理的必然要求。为满足新疆人工影响天气业务发展需求，加强业务安全管理，进一步为新疆防灾减灾、改善生态环境、实现社会稳定和长治久安总目标发挥作用，根据国家有关规定，制定本规范具有重要的现实意义。该标准的制定与实施将有利于规范人工影响天气地面作业站点建设及管理，有利于工程质量监管，有利于提高人影作业安全，达到安全、科学、有效实施人工影响天气作业服务的目的。

3 编制原则与依据

3.1 编制原则

本标准的编制遵循"科学性、实用性、统一性、规范性"相统一的原则,对规范性引用文件、定义与术语等相关规定充分考虑与国家和地方现行标准接轨,并结合新疆人工影响天气工作现状与作业安全的特殊需求,重点突出建设鉴定量化标准,结合基层作业站建设的实际情况,合理地总结和归纳进行科学编制,使编制的规范有效地服务于新疆人影作业、改善作业站点生活条件、提升安全防护能力,实现人影作业站点工作安全、高效、科学运行。

3.2 编制依据

本标准的编制依据主要有《GB 50300—2013:建筑工程施工质量验收统一标准》《GB 12158—2006:防止静电事故通用导则》、《DA/T 28—2002:建设项目文件归档要求与档案整理规范》《QX/T 329—2016:人工影响天气地面作业站建设规范》《DB 65/T 3286—2011:人工影响天气地面作业点建设规范》《人工影响天气管理条例》(中华人民共和国国务院 348 号令)、《民用爆炸物品安全管理条例》(中华人民共和国国务院第 466 号)等。

4 主要内容

4.1 适用范围

本标准仅适用于新疆范围内新建、扩建或改建人工影响天气固定标准化作业站点建设项目的验收工作。

4.2 验收内容

根据人工影响天气固定标准化作业站点建设的工程性质及专业特性,本标准的验收内容从三个方面进行了规定:

(1)建筑工程施工质量验收。规定工程质量应符合《建筑工程施工质量验收统一标准》国家标准要求,并由工程质量监督部门进行工程竣工验收,确保人工影响天气固定标准化作业站点建筑设施合格达标。

(2)人工影响天气作业点建设标准验收。规定作业站点建设应按《人工影响天气地面作业建设规范》行业标准建设,并考虑到新疆的安全要求,还应符合《人工影响天气地面作业点建设规范》地方标准及《民用爆炸物品安全管理条例》等相关要求,例如:作业站点应按行业标准建有两库两室一台(即:作业装备库房、弹药库房、值班室、休息室、作业平台);还应按地方标准建有人影作业站点安防设施建设,除基础安防设施外,还应配备监控装置、一键报警装置等防恐防暴技术设备及有效的通信设备,确保建成后的人工影响天气固定标准化作业站点符合作业安全要求。

(3)资料验收。验收作业站点工程建设相关资料,是验收工作的重要内容。针对人影作业站点的专业属性,规定验收资料,包括项目建设方案、项目批文、招标文件、设备鉴定报告、施工资质、合同、建筑工程项目工程档案,设计图纸及实地勘察材料,设施和设备试运行使用情况报告、经费审计报告等。

4.3 验收程序

规定验收程序是验收的必要环节。本标准根据人影作业站点工程建筑属性及人影专业特性，将验收程序分为：专项验收程序和竣工程序，对验收环节进行了详细规定，这样有利于标准的实施。

专项验收程序：人影作业站建设专项验收申请→验收组实地勘验（填写实地勘验表）→验收组对改造人影作业站建设工程进行评价鉴定，形成专项验收鉴定书

竣工验收程序：人影作业站建设竣工验收申请→验收组实地勘验（填写实地勘验表）→验收组对新建人影作业站建设工程进行评价鉴定，形成竣工验收鉴定书

5 实施建议和预期效果

为充分发挥标准的效果，达到制定本标准的目的，建议实施标准时，应在新疆人工影响天气领域内广泛推广应用，各人影部门在执行过程中，对本标准使用情况应及时反馈意见，使标准能不断修订、完善。

本标准实施后，为人工影响天气地面标准化作业站建设验收工作提供了科学、规范的量化评价标准和操作程序，特别贴切新疆基层人影实际工作，具有极强的实用性，鉴定验收合格的人工影响天气地面标准化作业站，将为新疆防灾减灾、社会稳定和长治久安发挥积极作用。

酒泉市人工影响天气地面作业安全管理机制探讨

朱彩霞[1]　郭良才[1]　马廷德[1]　刘立辉[2]　王　晓[1]

(1. 甘肃省酒泉市气象局,酒泉 735000；2. 河北省邢台市气象局,邢台 054000)

摘　要　人工影响天气工作在保障地方经济社会发展、防御气象灾害过程中发挥了重要作用. 规模也越来越大,受到了社会各界的广泛关注。本文根据酒泉市人工影响天气工作开展情况和地面作业的规模,从作业装备、作业方式、人员编制、经费投入、技术培训等方面进行具体分析,针对存在的问题进行探讨,确保人工影响天气作业安全高效,充分发挥人工影响天气工作为本地的防灾减灾、生态修复和工农业生产服务的重要作用。

关键词　人工影响天气　工作现状　作业方式　安全管理

1　酒泉市地理环境和人工影响天气需求

酒泉市位于甘肃省西北部,地处河西走廊西端,南靠祁连山山脉,北邻蒙古国戈壁沙漠地区,西邻新疆南疆的塔克拉玛干沙漠,总土地面积 19.4 万 km^2,是甘肃省面积最大的城市,属于典型的季风性气候与大陆性干旱气候类型,年平均降水量为 42～150 mm,不足全省年平均降水量的 1/3,是甘肃省降水最少的地区。特别是近年来,祁连山区雪线上升明显,冰川消融加快,低海拔的川区年降水量相对变率增大,冬春季降水显著减少,近 20 年中来水总量减少近 20 亿 m^3,年均 1 亿 m^3,使天然绿洲的需水量大量减少。据气象资料表明,输入祁连山区的水汽总量中只有 14.5% 成云致雨或留在该区域上空,其余 85.5% 的水汽成为过路水,在河西走廊至祁连山区一带,存在明显的水汽辐合中心,说明这一区域内非常有利于水汽的堆积,可开发的水资源量潜力较大。

在河西走廊西部旱区一带开展人工增雨作业,目的就是增加南部祁连山的积雪量和域内内陆河流量,为区域内提供更多的工农业和生态用水。在相对干旱的年份,降水相对减少,虽然人工增雨作业次数增多,但干旱的气候加大了积雪的消融速度,表现为积雪雪线升高,河流来水量增加,另外,由于气温的作用,有时候降水增加了,积雪面积反而有所减小,但从大部分个例来看,随着耗弹量的增加,降水量也呈现增加的趋势,说明人工增雨作业增加了有效降水量,对改善区域内生态环境具有积极贡献。

2　酒泉市人工影响天气工作现状

酒泉市 2006 年开始利用"WR-98"移动火箭人工增雨作业系统开展人工影响天气工作,逐步在各市县近 12 万 km^2 的范围开展了祁连山蓄雪型、抗旱型和水库蓄水型人工增雨作业。截至目前火箭人工增雨(雪)作业点增加至 43 个,酒泉市及所辖六县一区均有各级政府成立了人工影响天气政府机构,从事管理和作业人员 70 余人,拥有火箭架 16 部,焰弹增雪作业点 3 个,用于人影作业的流动作业车辆 8 辆。近年来全市结合区域自动气象站、雷达和气象卫星云图接收站,实现了天基、空基、地基三位一体立体式、全天候监测,酒泉市人工影响天气工作不断加强,科技水平不断提升,初步实现了天气系统有效监测、有利过程快速作业、作业效果客观评估的良好格局人工增雨雪成为酒泉市防灾减灾、缓解水资源短缺等的重要手段之一。但是,随着人工影响天气作业规模的不断增大、作业范围的扩大、作业装备的安全使用、弹药的存储,及空域安全问题等,这些均存在一定的危险因素,任何环节操作不当,势必引发安全事故,不仅会影响作业效果,更威胁到人们的生命安全。因此必须要高度重视人工影响天气作业的安全问题,加强人工影响天气作业安全管理,推动人工影响天气作业的安全开展。

3 酒泉市人工影响天气安全管理措施

3.1 加大组织管理,建立健全规范管理制度

结合酒泉市人工影响天气工作多年的管理经验,不断完善安全管理机构和各项规章制度,定期组织落实学习制度,并保证制度上墙,提升安全保障水平;进一步完善安全生产检查制度,制定安全生产检查计划和符合本地人影地面作业检查表;强化安全生产专项检查,建立安全生产隐患排查治理长效机制;市人影办与市政府签订安全管理责任书,市人影办与各县人影办签订安全责任书,市人影办与全市作业人员签订安全生产承诺书,做到责权明确。

3.2 制定应急预案,确保安全作业

为了强化酒泉市人工影响天气作业管理,妥善处理火箭在人影作业中发生的各类安全事故,依据各类法律法规,制定了酒泉市人工影响天气事故应急处置预案。人工影响天气是县级以上地方人民政府开展,由当地气象主管机构管理、组织实施的社会公益性事业。为妥善处理酒泉市人工影响天气作业中发生的各类事故,需要在市政府的统一领导和部署下,及时协调有关工作,分析事故原因,提出处理建议,并制定防止今后各类事故发生的有效措施,切实保障人影工作的健康持续发展。

3.3 规范作业点建设,确保作业环境的安全性

酒泉市采用固定作业和机动作业相结合移动式的火箭作业方式,在每个固定作业点均进行了地面硬化,设置明显的作业点警示标志,要求每次作业必须到固定作业点进行人影作业。市人影办随机对各作业点环境进行检查,发现问题及时整改解决。

3.4 作业装备和火箭弹的存储安全管理

每月定期对火箭发射架进行检查保养,发现老化、损坏的部件及时更换,建立作业装备维修、维护记录表,确保作业装备安全可用。严格规范火箭弹出入库登记制度,防止丢失和被盗。火箭弹必须存放在弹药存储柜内,实弹和过期弹严禁同箱存放,必须分开保管。使用火箭弹要坚持用旧存新,用零存整的原则,不使用过期炮弹,特别是不使用簧片变形的火箭弹。定期对存储库房进行安全检查,并进行登记。

3.5 加强对作业人员的技能培训,确保作业操作安全

由于实际工作需要,多数人影作业人员都身兼数职,为了使作业人员熟练掌握各项规定、规范和操作规程,避免安全事故的发生,所以作业人员的技能培训尤为重要。酒泉市人影办每

年对作业人员进行定期或不定期岗位培训,保证每个作业人员不但要有过硬的操作技能,还要有处理应急事故发生的应变能力,要求作业人员严格按照酒泉市火箭发射操作流程进行操作。通过培训,加强作业人员在业务安全和空域安全的知识学习,杜绝未经过规范化培训和考核的作业人员上岗操作,确保人影作业工作顺利开展。

4 酒泉市人工影响天气工作机制建设的建议

4.1 加大政府资金的投入和扶持

按照人工影响天气作业量科学核定经费,统筹使用中央和地方投资。落实《人工影响天气管理条例》和《甘肃省人工影响天气管理办法》,将各县(市、区)人影作业经费纳入同级人民政府财政预算。各县(市、区)财政应及早核拨人影经费,确保增雨弹药提前购买储备,保障人工影响天气作业的正常开展,同时确保一线作业人员工资福利待遇得到落实。规范人影专项资金管理,所有经费要严格按照《中央财政人工影响天气补助资金管理暂行办法》等制度规定执行。

4.2 将人工影响天气工作纳入地方政府的考核机制中

进一步完善市人工影响天气工作领导小组工作制度,充分发挥政府领导、成员单位协调配合的作用,强化"逐级管理,清单管理,风险管理"人工影响天气安全监管工作机制。按照统一指挥、统一调度、部门联动和区域协作的原则,建立多部门联合工作机制。将人工影响天气工作纳入地方政府的考核机制中,以便于和地方政府的沟通和协作。

4.3 利用气象资源拓宽人工影响天气应用的服务领域

近年来,酒泉市加强生态和作业条件的动态监测。利用卫星遥感技术对祁连山积雪、地面火点、大范围的牧草及酒泉内陆河水体面积等进行监测,分析其变化,开展祁连山生态环境监测的业务化应用和服务。在全市祁连山区生态保护区,经济果林、粮食产地保护区,土地沙漠化和盐碱化生态恢复区增设人工影响天气作业点,并在肃州区、瓜州县、肃北县建设 3 个人影科普基地,加强气象科普展教内容的互动性、展出形式的多样性和展教资源的时效性,增强科普基础设施的吸引力和服务效果。营造全社会科普资源开放共享的环境,推进科普资源的高效利用。充分发挥气象部门优势,根据自身特点和资源,把气象工作与科普工作有机结合,不断增加科普内容,推动科普基地的发展,实现科普教育的功能。人影科普基地也积极推进了酒泉市人工影响天气业务现代化步伐,对提高公众保护修复祁连山冰川和生态系统的意识具有重要意义。

4.4 加大科研力度,助力生态文明建设

制定和落实《酒泉市生态文明建设气象保障服务实施方案》各项任务。对祁连山西段气候变化和生态气象要素变化特征进行分析,基于气温、降水、风向风速、相对湿度以及祁连山西段积雪、水体面积、植被覆盖、干旱分布等资料,分析气象和生态环境因子的地理分布和季节变化特征、气候变化趋势等,为祁连山西段生态环境气象监测预报和预警、修复性人工增雨雪作业提供数据支撑。优化完善生态气象观测站网布局,提升生态环境气象监测能力。围绕祁连山

生态保护,积极开展全方位气象保障服务,强化动态遥感监测技术在祁连山西段生态保护与修复中的应用能力,进一步发挥《酒泉市生态气象监测公报》在政府决策层面的参考作用。

5 存在的问题

5.1 人工影响天气硬件设施还需不断加强

由于酒泉市采用固定作业和机动作业相结合的方式开展火箭增雨(雪)作业,没有固定的作业点,各县的人影弹药库房都建在本地的观测站中,受地域条件的限制,基本不符合"两库一室"的要求,只将所有弹药存放在弹药保险柜中,作业设备无法安全存放,存在一定的安全隐患。

5.2 人工影响天气业务人员队伍还需加强,科技支撑能力不足

人工影响天气工作的持续发展,需要一支稳定的作业骨干人员队伍作为基础,酒泉市各县人影办缺乏专业的人影业务管理和作业人员,作业人员的专业化程度不高,作业规模、人影投入和科技支撑能力较弱。

6 小结

人工影响天气工作是一项利国利民的事业,要健康、稳定、持续的发展,离不开规范有效的安全管理制度和措施,因此,需要在规章制度的完善和执行、安全保障措施及科学技术支撑下构建安全人工影响天气管理体系,着力提升人工影响天气作业安全性,更好地服务地方发展需求,为酒泉市生态修复、环境治理、农牧业发展、冰川蓄水、流域来水、抗旱救灾、森林防火等防灾减灾做出积极贡献。

参考文献

[1] 郑国光,郭学良. 人工影响天气科学技术现状及发展趋势[J]. 中国工程科学,2012,14(9):20-27.
[2] 郝克俊,王维佳. 关于地面人工影响天气安全管理的思考[J]. 黑龙江气象,2010(3):33-34.
[3] 李桂梅. 人工影响天气的组织与管理[J]. 人才资源开发,2014(6):43-44.

人影安全管理方法初探

马书玲

(甘肃省平凉市气象局人工影响天气指挥部办公室,平凉市 744000)

摘 要 随着人工影响天气科学技术的不断发展,以抗旱减灾,改善生态环境,防雹消(减)雨等人工影响天气业务广泛开展,地面人工影响天气作业的规模不断扩大,因此,人影装备和作业过程的安全管理显得尤为重要。本文就双管 37 高炮在增雨防雹作业流程中的使用安全和管理做些初步的探讨。

关键词 安全 方法 制度 人员 流程

1 引言

安全生产是人影工作的重中之重,而弹药安全和作业安全是人影工作的重点,目前甘肃省使用的 37 mm 双管高炮是部队退役的旧炮,使用年限过长,装备老化严重,但军用品属性仍然存在,因此人工增雨(防雹)作业过程具有相当的危险性,如何在保障安全的前提下,使人影作业发挥最大的经济社会效益是人影工作者的终极目标,依据近几年的作业指挥和管理经验,对作业前、作业中、作业后的安全管理做出一些总结。

2 作业前做好全方位的准备,注重细节管理

2.1 制度保障

安全生产制度先行,人影安全管理是一项复杂而细致的工作,平凉市气象局人影办的做法是在制定《人工影响天气作业空域申请管理职责》《人工影响天气弹药安全管理制度》《人工影响天气作业安全制度》等相关制度的同时,做好以下工作:

2.1.1 制定年度工作计划

根据《甘肃省人工影响天气工作安全管理手册》,结合本地气候特点,制定市级人工影响天气工作计划,并报本级人民政府批准,向全市各县(区)人民政府和县级气象部门发布。

2.1.2 制定安全目标责任书

市级人影指挥部与县(区)级人民政府和下级人影作业单位签订,划分责任范围各负其责,落实人影作业安全责任,实行责任追究制。

2.1.3 发布作业公告

每年的 4—9 月为汛期人工影响天气作业时段,根据《人工影响天气管理条例》第十二条和《甘肃省人工影响天气管理办法》第二十一条有关规定发布全市范围的人影作业公告[1-2]。

2.2 人员保障

按照《人工影响天气技术与管理》的要求,平凉市建立健全了人工影响天气日常办事机构,配备了专职管理人员,每个炮点配备 4 名作业人员,从人员方面加强安全管理。

2.2.1 做好岗前培训工作,发放上岗证

根据《甘肃省人工影响天气专业人员培训及上岗证管理办法》第四条的规定,每年汛期前由市人影办牵头组织,县人影办具体实施,对登记在册的作业人员从人工影响天气基本原理、防雹作业技术方法、作业器械的构造使用等方面进行培训后由市人影办组织考核,加注意见并报省人影办审核,然后发放上岗证。

2.2.2 办理人身安全保险,提高生命安全意识

由于当地条件限制,作业人员流动性大,报酬低,而且防雹作业具有危险性,为解决作业人员的后顾之忧,平凉市人影办每年都为作业人员办理人身安全保险[1]。

2.3 器械和场地保障

工欲善其事,必先利其器。由于地方人影作业的高炮是从部队退役下来的旧炮,加强高炮的维修年检,提高作业安全性就显得尤为重要。

2.3.1 聘请专业人员进行高炮年检,发放年检合格证

原来平凉市在汛期结束后每年的 11 月份进行年检,2018 年开始在汛期前的 3 月份进行年检,能缩短高炮的闲置期,避免在年检后由于放置时间过长产生新的故障。

2.3.2 做好炮点安全检查工作,消除安全隐

汛期前组织管理人员深入每个炮点,从照明、防火防水防盗、两库两室、安全射界图、禁射区等方面进行检查[2]。

2.3.3 加强人雨弹的运输与存放管理

按照《中华人民共和国民用爆炸物品管理条例》的规定,人雨弹的运输必须持有当地公安部门签发的"爆炸物品运输证",运输车辆应当加盖篷布,按最近路线抵达目的地,市、县、炮点建立专门的弹药库,购置弹药保险柜,保证弹药安全存放。

3 作业中严格操作流程,把好过程安全关

随着干旱、冰雹灾害及水资源短缺现象的日趋严重,开展人工影响天气工作从而实现防灾减灾、趋利避害的目的,得到了各级政府的认可,对于业务性高炮防雹作业而言,制定科学的防雹作业方案并严密组织实施是防雹作业成败的关键。防雹作业方案设计主要包括:雹云的预报、预警、跟踪监测;确定作业目标、作业布点;确定作业时机、作业部位、催化剂量、作业方式及作业指标的选择等。可用流程图表示如图 1。

在这个流程中,首先,空域申请是至关重要的一个环节,目前平凉市采用《平凉市人影作业指挥监控系统》,实现了作业指令申请网络化,极大的提高了申请效率,这就要求管理人员必须熟悉软件操作,并及时准确地用电话向炮点传达作业指令,若空域申请不被批准,严禁作业 。其次,作业人员必须严格按操作规程作业,4 名作业人员各司其职:炮长负责指挥,一炮手负责

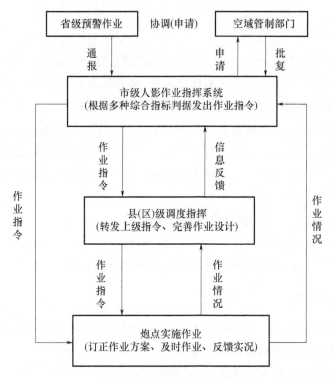

图 1 防雹作业方案流程图

方向瞄准,二炮手负责高低瞄准,三炮手负责弹药装填,在有限的 1～3 分钟作业时间内精准完成作业。

4 作业后安全存放器械弹药,为下次作业做好准备

严格炮弹出入库登记制度,防止丢失、被盗。教练弹、训练弹和实弹严禁同箱存放,必须分开保管。教练弹、训练弹使用前,必须经两名人员同时确认,防止误用。出入库要详细登记人雨弹批次、型号、生产厂家、生产时间,坚持用旧存新,用零存整的原则。作业期结束后,作业点不得存放人雨弹。市县(区)人影办应将剩余的炮弹严格检查,核对、登记(弹药型号、数量、批次)、如数收回,入库封存集中保管,并将已用过的弹壳、弹箱也全部收回。由市县人影办集中在专用库房存储,专用库房要符合相关建设规定,经当地公安部门验收同意,实行 24 小时专人看守制度。

5 结语

随着人影事业的发展,面对日益扩大的作业规模,人影作业的安全管理工作愈加重要,近年来,全国人影作业中,时有事故发生,各级人影工作者,要以高度的责任心,精心维护人影装备,加强作业安全管理,确保人影作业安全。

参考文献

[1] 廖飞佳,冯诗杰,樊予江,等 . 人工影响天气安全管理[M]. 西安:西北工业大学出版社,2016:242-243.
[2] 邓北胜 . 人工影响天气技术与管理[M]. 北京:气象出版社,2011:159-162.

陕西省人工影响天气市县级人影业务现状分析

曹永民　何　军　董文乾

(陕西省人工影响天气办公室,西安 710014)

摘　要　通过对陕西省人工影响天气作业组织、从业人员、经费保障、业务安全管理等方面的现状进行统计分析,全面掌握陕西省人工影响天气工作的组织管理、业务体系建设和作业安全监管工作现状,为当前和今后一个时期人工影响天气工作,在提高服务保障成效、增强基础业务能力、提升创新驱动发展水平、加强安全监管等方面的工作规划和筹划陕西人工影响天气"十四五"重点进行准备,为优化省级人工影响天气业务系统,增强对市县级人工影响天气业务技术指导能力,设计一批具有前瞻性、带动性的人工影响天气工程项目,提升市县级指挥作业能力具有一定意义。

关键词　人工影响天气　市县级业务　现状分析

1　引言

陕西省共布设人工影响天气作业站点 826 个,配备人工影响天气作业"三七"高炮 347 门、火箭发射架 472 副、地面烟炉 45 台,租用增雨飞机 2 架,年作业发射炮弹 5 万~7 万发,火箭弹 4000~6000 枚,燃放地面烟条 3000~5000 根,增雨飞行 40~60 架次,增雨作业范围覆盖全省所有市县,防雹保护面积 4.5 万 km^2,年均增加有效降水 18 亿 t,减少雹灾损失 7 亿~8 亿元。2019 年 2~3 月,陕西省气象局成立 5 个调研组,采取座谈会和实地调查结合的方式,开展了陕西省人工影响天气(简称"人影")市县级业务现状调研,省人影办收集、汇总了全省人影工作调研资料和相关数据,分析形成了市县级人影业务现状调研报告。

2　人影作业组织

2016 年 9 月,陕西省气象局认定具有人工影响天气作业组织资质的 1 个省级、11 个市级、94 个县级共 106 个人影作业组织机构,具体实施各自行政区域的人影工作,资质有效期至 2021 年 8 月。这些人影作业组织机构名称为"人影领导小组办公室"的 21 个,"人工影响天气办公室"的 10 个,"气象灾害应急指挥部办公室"的 10 个,"气象防灾减灾服务中心"的 5 个,"气象局"的 52 个、"农业局"的 1 个,"防雹工作站"的 7 个。已取得机构代码证、法人证的 94 个,取得法人证的 6 个,有机构代码的 3 个,有机构成立文件的 3 个。这 106 个人影作业组织机构,均代表地方政府开展当地人影活动、制订人影工作计划、组织实施人影作业,其中:人影作业组织机构为"气象局"的有 51 个是县级气象局,占县级人影作业机构总数的 54%,表明半数以上的县虽然开展了人影工作,但没有成立相应的人影作业组织,县气象局同时履行人影具体实施和行业监管职责。

3　人影从业人员

3.1　岗位构成分析

截止 2019 年 3 月,陕西省共有人影从业人员 2093 人,按岗位分类:管理岗位 121 人、指挥员岗位 242 人、高炮手岗位 930 人、火箭手岗位 764 人、其他保障岗位 36 人。其中:管理、指挥人员 363 人,占总人数的 19%,和往年相比人数变化不大,说明管理、指挥人员相对稳定。高炮手、火箭手 1694 人,占总人数的 81%,是人影从业人员的绝对多数,和往年相比人员总数变化不大,但实际上这部分人员存在一定数量的人员更替,更换比例大约为 10%~30%,且一年之内随着作业季不同,人员约有 10%左右的增减变化。

3.2　编制类别分析

陕西省人影从业人员 2093 人,按编制分为气象部门人员、人影机构人员、兵役人员、其他人员四类,其中:气象部门 712 人,有气象部门编制的 215 人、长期聘用 212 人、临时聘用 285 人,占总人数的 34%;地方人影机构 1146 人,有地方人影机构编制的 290 人、地方人影机构长期聘用 120 人、地方人影机构临时聘用 736 人,占总人数的 55%;预备役人员 68 人,占总人数的 3%;其他不在气象、地方人影机构编制和聘用人员内,但从事人影作业的地方镇、村工作人员 167 人,占总人数的 8%。人影从业人员编制分类数据表明,人影从业人员中 34%是气象部门职工,也就是说气象部门职工兼职承担了三分之一的人影管理、指挥、作业工作。

3.3　履职类别分析

陕西省人影从业人员 2093 人,按履职分类:专职从业人员 844 人,占总人数的 40%,兼职从业人员 1249 人,占总人数的 60%。市、县级兼职从事人影工作现象比较普遍,各级、各种岗位均有兼职现象,特别是高炮、火箭作业人员以兼职为主。造成这一现象主要有两方面的原因,一是人影作业季节性明显,全年主要集中在 4—10 月期间,虽然南北地域不同季节性略有差别,但全年 7 个月的总时长基本一致,所以从业人员聘用基本只考虑季节性聘用;二是长期以来人影行业聘用人员薪资水平普遍较低,现有几种方式聘任人员的薪资水平为:气象部门长期聘用人员年均薪资 3.1 万元、临时聘用人员年均薪资 2.7 万元,地方人影机构长期聘用人员年均薪资 2 万元、临时聘用人员年均薪资仅 1.6 万元,且区域不同薪资差别较大,在 600~4000 元之间,多数区域低于地区最低收入标准,选择兼职方式较为实际。

3.4　从业年限分析

陕西省人影从业人员连续从业 3 年以内 406 人,从业 4—10 年的 865 人,从业 10 年以上的 822 人,连续从业人员数据说明掌握岗位作业技能、满足人影岗位从业基本条件的人员占 19%、熟悉岗位作业技能人员占 41%、具备熟练岗位作业技术水平人员占 40%,从业人员业务技能水平层次分布较为理想。在人影岗位薪资水平普遍较低的情况下,连续从业 4 年以上人影岗位人员 1687 人,达到总人数的 80%以上,什么原因使人影岗位保持了相当高比例的熟练从业人员?通过深入分析发现,一是气象部门职工兼职占到 34%,二是地方人影机构职工、长期聘用人员占到 20%,三是预备役、镇村工作人员占到 11%,这三种身份的从业人员均较为稳定且长期连续从业,总占比达到 65%,流动性较大的地方人影机构临时聘用 736 人中,300 名以上人员连续从业达到了 4 年以上。

3.5 年龄层次分析

按照《陕西省人工影响天气管理办法》有关从业人员条件规定,陕西人影指挥、作业人员年龄在 18～60 周岁之间,当前人影作业人员年龄总体偏高,50 周岁以上(10 年内退岗)人员 645人,占总人数的 30%,41—50 周岁之间人员 764 人,占总人数的 36%,是当前从业人员年龄主要构成。以上两个年龄段的 41 周岁以上人员共计 1409 人,占总人数的 67%,超过了半数以上。31—40 周岁之间人员 517 人,占总人数的 25%,30 岁以下人员仅有 167 人,不足总人数的 8%,30 岁以下的年轻人分布最少。

3.6 性别比例分析

全省人影从业人员 2093 人中,有女性职工 272 名,占作业总人数的 13%,其中:女性职工人数最多的宝鸡市有 83 人,占女性职工总人数的 30%,宝鸡市女性职工主要为陇县女子防雹连编制女民兵 50 人,其他县区 33 人。其次,渭南市所辖各县防雹站编制女职工 73 人,占女性职工总人数的 26%。同时,延安市所辖各县女性职工 33 人,咸阳市所辖各县女性职工 22 人,榆林市所辖各县及女子治沙连共有女性职工 21 人。以上 5 市女性职工总数 232 人,构成全省女性职工队伍主体,西安、铜川、汉中、安康、商洛市及杨凌区女性职工共 40 人,市(区)平均不足 7 人属个别情况。

3.7 文化程度分析

全省人影从业人员初中及以下文化程度的 906 人,占总人数的 43%,高中(高职)文化程度的 624 人,占总人数的 30%,专科(专职)文化程度的 250 人,占总人数的 12%,本科及以上文化程度的 313 人,占总人数的 15%。文化程度较高的人员主要为各级业务人员,一线高炮、火箭作业人员文化程度普遍偏低,一般为高中以下文化程度,占总人数的 70% 以上,是绝对多数。榆林某作业点全部作业人员均为大学生,是全省仅有的特殊个例。

4 2016—2018 年人影经费保障

2016—2018 年期间,中、省人影经费投入总额 6186 万元,其中:省级经费稳定增长,中央财政人影专项资金逐年递减明显(2016 年 1100 万元、2017 年 900 万元、2018 年 786 万元);市、县级人影经费投入总额 22843 万元(2016 年 7482 万元、2017 年 7227 万元、2018 年 8134 万元),2016 年全省地面作业总量较高,当年作业用弹量为近年来的历史最高量,所以 2016 年经费总额高过 2017 年,剔除这一特殊因素,市、县级人影经费投入基本稳定且逐年增长。

主要组成:市、县级人影经费 22843 万元,其中地方财政预算拨款 12324 万元,占总资金的 54%,地方人影专项拨款 6089 万元,占总资金的 27%,地方人影项目拨款 3709 万元,占总资金的 16%,地方其他临时拨款 369 万元,占总资金的 1.6%,以上数据显示人影经费主要保障为地方预算、专项、项目三类,占总资金量的 97%;2016—2018 年,气象部门划拨人影经费 332 万元,占总资金的 1.4%。

资金路径:当前开展人影工作 94 个县级单位,地方财政资金拨款流转路径为财政划拨气象部门的 68 个单位、财政划拨人影机构的 3 个单位、财政根据资金用途分别划拨气象部门和人影机构的 23 个单位。

5　人影业务安全管理

陕西开展人影工作 94 个县级单位，地方政府审批人工影响天气年度工作计划的 91 个县、安全工作纳入县级政府安全保障体系的 90 个县、专用弹药存储柜或自建弹药库符合有关规定的 71 个县、作业人员在当地公安机关备案的 93 个县、完成"三年行动计划"任务的 79 个县；所有县级单位均建立了人影事故处理救助预案的、开展人工影响天气安全年度检查、作业前发布作业公告、空域申报审批记录完整、作业记录完整并有档案管理制度五项全部达到管理要求，数据分析显示购建符合有关规定的人影专用弹药库房仍然需要加大推进力度。

5.1　综合安全监管机制

陕西省人民政府 2009 年首次、2017 年修订发布施行了《陕西省人工影响天气管理办法》，陕西人影围绕该《办法》的贯彻落实，先后制定实施了有关作业人员、装备、作业点、安全管理等规定和制度 9 项，执行人影领域行业标准 14 项、地方标准 2 项，市、县级制定施行规章、规范性文件 19 项；根据《陕西省人工影响天气作业组织资格审批服务指南》，认定杨凌气象局等 106 家单位具有人工影响天气作业组织资质；明确了"政府负责、气象监管、人影实施"的人影工作责任，2016—2018 年，签订省—市—县—乡（站）—人各级人影安全责任书 4622 份。2016—2018 年，省、市、县开展人影安全生产大检查次 862 次，其中联合公安、应急管理等人影领导小组成员单位检查 163 次。

5.2　作业人员规范化管理

陕西省建立健全了作业人员业务培训和从业规范，严格执行人员培训、考核、备案管理，为作业人员购买人身意外伤害保险。2013 年，陕西省人工影响天气领导小组办公室印发了《陕西省人工影响天气作业人员管理规定（试行）》（陕人影领导小组办发〔2013〕7 号），明确了陕西人工影响天气作业人员培训、考核、聘用、管理等要求，保证每年所有最终上岗作业人员的岗前培训率、考核合格率均达到 100%；2016—2018 年，陕西省共培训市、县级地面作业、指挥 5772 人，考核合格 5756 人，最终聘用 5698 人，购买人身意外伤害保险 5428 人，在当地公安机关备案 5358 人，平均政审备案比例 94%，未政审备案的主要原因是榆林、延安部分县（区）人影作业人员为乡镇政府兼职干部、职工，当地公安机关不再政审。

5.3　弹药存储运输专业化管理

陕西省每年 5 月（20—30 日）；7 月（1 日—10 日）；9 月（1—10 日）组织集中配送，给购买单位补贴 50% 配送运费。其他时间弹药运送车辆也必须为民爆品专用运输车辆，运输费用由购买单位全额承担。2016—2018 年，全省共运输人影作业弹药 177 次，运输高炮弹 202460 发、火箭弹 15463 枚，其中：省级集中配送高炮弹 172940 发、火箭弹 12164 枚，集中配送率 84.9%，市、县使用当地民爆品专用车辆自主运输高炮弹火 29520 发、箭弹 3299 枚，自主运输率 15.1%；全省人影作业弹药专业化运输率 100%。陕西省级作业弹药存储在具有爆炸物品存储资质的国家物资储备局陕西 272 库房，市、县作业弹药存储在当地公安机关认证的民爆品企业库房、民兵库房、人武库房等,市、县级无自建、自管的人影弹药专用库房。作业期间,作业点弹药存放在作业点弹药库房配置的专用弹药存储柜内。陕西省级作业弹药实现民爆专用仓库存储和专用车辆运输,规范化、专业化储运比例100%。

5.4 作业站点标准化建设

陕西现有人影地面作业点826个,其中:移动地面作业点180个,按照移动作业点安全等级评定标准,评定结果为一级16个、二级5个、三级52个,无等级32个,未进行评定的75个;固定地面作业点646个,按照固定作业点安全等级评定标准,评定结果为一级94个、二级120个、三级318个,无等级10个,未进行评定的104个。自2012年以来,陕西省实施了《陕西省人工影响天气地面作业系统安防工程建设项目》,升级改造不达标人影固定作业点135个,撤销了未进行升级改造的固定作业点34个,更改不达标固定作业点为移动作业点44个,当前,陕西三级以上固定作业点532个,均为标准化作业点,标准化率达到82.3%,无等级的固定作业点10个为升级改造未验收,未评定的固定作业点104个为三年内新建作业点未进行评定,2016年以来,陕西施行人影作业点地方建设标准,批准的新建固定作业点,均按照安全等级二级以上标准设计、建设和验收。

陕西固定作业站点标准化建设经过升级改造工程有较大提升;固定作业点安全等级评定工作开展了三次(2013—2017年),移动作业点安全等级评定工作开展了一次,2016年以来,作业点安全管理质量水平有较大提升。

5.5 作业装备年检率

陕西严格执行有关人影装备管理行业标准和各项规章制度,严格执行中国气象局上海物管处发布的达标产品目录,严格执行人影作业装备年检制度。

陕西人工影响天气作业高炮、火箭发射装置每年由省人影办组织进行年检,由预备役人影应急分队的装备保障小队和市、县人影办具体实施。每年所有投入作业使用的装备都必须经过年检且合格,坚决杜绝使用未经年检、年检不合格、待修期的装备进行作业,超期、不合格装备予以报废,当年作业使用装备年检率、合格率均为100%。2016—2018年,陕西共年检高炮1141门,火箭1566套,更新高炮100门,火箭200余套。

5.6 弹药使用及作业弹药故障

陕西常规每年作业消耗炮弹3万～5万发,火箭弹4000～6000枚。均为(气减函〔2018〕17号)"达标产品名录"中的产品,全部符合《QX/T 358—2016:增雨防雹高炮系统技术要求》和《QX/T 359—2016:增雨防雹火箭系统技术要求》的要求,2016—2018每年均进行"人影作业用弹故障情况"统计,2017年、2018年,两年未出现故障,2016年,因冰雹天气频发陕西人影作业频次较常年明显增多,全年防雹增雨发射炮弹10.3万发,是常年用量的2～3倍,2016年6月,宝鸡、咸阳市防雹作业过程中出现哑弹、弹壳裂缝等故障弹91发,未造成人员及财产损失。故障现象出现后,陕西省人影办及时组织进行了弹药故障原因技术分析,协商调换了出现问题的弹药批次。2016—2018年,火箭作业弹药、飞机作业烟条未出现任何类型的故障。

6 成效和经验

陕西省建立健全了较为全面的人影安全生产责任体系和制度标准,明确了"政府负责、气象监管、人影实施"的人影工作责任，人影安全管理纳入了各级政府安全保障体系；建立健全了作业人员业务培训和从业规范，严格执行人员培训、考核、备案管理，为作业人员购买人身意外伤害保险；固定作业站点标准化建设经过升级改造工程有较大提升，固定作业点安全等级评定工作开展了三次（2013—2017 年），移动作业点安全等级评定工作开展了一次，作业点安全管理质量水平有较大提升；县级人影综合能力评价工作开展了三次（2013—2017 年），对促进地方各级政府积极开展人影工作有较好作用；严格执行有关人影装备管理行业标准和各项规章制度，严格执行上海物管处发布的达标产品目录，严格执行人影作业装备年检制度；作业空域信息化申报系统建设为全国凝练了较好经验，系统运行情况良好，在近三年的空域申请中发挥了积极作用；物联网系统建设部署适当，布局合理，推进有力，资金保障，进度较快；试点人员管理模式总结了渭南防雹站模式、榆林镇村模式、民兵预备役模式，在全国管理经验交流取得较好反响；参加中国气象局人影安全监管行动两年计划建设终期评估，获得第 9 名，全国评为优秀。

7 建议

作业组织机构：依据《陕西省人工影响天气管理办法》第三条"县级以上人民政府所属的人工影响天气办公室具体实施本行政区域内人工影响天气工作"之规定，协调督促县级地方政府建立健全人影作业组织机构，逐步减少县级气象局兼职实施人工影响天气作业，充分发挥县级气象局对人工影响天气工作的监督管理职责。

人员：加强作业点人员管理，按照每个作业点最少一名在编、长期聘用或地方委派专职作业人员的标准，配备作业点从业人员；健全气象部门、人影机构人员聘用管理制度，减少临时聘用人员数量，稳定作业人员队伍。

弹药管理：县级无民爆库房代管条件的，协调地方政府建设符合《民用爆炸物品安全管理条例》要求的库房进行存储；县域内无民爆公司使用专用车辆承担作业弹药转运的，协调地方政府购建符合《民用爆炸物品安全管理条例》要求的车辆，依法管理和使用人影作业弹药。

作业点：加强气象监测能力建设，按照"一站多能、察打一体"的思路进行作业点现代化提升改造，加快高性能作业装备的换代应用，强化作业点的气象实时监测能力和科学指挥，以西安秦岭段发展为样板，推进"标准化示范点"在陕西人影业务体系的全面应用。

新形势下继续做好阿克苏人影维稳和安全生产工作

刘　毅

(新疆阿克苏地区人工影响天气办公室,阿克苏 843000)

摘　要　针对目前新疆严峻的反恐和维稳形势,对身处反恐前沿的南疆重镇阿克苏,结合地区人影工作的特点,对维稳和安全生产工作中出现的新情况、新问题进行不断分析,找出维稳和安全生产中存在的薄弱环节,加强整改和防范,为地区的社会稳定和长治久安、经济发展做出新贡献。

关键词　阿克苏　人影　维稳　安全生产

1　基本情况

阿克苏地区八县一市防雹增雨的主要工具为 37 mm 高炮和火箭,目前全区用于人影指挥作业的雷达 4 部,高炮 112 门、火箭发射架 176 具,固定作业点 129 个,流动作业车 95 辆,流动作业点 250 个,人影作业人员达 700 余人,受益耕地面积 700 多万亩,建成了以雷达监测指挥、电台和计算机网络通讯、高炮和火箭联合作业、气象服务完善的人影联防作业体系,对减少、减轻气象灾害、确保地区的粮棉及林果业丰收起到了积极的作用。

根据统计,阿克苏地区年平均出现 58 次强对流天气过程,防雹增雨任务艰巨。地区人影年平均消耗炮弹 7 万发左右,2018 年消耗火箭弹 8885 枚,并且消耗炮弹和火箭弹有上升趋势。由于作业量的增多,各种安全隐患也突显出来。

第二次中央新疆工作座谈会,做出进一步维护新疆社会稳定和长治久安的重大决策部署,明确了新疆是反分裂、反恐怖、反渗透的前沿阵地和主战场。对身处反恐前沿的南疆重镇阿克苏,维稳形势异常艰巨。在新形势下怎样才能紧紧围绕社会稳定和长治久安总目标,认真贯彻落实习近平总书记关于安全生产的重要指示精神,落实好中国气象局、自治区气象局安全生产的工作部署,确保人员、火器弹药装备安全,维护社会和谐稳定,做好人影工作是一个值得思考的问题。

2　存在问题

(1)人影系统缺编严重。随着人影事业的发展,各县(市)人影办原有的人员编制已满足不了当前工作的需要。由于工作艰苦待遇偏低,人员流动较大,作业队伍极不稳定,造成一定的安全隐患。

(2)"37"高炮作为军用淘汰产品,早已停产。目前人影作业点还在继续使用,而且普遍存在高炮老化、配件短缺的现象,高炮带病上岗,作业过程中存在极大的安全隐患。

(3)由于各县(市)人影办存有炮弹、火箭弹等易燃易爆品,要格外注意安全工作。

(4)人影作业与空中飞行矛盾突出,空域申请困难。随着社会经济的发展,飞机航班、航线越来越密集,导致人影对空作业空域经常无法得到批复。部分作业点建成较早,现距离飞机场较近;在人影防雹作业主要时段,空域安全和人影作业矛盾冲突严重,使人影不能正常发挥防雹减灾的作用。

3 全力做好维稳安全生产工作

新疆地处反恐前沿,加强安全保卫,维护社会稳定是一项长期而艰巨的任务。地区人影系统的安全是维稳工作重中之重。在当前新疆反恐、维稳的关键时期,地区人影办要以习近平新时代中国特色社会主义思想为指导,全力以赴抓好新疆安全稳定工作,确保人民群众生命财产安全,确保牢牢绷紧防范安全风险这根弦,全面落实安全生产工作责任制,以更高的标准、更实的举措、更严的督导,全力抓好安全生产工作。

要严格责任、细化落实措施,坚持党政同责、一岗双责,齐抓共管、失职追责,严格执行各级领导干部带班值班制度,真正把责任落实到每一个环节、每一个岗位,确保安全生产工作领导到位、组织到位、力量到位、措施到位、保障到位。

要全面排查、消除安全隐患,持续不断地开展安全生产大检查,采取过筛子、地毯式全面深入细致地排查,及时进行风险提示,加强安全检查监测,加强值班值守,加强应急演练,加强督查督办。

要结合自身特点对维稳和安全生产工作出现的新情况、新问题进行不断分析,找出维稳和安全生产中存在的薄弱环节,加强整改和防范。各县(市)人影办要正确认识当前反恐、维稳形势,增强忧患意识,齐心协力做好各项维稳工作。按照中国气象局的安排部署,增强做好人影作业服务和安全生产工作的政治责任感和使命感,切实把思想和行动统一到党中央的决策和部署上来,继续全面强化人影作业安全第一的意识,坚决防范重特大安全生产事故发生,切实保障人民群众生命财产安全,为实现新疆社会稳定和长治久安总目标,营造安全稳定的和谐环境。

(1)各单位要严格按照各级党委、政府的要求,积极履行职责,认真做好维稳工作。特别是要加强基层炮点、弹药库等重点区域、要害部位的安全防范和防控能力,弹药库要符合人防、技防、物防、犬防有关要求。

(2)各单位要加强值班和领导带班制度,领导干部尤其是"一把手"手机必须保证 24 小时开机。值班人员要认真落实对进出单位陌生人员、车辆进行开包检查和登记制度。

(3)严禁值班期间不负责任、脱岗、睡岗等现象发生,凡值班期间不负责任,因各种维稳检查、督查、暗访,对单位造成不良影响的,将严格按照有关规定对责任人进行处理。

(4)固定作业点及每辆流动作业车上必须配备维稳防暴器材。

(5)各单位要完善突发事件处置预案,积极开展应急演练,一旦有突发事件发生,须及时组织妥善处置,并报告当地党委政府和地区人影办。坚决杜绝迟报、瞒报,漏报现象。

4 严格管理,狠抓安全生产工作

认真贯彻落实《人工影响天气管理条例》、自治区实施《人工影响天气管理条例》办法和中国气象局《人工影响天气安全管理规定》等法规,建立健全各项规章制度,建立防范各类重、特大事故的应急预案,建立和完善单位内部常态化事故隐患排查整治制度,有效防范和坚决遏制各类重特大事故的发生,确保防雹期间我区安全生产形势稳定。迅速妥善处理人影作业相关的问题。要在原有基础上,全面建立与地方党委新闻宣传部门的沟通渠道,防止恶意炒作人影事件。

(1)加强对从事人工影响天气工作人员的政审和考核工作。对政审不合格人员坚决辞退。

(2)加强防雹监测、指挥、作业人员的岗位培训,完善人影指挥作业流程和作业操作规程。

(3)作业人员必须持证上岗,无证者严禁上岗操作。作业季节中定期和不定期对炮手进行检查,发现问题要及时纠正,对严重违反操作规程的人员要调离工作岗位或吊销上岗证。

(4)严格开展作业装备年审,提高安全保障能力。凡是投入人工影响天气作业的高炮、火箭发射装置必须进行年检。取得作业许可(资格)证后才可作业。经年检,检修的高炮、火箭发射装置仍达不到规定技术标准和要求的,应予以报废、销毁,吊销并收回许可证。

(5)严格执行人工影响天气作业空域申请制度。每次实施地面人影作业前,统一向当地飞行管制部门申请空域。凡未经请示或未获批准空域,一律不准作业,一经发现擅自作业将取消作业资格。造成后果的,追究有关单位及人员的行政或刑事责任。

(6)凡开展火箭、高炮人工影响天气作业,每年都必须进行作业前公告。要在全县范围内通过各种媒体宣传播报维、汉文人影作业公告,及注意事项;并在各作业点附近张贴维、汉文人影作业公告,做到人工影响天气作业公告家喻户晓,最大程度地避免意外事故的发生。公告内容要报送当地公安机关,并通知其做好安全保卫工作。

(7)对在人工影响天气作业中出现的各类质量、责任事故要按有关事故规定处理。

1)对在人工影响天气作业中出现造成人员伤亡和财产损失的各类质量、责任事故,应立即停止作业,进行紧急处置,同时保护好事故发生现场。

2)造成人员伤亡、财产损失时,应迅速以电话、书面形式向当地政府和县(市)人工影响天气主管机构报告,地(市)人工影响天气主管机构在当日逐级上报,特殊情况可越级上报。不得隐瞒不报、谎报或拖延上报。

3)弹药连续出现质量问题,应立即停止该批次弹药的使用,并迅速向县(市)人工影响天气主管部门报告弹药型号、批次。

4)对造成事故的高炮、火箭发射装置和剩余炮弹、火箭弹要暂时封存,待事故原因调查清楚或经重新检测合格后方可恢复使用。

5)要做好事故的存档工作。详细记录事故发生的时间、地点、原因伤亡损失、处理结果等情况,保存好各种资料。

5　狠抓炮手培训,确保人影工作安全开展

高度重视对炮手的作业安全知识培训工作。各人影办每年在进点前要继续邀请有关专家对作业人员进行相关知识的培训,全面提高炮手素质。重点加强对高炮、火箭操作规程、工作原理及一般故障排出等知识学习,各单位还要结合实际情况对炮手进行军事化、反恐、处突等训练。作业时严格执行火器操作"十不准",坚决不使用过期炮弹、火箭弹和火箭架,按规定停止使用不达标的炮弹、火箭弹产品。

6　积极开展地面固定作业点标准化建设

为规范安全作业行为,改善作业条件,提高安全作业水平,2011年自治区在全疆范围内实施了第一批人影地面作业点标准化建设,地区人影办积极配合协调落实各县(市)有关建设经费事宜。2011—2017年全地区共完成标准化作业点建设91个,在今后的工作中,我们将继续

做好作业点标准化建设工作。

为加强基层作业点、弹药库等重点区域、要害部位的安全防范和防控能力，地区人影办要不断协调为各防雹基层作业点安装防雷、警报装置、视频监控系统和电子围墙等设施。

7　签订安全责任书，层层抓落实

地区人影办要继续同各县（市）人影办签订安全生产管理责任书。各县（市）人影办也要与各炮点签订安全责任书，炮长要与炮手签订岗位责任书，层层抓落实。各单位主要领导要切实担负起人影安全第一责任人的任务，加强安全监管，有效防范和坚决遏制各类重特大事故的发生。实行安全生产一票否决制。一旦发生人影安全责任事故，将严格追究相关领导责任，并直接扣除责任单位的年度工作目标考核分值，取消单位和单位负责人年度评先选优资格。

8　强化人影安全生产工作检查及整改

认真贯彻落实中国气象局安全生产工作要求和《新疆维吾尔自治区实施〈人工影响天气管理条例〉办法》，进一步健全地、县、作业点三级管理制度，明确管理职责；积极开展人影安全生产大检查工作，坚守安全生产红线，积极查找安全隐患，堵塞漏洞，扎实做好装备、火器弹药和人影作业等安全生产和维稳工作，确保各项工作安全可靠有效运转。

探析物联网技术在人影弹药管理中的应用

孔令文　郭　坤

(新疆维吾尔自治区人工影响天气办公室,乌鲁木齐 830002)

摘　要　以物联网技术为前提,采用手持终端、二维码以及弹药信息管理系统相互配合的方式建立了较为完整的弹药物联网管理系统,进而实现了人工影响天气作业弹药自出厂、运输、仓库储存、发射以及回收等流程的全过程实时监控管理,使弹药信息缺乏统一监管以及作业信息出现上报时效性差或格式不规范等一系列问题得到了有效解决,进一步促使人工影响天气安全管理工作的效率与信息化管理水平得到了很大提升。

关键词　物联网技术　人影弹药管理　应用

1　引言

近些年来,伴随着人影业务的不断发展,人影弹药管理所运用的频率与规模也在不断扩大,同时对于人影科学作业、现代化安全监管能力和责任的要求也日益增加,但是目前人影装备特别是弹药方面依旧是宏观粗放式的管理,弹药在流转的过程当中没有严格量化的监管方式,使弹药出现问题时无法迅速查询批次弹药的流转情况,存在较大的安全隐患[1]。弹药在流转与作业信息采集当中的很多流程自动化程度相对较低,对人工手动录入依赖性较强,所以难以确保数据的时效性与准确性[2]。因此,怎样实现人影弹药从出厂验收、运转、仓库储存、发射作业以及报废销毁整个过程的信息化监管是当前最关键的问题之一[2-3],急需通过新技术为人影弹药管理提供有效的技术支持,进而降低安全隐患[2]。

2　人影弹药管理流程

基于物联网的人影监管流程主要包含:采购、生产、验收、运转、仓库储存、作业以及回收等环节[4]。

其中采购主要是指相关人影管理单位按照职能发布、上报、审核弹药采购计划,进一步实现弹药采购信息的统一汇总与高效精准的管理。

生产主要是对于弹药实现智能化管理的基础。根据相关规范标准的要求,生产厂家使用喷绘、激光镌刻或者粘贴等手段添加二维码的方式来标识弹药,利用二维码技术实现人影弹药标识与信息采集工作。

验收环节则是确保进行业务使用中的弹药质量以及安全使用的关键环节,主要是由厂家以及相关物资管理处进行验收工作[1],进而保障对弹药质量的跟踪以及有效期监控等功能。

运转环节主要是指厂家出厂运向升级弹药库、省级弹药仓库运往市县级弹药库、市县级向固定作业点调拨、移动作业车将弹药运至各个作业点等多个流程的运输弹药的过程。在对弹药进行运输的过程中采用了手持车辆运输监控终端,能够做到随时定位车辆所处位置并将位置信息上传,进而实现弹药在运输过程中对运输车辆的实时监控与管理的目的[1]。

仓库储存环节即为弹药在省、市、县与各个作业点临时仓库的出入库跟踪管理。通过有关的扫描感应仪器，对出库与入库弹药的数量、编号、人员信息、时间、库房编号、过程图片等信息进行采集[1]，利用专用的网络传输渠道将信息实时传送到省级人影系统。

而作业环节则是指在各个固定作业点或者移动作业车开展野外发射作业的时候，利用信息采集装置实现对作业时间、地点、方位角以及俯仰角、用弹数量等信息的自动采集与数据解析上报功能[1]。

对弹药标签上的二维码进行扫描，并将扫描到的信息上传，进而对弹药回收环节做好良好的控制管理。

3　物联网技术在人影弹药方面的应用

3.1　弹药的标记与识别

人影弹药的标记与识别是建立弹药物联网的基础，弹药的生产厂家在弹体的表面与弹药箱的外部，主要通过喷绘、激光镌刻或者粘贴二维码标签等方法对人影弹药进行标记，不同弹药拥有不同且唯一的二维码身份标识，其记录着弹药的厂家、生产日期、型号以及批次等信息[1]。弹药箱的二维码与箱内的弹药有着十分严格的关联，通过扫描箱内的二维码就可以识别弹药箱内弹药的相关信息，同时上传至省级弹药信息数据系统，进而可以实施监控辖区内弹药的配送以及使用情况，实现弹药全生命周期的控制管理。

3.2　信息采集

信息采集是实现物联网在人影弹药中应用的重要技术，其包含信息采集与作业信息采集。弹药信息采集对仓库储存环节的弹药出库与入库以及运输环节的弹药装卸信息开展信息采集、位置定位与信息上报等操作，采集手段通常可以分为固定式信息采集与手持信息采集[1]。

3.2.1　固定式信息采集

固定式信息采集终端比较适合安装在库存数量相对较多的弹药仓库门口的位置，通过弹药箱的二维码扫描识别，能够对人影弹药的出库与入库做到自动识别与全程监控，同时将人影弹药的流转、流向与数量信息及时上传。

3.2.2　手持信息采集

手持信息采集终端是配置专用扫描模块的工业级智能手机，能够在各级人影弹药库与运输环节进行使用。具有对人影弹药二维码扫描识别、各种无线网络自适应、GPS自动定位、扫描数据，以及GPS信息自动传送等功能，除此之外，还具有灾情采集与装备图像采集的作用，可扩展作业预警、作业指令接收交互功能。作业信息采集主要是指火箭或者高炮在进行作业时，通过信息采集装置实现对作业信息的自动采集与传输功能。全自动或者自动化改造的火箭或高炮发射系统配置有信息采集装置，能够对弹药发射的时间、发射位置、弹药用量、方位角以及俯仰角等各种作业信息进行自动采集，并且根据《人工影响天气作业信息格式规范》展开数据解析之后，利用无线网络将标准格式的作业信息自动上传至服务器数据库；对于人工操作的普通火箭或者高炮的发射系统，通过手持信息采集终端也能够及时完成作业信息的填报以及上传工作。

3.3　通信网络

从本质上来说,由于互联网的延伸与扩展产生了物联网,所以物联网的核心技术还是互联网。通信网络作为物联网技术链中的传输层,是在现有的移动通信与互联网的基础上建立的,气象专网、GPS、2G/3G/4G/GPRS、WIFI 等通信网络构成的融合网络是实现人影弹药在运输、仓库储存、作业等流程的定位、追踪、全程监控等功能的重要前提,同时也是实现信息在作业点—县—市—省—国家人影中心之间相互传递的关键通道。

4　结语

安全是进行人影工作的基础与重要保障,保证作业装备与弹药的安全是开展人影工作的安全保障的关键环节。通过物联网技术能够实现人影作业装备与弹药全生命周期的全程监控与实时管理,是提高人影业务规范化与信息化建设水平、增强安全监管能力并提高社会效益的重要"抓手",物联网技术的应用对现代化建设有着十分重大的意义。当前,物联网技术在人影弹药管理中已经得到了广泛应用,基本可以满足对人影弹药进行全面、实时、同步的监管能力。但是在实际的业务应用中还会出现一些难以避免的问题,例如,作业装备缺少自动扫描弹药的二维码的智能化设备,作业信息的采集还需要人工干预;部分作业人员对系统与手持终端操作技能不熟练。因此物联网在人影弹药管理中的应用需要进一步加强,以切实发挥系统人影装备弹药安全管理方面的积极作用。

参考文献

[1] 郭海玲,艾黎明,吴裴裴,等.承德市人影监控系统的设计与实现[J].农业开发与装备,2018(08):48-49.

[2] 郝雷,杨坤,喻箭.人影作业点弹药安全存储报警装置设计[J].中国科技信息,2012(15):100.

[3] 阿依努尔,阿地里江·玉苏甫江.基于移动定位技术的人影弹药安全环境监测方法[J].科技创新导报,2016(32):91-92.

[4] 晁增元.物联网技术在河北人影弹药管理中的应用[J].电脑编程技巧与维护,2019(3):85-87.

新疆人影项目档案管理探析

陈峙君

（新疆维吾尔自治区人工影响天气办公室，乌鲁木齐 830000）

摘　要　本文将新疆人影项目档案管理作为研究对象和研究目标。首先，对人影项目档案管理的作用和意义进行了简单的介绍。其次，从科学化、精细化、数字化等方面对人影项目档案管理提出了几点思考。为西北人影项目的验收以及未来人影相关项目档案管理工作的开展梳理脉络，提供帮助。

关键词　人影项目　档案管理　信息化

1　引言

随着经济水平的不断提高，防灾减灾工作的逐步深入，我国各级人影项目日趋增多，同时其科技含量，信息化水平以及投入资金越来越高，其中涉及的内容也越来越复杂。基于这样的形势背景，人影项目亟须强化档案管理工作，从而更加有效地为该类项目提供全方位服务。西北区域人工影响天气能力建设项目于 2017 年 1 月由发展改革委批复可研（发改农经〔2017〕118 号），项目期限为 2017—2019 年，在项目实施期间，中国气象局人工影响天气中心和西北人影项目办联合编制并发布了《西北区域人工影响天气项目管理办公室工作规程》《西北区域人工影响天气能力建设项目实施管理细则》《西北区域人工影响天气项目经费使用规定》和《西北区域人工影响天气能力建设项目采购及合同管理办法》等相关管理办法。2019 年为项目进行验收的一年，但由于项目实施过程中涉及到的单位、部门、人员较多，项目实施过程相关程序较为复杂，导致目前西北项目档案管理工作错综复杂。因此，本文将针对人影项目，主要探究和分析档案管理工作。

2　人影项目档案管理的意义

首先，对于人影项目质量控制体系来说，项目档案发挥着十分重要的凭证作用，其能够为项目质量的控制提供有力的信息依据。作为政府审批建设项目的一种重要依据，人影项目在立项阶段的可行性报告、申请书、评估书以及设计书等这些档案都是项目后续建设的基础。同时，在项目实施过程中产生的各类文件，如采购文件和管理文件以及项目验收报告等，这些都关系到项目完成的质量。由此可见，人影项目档案管理对于其完成质量而言具有十分重要的现实意义。其次，人影项目档案为后续的人影现代化及管理工作提供有力凭证。随着人影现代化的不断加快，在优化人影布局、强化区域联防和上下游联防以及改善作业点方面都需要进行相关建设，而在建设之前必须进行新的规划和设计，这就需要已经完成的类似的人影项目档案来做依据。如果没有真实而准确的人影项目档案作为基础，则会影响其项目建设的顺利开展，同时也缺乏新项目建设的依据。因此，只有基于相关建设项目的档案，未来的人影项目才能够实现科学、合理的规划与建设,从而也能够避免损失和浪费。由此可见,人影项目档案对后续工作部署以及其他类似项目的改扩建和管理工作具有十分重要的现实意义。

3 对人影项目档案管理的思考

3.1 建立健全人影项目档案规范体系,并将其档案管理工作纳入项目管理的范畴

首先,要想强化人影项目档案管理工作,必须要不断完善相关规范体系方面的建设,并制定具体的档案管理办法,明确档案管理的主管部门,同时明确各个层级部门关于档案管理的相关责任。其次,对档案的归属和流向给予明确规定,尤其是要明确人影项目档案的收集、移交和销毁工作,针对档案不真实和不完整的情况,按照档案管理办法要给予相应通告,从而提高相关单位以及人员对人影项目档案管理的重视。另外,将人影项目档案管理工作纳入其项目管理的范畴,一方面要让项目建设单位对人影项目档案的真实性和完整性负责,落实"统一领导、齐抓共管",从而实现对档案的全方位管理;另一方面,人影项目的监理单位要将档案管理工作纳入其工程技术监理的范畴,并将档案管理明确规定在其相关管理细则中,强化对档案的跟踪管理,并对档案的真实性和完整性进行监督和检查,确保其符合归档要求。

《DA/T 28—2018:建设项目档案管理规范》(以下简称《规范》)于 2018 年 4 月 8 日由国家档案局发布,并于 2018 年 10 月 1 日起实施。《国家重大建设项目文件归档要求与档案整理规范》(以下简称《整理规范》)同时废止[1]。《规范》分别从建设项目档案管理总则、组织及职责任务、制度规范建设、项目文件及档案管理、项目电子文件归档与电子档案管理等方面提出了新的要求。要求建立覆盖项目各类文件、档案的管理制度和业务规范体系;在项目文件管理业务规范和档案管理业务规范中部署相关要求、办法、方案和细则;同时参照相关规范性文件进行项目文件管理和项目档案管理;另外,对项目电子文件归档与电子档案管理进行了规范;最后对项目档案移交进行了相关说明(表1)。

表1 项目档案管理相关规范性文件

序号	相关规范性文件
1	GB/T 10609.3—2009 技术制图 复制图的折叠方法
2	GB/T 11821 照片档案管理规范
3	GB/T 11822 科学技术档案案卷构成的一般要求
4	GB/T 18894—2016 电子文件归档与电子档案管理规范
5	DA/T 12—2012 全宗卷规范
6	DA/T 15 磁性载体档案管理与保护规范
7	DA/T 31—2017 纸质档案数字化规范
8	DA/T 38 电子文件归档光盘技术要求和应用规范
9	DA/T 50 数码照片归档与管理规范

3.2 建立健全人影项目档案管理工作制度,并积极推行"三管"管理模式

首先人影项目档案管理工作制度的构建要从以下三个方面做起:第一,明确项目档案管理工作的基本规定,主要是明确档案管理工作的具体原则和构建管理组织体系,明细化档案材料

的编制、收集和归档要求,同时还要对竣工档案的分类、编号、鉴定、保管以及利用等作出原则性规定。第二,构建档案管理工作的专项制度,例如档案的归档制度、保管制度、移交制度、销毁制度以及保密制度等。第三,构建档案管理工作操作规范,包括档案的分类和整理以及各个工作环节的操作要求。其次,为了确保项目档案管理工作的质量,要积极推行"三管"管理模式,即以建设单位为主管、参建单位为代管和档案室为保管的档案管理模式,最终提高档案管理的水平。

3.3　提高人影项目档案管理的信息化建设水平

电子文件的管理总体上有两个定位,如果仅仅是将电子文件视为传统纸质文件的副本,那么该系统就是一个比较单纯的资源管理系统,在安全设计、四性保障方面的要求可以放低;而如果系统定位在可"替代原件"的层面上,那么就需要在设计开发时高度重视电子文件的真实、完整、可用、安全四性的维护[2]。首先,积极探索人影项目档案的信息化管理模式,明确规定所有的档案资料要制作成与纸质文件相同的电子版档案文件,同时其他档案资料也要进行数字化扫描,在计算机中进行电子化管理,或者是以光盘的形式进行储存,为档案信息化建设奠定基础。其次,配备数字化管理设备,应用先进的档案管理软件,对重大人影项目档案进行信息化管理,维护档案信息的有效性和实时性。

2016 年 8 月 29 日,国家质量监督检验检疫总局与国家标准化管理委员会联合发布了新的国家标准《GB/T 18894—2016:电子文件归档与电子档案管理规范》(以下简称为 2016 年《规范》),2017 年 3 月 1 日开始实施[3]。2016 年《规范》明确规范了电子档案管理系统的基本功能,重点提及电子档案安全保障工作。另外,《电子档案移交与接收办法》中规定了档案的存储结构(图 1)。

4　结语

综上所述,人影项目档案不仅是我国项目质量控制体系建设的重要依据,同时也是相关人影项目后续改扩建以及管理工作的有力凭证。因此,今后一定要加大对人影项目档案管理工作的重视力度,积极探索档案管理的先进管理模式,同时将档案管理工作向科学化、精细化迈进,发挥各种工作平台的作用,把各种小事做好、做细,最终为西北人影项目的验收以及未来人影相关项目工作提供更全面的服务。

参考文献

[1] 王红敏.《建设项目档案管理规范》解读[J]. 中国档案,2019(2):24-25.
[2] 钱毅.《电子文件管理系统通用功能要求》(GB/T 29194)解读[J]. 北京档案,2018(6):23-28.
[3] 中华人民共和国国家标准化管理委员. 电子文件归档与电子档案管理规范:GB/T 18894—2016[S]. 北京:中国标准出版社,2016.

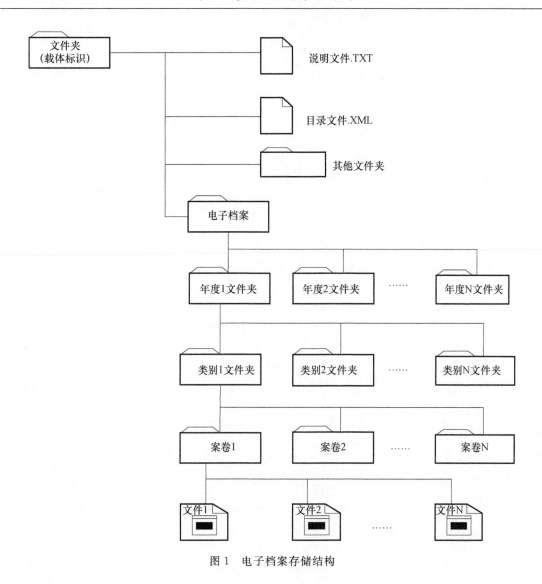

图 1 电子档案存储结构